DAS MOTORRAD

AUFBAU UND ARBEITSWEISE

LEICHT FASSLICH DARGESTELLT

VON

ING. FRITZ MEITNER

MIT 235 ABBILDUNGEN
IM TEXT

SPRINGER-VERLAG WIEN GMBH 1929

ISBN 978-3-662-27714-0　　ISBN 978-3-662-29204-4 (eBook)
DOI 10.1007/978-3-662-29204-4

ALLE RECHTE, INSBESONDERE DAS DER ÜBERSETZUNG
IN FREMDE SPRACHEN, VORBEHALTEN

COPYRIGHT 1929 BY SPRINGER-VERLAG WIEN
URSPRUNGLICH ERSCHIENEN BEI JULIUS SPRINGER IN VIENNA 1929

Vorwort

Das Manuskript dieses Buches ist in den Jahren 1925 bis 1928 entstanden. Das Werk war bis auf das letzte Kapitel fertiggestellt, als ein alpines Unglück im Dachsteingebiet am 31. August 1928 den Verfasser jäh aus seiner Arbeit riß.

In dem Entwurf eines Vorwortes sagt Ingenieur Fritz Meitner: „Das Buch soll gemeinverständlich aber nicht „populär" in jenem schlechten Sinne sein, der in sprachlicher wie in sachlicher Hinsicht ein gedrücktes Niveau bedeutet. Das Werk setzt also keinerlei spezielle Fachkentnisse, doch immerhin eine gewisse Stufe allgemeiner Bildung voraus. Seine Bestimmung ist vor allen Dingen, den Freunden des Motorradwesens, mögen sie selbst Fahrer sein, oder nur theoretisches Interesse an dem Gegenstand nehmen, klaren und übersichtlichen Aufschluß über Aufbau und Arbeitsweise des modernen Motorrades zu geben. Doch wird es auch dem strebsamen Monteur und Mechaniker, der vieles nur handwerklich beherrscht, ohne sich über die eigentlichen Grundlagen und Zusammenhänge im klaren zu sein, mancherlei Wissenswertes bieten. — Auf konstruktive Einzelheiten und vollends auf Fehlkonstruktionen wird ausnahmslos nur so weit eingegangen, als dies zum Verständnis des Gesamtstoffes unbedingt nötig erscheint. Daraus ergibt sich von selbst, daß überall das Grundsätzliche, Gemeinsame im Vordergrunde steht und Beschreibungen von Einzelkonstruktionen nur in jenem Ausmaße aufgenommen sind, das zur beispielmäßigen Erläuterung und zur Belebung des Stoffes unumgänglich erforderlich ist."

Der Verfasser hat den vorliegenden Stoff mit seltener Gründlichkeit bearbeitet. Sein Streben ging insbesondere dahin, auch die infolge ihrer Schwierigkeit gewöhnlich etwas vernachlässigten Gebiete des Gegenstandes restlos zu erhellen.

Der Verlag hat davon Abstand genommen, in der Fassung des Buches einschneidende Änderungen vorzunehmen, schon deshalb, um dem Stil des Werkes nicht die Frische der Ursprünglichkeit zu nehmen.

Die Durchsicht der letzten Korrekturen und die Abfassung eines Kapitels über die Zubehörteile, dessen Aufnahme zur Abrundung der Gesamtdarstellung notwendig war, übernahm in liebenswürdiger Weise Herr Ingenieur Schoenecker in Wien, dem der Verlag seinen besonderen Dank ausspricht.

Wien, am 10. Jänner 1929.

Verlag Julius Springer

Inhaltsübersicht

	Seite
I. Grundbegriffe der Mechanik	1

1. Kraft 1
   Grundbegriffe — Kraft — Beschleunigung — Masse — Kräftezusammensetzung — Kräftepaar — Schwerpunkt — Exzentrischer und zentraler Kraftangriff — Zentripetal- und Zentrifugalkraft — Trägheit
2. Arbeit 13
   Begriff der Arbeit — Rechnerische Bestimmung
3. Leistung 17
   Begriff der Leistung — Maß der Leistung — Pferdestärke
4. Bewegungswiderstände 18
   Luftwiderstand — Gleitende und rollende Reibung — Gesamtreibung — Gesamtwiderstand
5. Wirkungsgrad 24

II. Grundbegriffe der Wärmelehre 26

1. Wärmegrad — Wärmemenge — Wärmeäquivalent 26
   Temperatur — Wärmemenge — Mechanisches Wärmeäquivalent — Wärmeeinheit
2. Spezifischer Wärmeausdehnungskoeffizient — Wärmeleitung .. 28
   Spezifische Wärme — Linearer und räumlicher Ausdehnungskoeffizient — Spezifische Wärme bei konstantem Druck und bei konstantem Volumen — Wärmeleitung
3. Heizwert 30
4. Zustandsänderungen der Gase 31
   Zustandsgleichung der vollkommenen Gase — Isothermische und adiabatische Zustandsänderung — Kreisprozeß — Thermischer Wirkungsgrad — Gesamtwirkungsgrad

III. Entwicklungsgeschichtlicher Abriß 44
   Vorläufer: Murdock — Erstes Motorrad: Daimler — Entwicklung: Hildebrand, Wolfmüller — Amerikanischer Einfluß — Krieg und Nachkriegsentwicklung — Sport — Gegenwärtige Entwicklungstendenzen

IV. Der allgemeine Aufbau des Motorrades 58
   Einzelteile — Allgemeine Gesichtspunkte für den Aufbau

V. Hauptteile des Motorrades 70

1. Rahmen 70
   Ebene und räumliche Rahmen — Geschlossene und offene Rahmen — Ausführungsformen — Doppelrahmen — Stahlrohrrahmen — Gußrahmen — Kastenrahmen
2. Vorderradgabel und Federung 87
   Beanspruchung der Vorderradgabel — Bauarten — Spiralfederung — Blattfederung
3. Räder, Bereifung, Naben, Achsen 99
   Drahtspeichenräder — Scheibenräder — Hochdruckreifen — Ballonreifen — Naben und Nabenlagerung — Achsen
4. Kotflügel und Beinschützer 103
5. Kippständer 105
6. Sattel und Fußstützen 106
7. Lenkstange 108

VI. Der Motor 110

1. Prinzip der Krafterzeugung und Kraftübertragung — Massenausgleich — Desachsierung 110
   Der Kurbeltrieb und seine Teile — Schwungrad — Massenausgleich — Gegengewichte — Mehrzylinder — Desachsierung
2. Arbeitsverfahren 121
   Einfach und doppelt wirkende Motoren — Viertakt — Zweitakt
3. Wärmeverluste 132
   Auspuffverluste — Kühlungsverluste — Indikatordiagramm — Indizierte und effektive Leistung
4. Zahl und Anordnung der Zylinder 134
   Einzylinder — V-Motoren — Zweizylinder mit gleich- und gegenläufigen Kolben — Vierzylinder
5. Berechnung und Bezeichnung der Motorleistung 141
6. Anordnung der Ventile 148
7. Bauteile des Motors 150
   A. Der Zylinder und seine Kühlung 150
      Ausbildung des Verbrennungsraumes — Ricardokopf — Luft- und Wasserkühlung
   B. Das Triebwerk 156
      Kolben und Kolbenringe — Pleuelstangen — Kurbelwellen — Schwungräder
   C. Die Ventile und ihre Betätigung 163
      Ventilbauarten — Stößelsteuerung für stehende und hängende Ventile — Nockenwelle — Ventilfedern — Bauarten von Ein- und Mehrzylindermotoren
   D. Die Brennstoffzufuhr 176
      Vergaser — Pallasvergaser — Amacvergaser — Brennstoffregelung — Brennstoffe: Benzin und Benzol — Brennstoffverbrauch

Inhaltsübersicht

E. Die Zündung 193
Magnetisches Feld — Stromerzeugung — primärer und sekundärer Strom — Unterbrecher — Kondensator — Ausschalter — Sicherheitsfunkenstrecke — Unterbrecher für V-Motoren — Zündkerzen

VII. Kraftübertragung 209
Riemen — Ketten — Kardanantrieb — Ausfallnaben

VIII. Kupplung 219
Kegelkupplung — Lamellenkupplung

IX. Getriebe 222
Schubrädergetriebe — Geschwindigkeitsstufen — Verriegelung — Schalthebel — Getriebebauarten

X. Anlaßbehelfe 229
Kickstarter — Dekompressor — Zischhähne

XI. Bremse 233
Klotzbremsen — Bandbremsen — Backenbremsen

XII. Schmierung 240
Umlaufschmierung — Zahnradölpumpen — Kolbenölpumpen — Handpumpen — Sprühschmierung — Schmierkontrolle — Staufferbüchsen — Tecalemitschmierung

XIII. Betätigungsorgane 246
Bowdenzüge — Handgriffe — Drehgriffe — Hebelanordnung

XIV. Zubehör 251
Beleuchtung — Hupen — Meßinstrumente — Werkzeuge — Ersatzteile

I. Grundbegriffe der Mechanik
1. Kraft

Die Ursachen aller Bewegungen und Formveränderungen sind Kräfte. Es ist sehr schwierig, eine erschöpfende und gemeinverständliche Erklärung des Wortes ,,Kraft" zu geben. Glücklicherweise ist diese Definition ebenso überflüssig, wie etwa jene der Begriffe Geruch und Geschmack. Der menschliche Körper ist nämlich mit einem wohl ausgebildeten Kraftsinne begabt, der ein besseres Verständnis des Kraftbegriffes vermittelt, als eine Erklärung es vermöchte. Wenn man einen Gegenstand emporheben, einen Stein fortschleudern, eine Spiralfeder zusammendrücken, einen Bindfaden zerreißen will, muß das angewendet werden, was man Kraft nennt. Unsere körperliche Empfindung — der Kraftsinn — gibt uns Aufschluß nicht nur über den Wesensinhalt, sondern auch über die Größe und die Richtung der auszuübenden Wirkung. Man kann daher behaupten, daß jeder Mensch aus ursprünglichster Erfahrung weiß, was unter ,,Kraft" zu verstehen ist.

In der Natur zeigen sich mannigfaltige Formen von Kraftäußerungen. Aber alle sind miteinander verwandt, an allen bewähren sich die gleichen Grundgesetze, und jede läßt sich direkt oder indirekt in jede andere überführen. Daher sind wir in der Lage, alle Kräfte mit gleichen Maßen zu messen. Die Krafteinheiten sowohl des täglichen Lebens, wie auch der Wissenschaft und Technik sind dem Erscheinungskomplex der Schwerkraft entnommen. Aus den einfachsten Phänomenen der Schwerkraft läßt sich auch unschwer das dynamische Grundgesetz ableiten, welches den wichtigsten Zusammenhang zwischen Kraft und Bewegung ausdrückt.

Man denke sich (Abb. 1) eine zylindrische Schraubenfeder, die selbst als gewichtlos angenommen werden möge, vertikal aufgehängt. Ihre Länge, in der Achsrichtung gemessen, sei L. Nun werde an das untere Federende ein Körper K gehängt. Das bedeutet, daß auf die Feder eine Kraft vertikal abwärts ausgeübt wird. Unter dem Einflusse dieser Kraft dehnt sich die Feder — wieder in der Achsrichtung gemessen — um die Länge D_1. Nun werde ein zweiter, völlig gleicher Körper dazugehängt. Offenbar ist jetzt die auf die Feder einwirkende Kraft doppelt so groß wie vorher. Es zeigt sich, daß auch die Federdehnung genau auf das Doppelte gestiegen ist. Sie beträgt jetzt $2 D_1$. Wird ein dritter Körper K angehängt, so steigt die Dehnung auf $3 D_1$ usw. Diese Gesetzmäßigkeit gilt (solange die Elastizitätsgrenze der Feder nicht überschritten wird) ohne Ausnahme. Man kann daher die

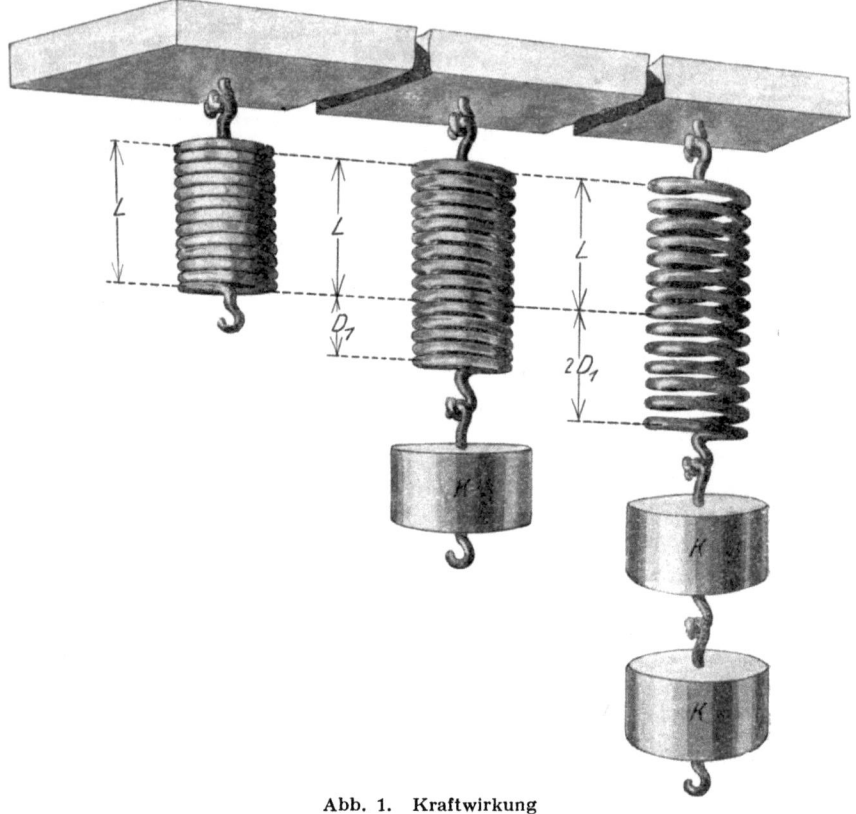

Abb. 1. Kraftwirkung

Dehnung als Maß der wirkenden Zugkraft benützen. Bringt etwa ein anderer Körper an derselben Feder eine Dehnung $1,7 D_1$ hervor, so können wir schließen, daß dieser Körper 1,7mal so stark an der Feder zieht wie der Körper K oder — was dasselbe ist — daß das Gewicht des neuen Körpers 1,7mal so groß ist, wie das des Körpers K.

Betrachten wir nun die zweite Haupterscheinung der Schwerkraft, den freien Fall. Dabei sei von Luftwiderstandswirkungen völlig abgesehen. Man denke sich einen der Körper K an einem Draht aufgehängt. Der Körper befinde sich in Ruhe, hat also die Geschwindigkeit

Null. Nun werde der Draht in unmeßbar kurzer Zeit erschütterungsfrei durchschnitten: Der Körper setzt sich vertikal abwärts in Bewegung. Nach Ablauf einer Sekunde hat er die Geschwindigkeit 9,81 m/sek erreicht. Das heißt: Bliebe von diesem Augenblick an der Bewegungszustand des Körpers unverändert, so würde er in jeder folgenden Sekunde einen Weg von 9,81 m zurücklegen. Tatsächlich ändert sich der Bewegungszustand, indem die Geschwindigkeit beständig zunimmt. Sie beträgt nach Ablauf der 2. Sekunde 19,62 = 2 × 9,81 m/sek
,,   ,,   ,, 3.   ,,   29,43 = 3 × 9,81   ,,
,,   ,,   ,, 4.   ,,   39,24 = 4 × 9,81   ,, usw.

Die Geschwindigkeit nimmt also in jeder Sekunde um den gleichen Betrag zu. Eine solche Bewegung heißt **gleichförmig beschleunigt**, der Geschwindigkeitszuwachs pro Sekunde wird **Beschleunigung** genannt.

Führen wir nun auch den Fallversuch in der Weise durch, daß wir zwei, drei, vier oder mehr gleiche Körper K zusammenhängen und dann frei fallen lassen, so zeigt sich — solange wir am selben Orte bleiben — stets das gleiche Ergebnis: Die Beschleunigung behält in jedem dieser Fälle den gleichen Wert von 9,81. Für unseren Versuchsort gilt daher ausnahmslos:
$$g_1 = 9{,}81.$$

Wandern wir nun mit unserer Versuchsausrüstung etwa 15 Breitegrade äquatorwärts, so ergibt derselbe Körper K, an dieselbe Feder gehängt, nicht mehr die gleiche, sondern **eine um ein Hundertstel kleinere Dehnung als vorher**. Bezeichnen wir die am neuen Orte von K verursachte Federdehnung mit D_2, so gilt
$$D_2 = 0{,}99\, D_1.$$

Da wir bereits wissen, daß die Federdehnung ein unmittelbares Maß der auf die Feder vom Körper K übertragenen Kraft, oder — was hier dasselbe ist — seines Gewichtes darstellt, können wir, wenn mit P_1 das Gewicht des Körpers am ersten, mit P_2 jenes am zweiten Versuchsorte bezeichnet wird, auch setzen
$$P_2 = 0{,}99\, P_1.$$

Die Durchführung der Fallversuche ergibt, daß am neuen Orte auch die Beschleunigung genau im gleichen Verhältnis, also um ein Hundertstel ihres vorherigen Wertes abgenommen hat:
$$g_2 = 0{,}99\, g_1.$$

Nähern wir uns noch mehr dem Äquator und finden wir an drittem Orte, daß der Körper K einen um ein weiteres Hundertstel verringerten Zug auf die Feder ausübt, so gilt:
$$D_3 = 0{,}98\, D_1, \text{ daher}$$
$$P_3 = 0{,}98\, P_1.$$

Grundbegriffe der Mechanik

Zugleich zeigt es sich, daß hier auch die Beschleunigung genau im gleichen Verhältnis abgenommen hat, daher

$$g_3 = 0{,}98\, g_1.$$

Nähern wir uns dagegen vom ursprünglichen Standorte aus dem Pol um etwa 15 Breitegrade, so steigt die Schwerkraft um ein Hundertstel. Es wird

$$D_4 = 1{,}01\, D_1$$
$$P_4 = 1{,}01\, P_1.$$

Zugleich wächst aber auch genau im gleichen Maße die Beschleunigung und wir gelangen zu der Gleichung:

$$g_4 = 1{,}01\, g_1$$

Es ergibt sich also

$$\frac{P_1}{g_1} = \frac{P_2}{g_2} = \frac{P_3}{g_3} = \frac{P_4}{g_4} \text{ usw.}$$

In Worten: Sowohl das Gewicht wie die Fallbeschleunigung eines Körpers ändern sich von Breitegrad zu Breitegrad, der Quotient beider Größen bleibt jedoch unverändert.

$$\frac{\text{Gewicht}}{\text{Fallbeschleunigung}} = m,$$

worin m eine Konstante darstellt. Dieses jedem Körper eigentümliche, für alle Punkte der Erde gleichbleibende Verhältnis seines Gewichtes zu seiner Fallbeschleunigung nennt man die Masse des Körpers. Mit dieser Feststellung wäre bereits eine Definition des Wortes „Masse" gewonnen. Die Erfahrung gestattet uns aber, dem Wesen der Masse begrifflich noch etwas näher zu kommen. Wir wissen, daß an einem gegebenen Orte das Gewicht eines Körpers, bezogen auf eine bestimmte Raumeinheit, z. B. 1 Kubikzentimeter, lediglich abhängt von der stofflichen Beschaffenheit des Körpers (Öl, Wasser, Eisen, Blei usw.) und von der mehr oder minder dichten Gedrängtheit, mit der die Teilchen des Körpers aneinander gelagert sind. Diese beiden Umstände bestimmen für jeden Körper jene quantitative Eigentümlichkeit, die seine Masse genannt wird.

Kehren wir nun zu der Gleichung zurück:

$$\frac{\text{Gewicht}}{\text{Fallbeschleunigung}} = \text{Masse}$$

oder umgeformt

$$\text{Gewicht} = \text{Masse} \times \text{Fallbeschleunigung}.$$

Diese Beziehung gilt nicht nur für die Schwerkraft, sondern kann sinngemäß für jede mechanische Kraft eingeführt werden, wenn an Stelle der Fallbeschleunigung die von der betreffenden Kraft er-

zeugte Beschleunigung gesetzt wird. Man erhält dann ganz allgemein
$$K = m \cdot b,$$
in Worten:
$$\text{Kraft} = \text{Masse} \times \text{Beschleunigung}.$$

Dies ist das dynamische Grundgesetz. Es besagt zunächst, daß eine gleichbleibende Kraft, den Körper, auf den sie einwirkt, stets in gleichförmig beschleunigte Bewegung versetzt, wobei natürlich vorausgesetzt werden muß, daß der Körper in seiner Bewegung nicht gehindert werde. (Die Richtigkeit dieser Feststellung folgt unmittelbar aus der Gleichung $K = m \cdot b$. Da m für einen gegebenen Körper unveränderlich ist, kann einem konstanten K nur ein gleichbleibendes b entsprechen. Es darf aber nie übersehen werden, daß Größen wie Kraft, Geschwindigkeit, Beschleunigung usw., also Größen, denen jeweilig eine bestimmte Richtung zukommt, nur insolange als gleichbleibend gelten können, als ihre Größe und Richtung unveränderlich bleibt.)

Das dynamische Grundgesetz besagt weiter, daß die auf einen Körper auszuübende Kraft um so größer sein muß, je größer die Masse des Körpers ist und je größer die Beschleunigung, die ihm erteilt werden soll. Sind zwei der Größen Kraft, Masse, Beschleunigung bekannt oder bestimmbar, so kann die dritte immer leicht berechnet werden. Ein einfaches Beispiel mag dies erläutern. Ein Körper ruhe auf glatter, horizontaler Unterlage (Abb. 2). Sein Gewicht betrage 70 kg. Welche gleichbleibende Kraft muß auf den Körper wirken, damit er sich horizontal in der Pfeilrichtung bewege und nach Ablauf der zehnten Sekunde eine Geschwindigkeit von 5 m/sek erreicht habe. (Von Reibung und Luftwiderstand ist abzusehen.) In diesem Falle ist zwar weder die Masse, noch die Beschleunigung un-

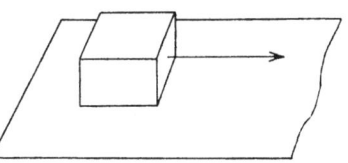

Abb. 2. Kraftwirkung

mittelbar gegeben, doch lassen sich beide Größen leicht ermitteln. Zur Bestimmung der Masse bedienen wir uns der Gleichung

$$\text{Masse} = \frac{\text{Gewicht}}{\text{Fallbeschleunigung}} = \frac{70}{9{,}81} = 7{,}136.$$

Die Beschleunigung ergibt sich aus folgender Überlegung: Die ursprüngliche Geschwindigkeit ist Null, die Geschwindigkeit am Ende der zehnten Sekunde beträgt 5 m/sek. Der gesamte Geschwindigkeitszuwachs verteilt sich, da eine konstante Kraft vorausgesetzt wird, gleichförmig über die abgelaufene Zeit, daher

$$b = \frac{5}{10} = 0{,}5.$$

Setzen wir diese Größen in die dynamische Grundgleichung ein, so folgt:

$$K = 7{,}136 \times 0{,}5 = 3{,}568.$$

Es muß also eine Zug- oder Druckkraft von 3,568 kg auf den Körper einwirken. Ihre Richtung stimmt offenbar überein mit jener der gewünschten Bewegung, also mit der Pfeilrichtung in der Abbildung.[1] In Wirklichkeit kommt der Fall, daß an einem Körper **nur eine einzige Kraft** angreift, überhaupt nicht vor. Doch läßt sich stets — mit Ausnahme eines noch zu besprechenden Falles — eine Kraft bestimmen, deren Wirkung dem Zusammenwirken aller tatsächlich vorhandenen Kräfte genau gleichkommt. Diese Kraft heißt die **Resultierende** aller angreifenden Kräfte. Hat die Resultierende den Wert Null, so bedeutet dies, daß alle einwirkenden Kräfte sich gegenseitig aufheben.

Die Zusammensetzung der Kräfte zur Resultierenden erfolgt nach dem auf Erfahrung beruhenden, theoretisch nicht beweisbaren Prinzip des **Kräfteparallelogrammes**. An einem Punkte A (Abb. 3) greifen zwei Kräfte K_1 und K_2 an, deren Richtungen durch die Pfeile und deren Größen dadurch gekennzeichnet seien, daß auf jeder der Richtungslinien so viel Längeneinheiten aufgetragen werden, als der betreffenden Kraft Krafteinheiten zukommen. Es sei z. B. $K_1 = 3\frac{1}{2}$ kg, $K_2 = 5$ kg. Wird als Maßstab $\frac{1}{2}$ cm pro 1 kg gewählt, so gelangt man zu den Punkten B und D. Ergänzt man die Figur, wie die gestrichelten Linien zeigen, zu einem Parallelogramm und zieht dessen Diagonale $AC = R$, so gibt diese der Größe und Richtung nach die Resultierende der Kräfte K_1 und K_2 an. Das heißt: Wenn K_1 und K_2 gleichzeitig auf den Punkt A wirken, verhält er sich genau so, als ob statt dessen die einzige Kraft R an ihm angreifen würde.

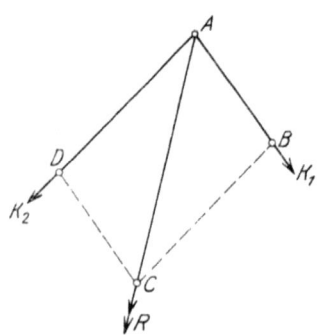

Abb. 3. Kräfteparallelogramm

Sind an einem starren Körper — auf solche bleibe diese Betrachtung beschränkt — zwei Kräfte mit **verschiedenen Angriffspunkten** wirksam, so kann man sich stets mit dem Satze helfen,

---

[1] Den vorstehenden Ausführungen ist das technische Maßsystem zugrundegelegt worden, in welchem das Kilogramm eine Krafteinheit (keine Masseneinheit) darstellt. Auf die Dimensionen der Masse, Beschleunigung und anderer abgeleiteter Größen soll nicht eingegangen werden. Dem physikalisch Gebildeten sind diese Begriffe geläufig. Dem Laien aber sind sie schwer verständlich und für den eng begrenzten praktischen Zweck, der hier verfolgt wird, wohl auch entbehrlich.

daß der Angriffspunkt jeder Kraft auf ihrer Richtungslinie beliebig verschoben werden darf, ohne daß dadurch an der Wirkung irgend etwas geändert würde. Greifen also z. B. an einem Körper (Abb. 4) in den Punkten A und B die Kräfte $P_1 = 2\frac{1}{2}$ kg, bzw. $P_2 = 4$ kg an, so verschiebt man die Angriffspunkte beider in den Schnittpunkt C der Richtungslinien. Von ihm ausgehend konstruiert man wie vorher das Kräfteparallelogramm. Dieses Verfahren bleibt auch dann richtig, wenn (Abb. 5) der Schnittpunkt der Richtungslinien außerhalb der Begrenzung des Körpers zu liegen kommt.

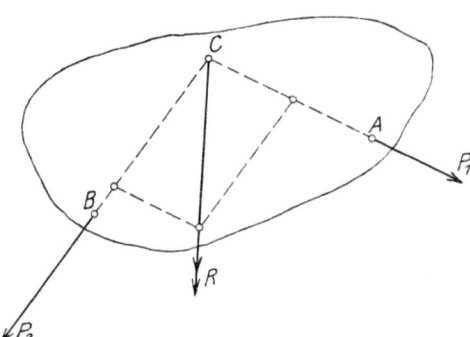

Abb. 4. Kräftezusammensetzung

Man muß nur nach Ermittlung von R ihren Angriffspunkt in den Körper zurück verschoben denken, etwa nach E, weil ein außerhalb liegender Angriffspunkt keinen Sinn ergibt.

Das Prinzip des Kräfteparallelogrammes lehrt in Übereinstimmung mit der unmittelbaren Anschauung folgendes: Greifen zwei **gleichgerichtete Kräfte** an einem Punkte an, so fällt auch ihre Resultierende in die gleiche Richtung, und ihre Größe ist gleich der **Summe der Einzelkräfte**. Greifen zwei **entgegengesetzt gerichtete Kräfte** an einem Punkte an, so fällt die Resultierende in die Richtung der größeren Komponente und ihre Größe ist gleich der **Differenz der Einzelkräfte**. Sind diese gleich groß, so heben sie sich auf, die Resultierende ist gleich Null, die Wirkung also gerade so, als ob die Kräfte gar nicht vorhanden wären.

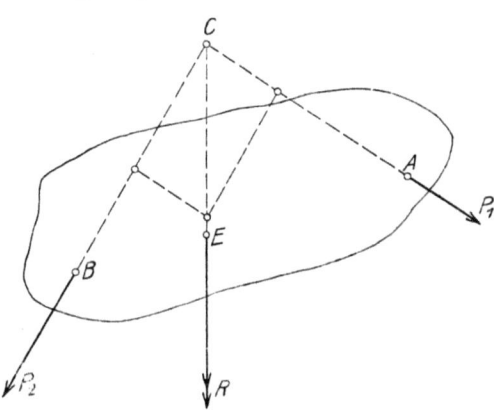

Abb. 5. Kräftezusammensetzung

Es mögen nun (Abb. 6) in den Punkten A und B eines starren Körpers die parallelen Kräfte P_1 bzw. P_2 angreifen. Hier versagt das bisher angewendete Verfahren, weil die Richtungslinien von P_1

und P_2, da gleich gerichtet, keinen Schnittpunkt liefern. Man hilft sich durch die Einführung fiktiver Kräfte. Wir denken uns in A und B die Kräfte H_1 bzw. H_2 angreifend, die gleich groß und entgegengesetzt gerichtet sind. Sie heben daher einander auf, können also hinzugefügt werden, ohne daß dadurch an dem vorherigen Zustande etwas geändert würde. Nun kann P_1 und H_1 zur Resultierenden R_1, P_2 und H_2 zur Resultierenden R_2 zusammengesetzt werden. Aus R_1 und R_2 finden wir nach bereits bekannter Methode die Resultierende R, die der Größe und Richtung nach durch CF bestimmt ist. Dies muß aber zugleich die gesuchte Resultierende aus P_1 und P_2 sein, da die hilfsweise Einführung der gleich großen und entgegengesetzt gerichteten Kräfte H_1 und H_2 ohne Einfluß auf das Endergebnis bleibt. R ist mit P_1 und P_2 gleich gerichtet und gleich der Summe dieser beiden Kräfte.

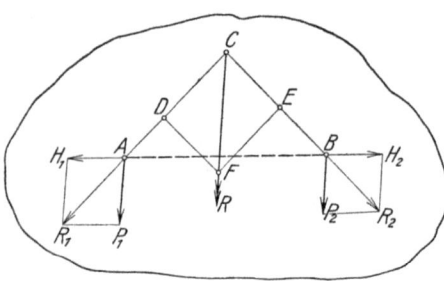

Abb. 6. Zusammensetzung paralleler Kräfte

Ein wichtiger Sonderfall ist die Zusammensetzung der auf einen Körper einwirkenden Schwerkräfte zu einer Resultierenden. In Wirklichkeit unterliegt jedes kleinste Teilchen des Körpers einer auf ihn wirkenden Anziehungskraft der Erde, es greifen also an jedem Körper unzählig viele Schwerkräfte an. Sie lassen sich jedoch zu einer einzigen Resultierenden zusammensetzen. Ihre Größe ist das Maß dessen, was wir Gewicht des Körpers nennen, ihre Richtung verläuft naturgemäß wie die jeder Schwerkraft lotrecht abwärts. Ihre Lage im Raume, nach den allgemeinen Regeln der Kräftezusammensetzung bestimmbar, bezeichnet eine sogenannte Schwerlinie des Körpers. Verdrehen wir diesen aus seiner ursprünglichen Stellung und ermitteln für die neue Lage abermals eine Schwerlinie, so finden wir im Schnitte beider Schwerlinien den Schwerpunkt des Körpers. Er ist der Angriffspunkt des Resultierenden aller auf den Körper wirkenden Schwerkräfte.

Es bleibt noch der vorerwähnte Ausnahmefall zu besprechen, daß zwei Kräfte nicht zu einer Resultierenden zusammengesetzt werden können. Er tritt dann ein, wenn an zwei getrennten Punkten eines Körpers zwei Kräfte angreifen, die gleich groß, entgegengesetzt gerichtet und so orientiert sind, daß ihre Richtungslinien mit der Verbindungslinie ihrer Angriffspunkte nicht zusammenfallen. Es mögen beispielsweise (Abb. 7) an den Enden einer homogenen prismatischen Stange die gleich großen, entgegengesetzt gerichteten Kräfte P_1 und P_2 angreifen. Ihre Wirkung besteht in einer Drehung der Stange um die

Achse AB. Die Kräfte P_1 und P_2 bilden ein sogenanntes **Kräftepaar**. Es leuchtet ein, daß ein Körper durch eine Einzelkraft stets nur in fortschreitende, nie aber in drehende Bewegung zu versetzen ist. Erst wenn eine zweite Kraft hinzutritt, die **mindestens einen Punkt des Körpers festhält**, kann eine Drehung erfolgen. Der für unsere Betrachtungen wichtigste Fall ist der, daß nicht bloß ein Punkt eines Körpers, sondern eine durch ihn hindurchgehende Gerade festgehalten werde. Die einzige dann noch mögliche Bewegung des Körpers ist seine Drehung um die fixe Gerade, die als **Drehachse** bezeichnet wird. Denken wir uns z. B. (von Reibungswiderständen wieder absehend) eine zylindrische Scheibe, die in einem Lager ruht (Abb. 8). Das Lager sei auf einer Fläche F verschiebbar. Durch ein Loch am Rande der Scheibe sei eine Schnur geschlungen, auf die eine Zugkraft P wirke. Dann kann nichts anderes eintreten, als daß das Lager (von der Scheibe mitgenommen, die ihrerseits der Zugkraft P unterliegt) längs der Fläche F in der Richtung P gleitet. Wird aber (Abb. 9) das Lager durch irgend eine Kraft festgehalten, so daß es nicht mehr gleiten kann, dann wird sich unter dem Einflusse von P die Scheibe im Lager verdrehen, und zwar um ihre Mittelachse AB, die also die Drehachse darstellt. Während bei der fortschreitenden Bewegung alle Punkte des Lagers und der Scheibe gleiche Bahnen durchlie-

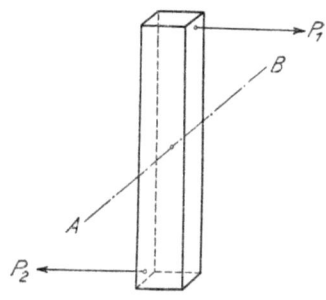

Abb. 7. Kräftepaar

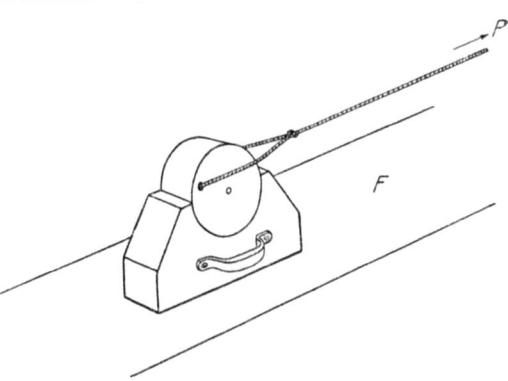

Abb. 8. Exzentrischer Kraftangriff, Lager beweglich

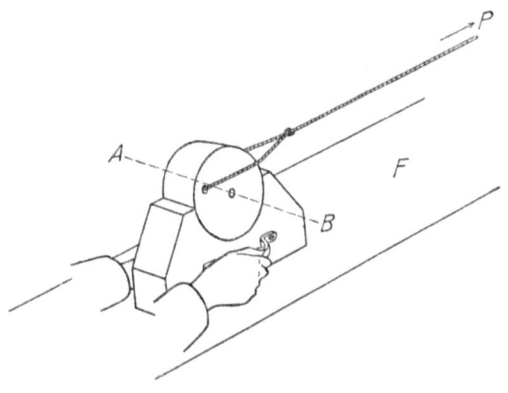

Abb. 9. Exzentrischer Kraftangriff, Lager festgehalten

fen und gleiche Geschwindigkeit besaßen, ist dies nun nicht mehr der Fall. Alle Punkte des Lagers bleiben in Ruhe, während alle Punkte der Scheibe sich auf Kreisen bewegen. Demgemäß haben auch bei der Drehung die einzelnen Scheibenpunkte verschiedene Geschwindigkeit, und zwar wächst diese proportional mit der Entfernung vom Scheibenmittel, welches selbst am Orte bleibt, also die Geschwindigkeit Null hat.

Es ist ersichtlich, daß eine Drehung der Scheibe nie erzielt werden kann, wenn die Schnur im Scheibenmittel befestigt ist, d. h. wenn die Kraft P in der Mitte der Scheibe angreift (Abb. 10). Je weiter der Angriffspunkt der Kraft P vom Scheibenmittel abrückt, desto leichter wird unter sonst gleichen Umständen eine Drehung der Scheibe erzielbar sein. Diese Tatsache findet im Begriffe des Drehmomentes ihren Ausdruck. Man versteht unter Drehmoment das Produkt aus der drehenden Kraft und der Entfernung ihres Angriffspunktes von der Drehachse.

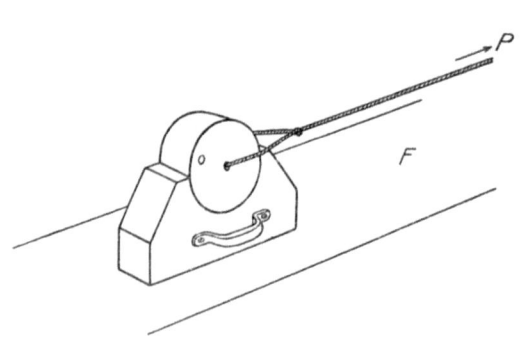

Abb. 10. Zentraler Kraftangriff

$$M = P \cdot r \quad \text{(Abb. 11).}$$

Die Strecke $\overline{OA} = r$ wird auch Kraftarm genannt.

In Abb. 11 ist P senkrecht zum Kraftarm, also tangential zu dem Kreise, den der Punkt A bei der Drehung beschreibt. Ist die Kraft P nicht senkrecht zum Kraftarm (Abb. 12), so kann sie stets in zwei Komponenten zerlegt werden, deren eine N in radialer, deren andere T in tangentialer Richtung wirkt. N kann offensichtlich nichts zur Drehung beitragen, sondern — da wir die Achse unverrückbar festgehalten denken — nur als Druck oder Zug (falls ∢ α größer als 90°) auf diese zur Geltung kommen. Lediglich T führt die Drehung herbei, natürlich auch nur deshalb, weil eben die Achse festgehalten wird. Wäre dies nicht der Fall, so würde die Scheibe zusammen mit ihrer Achse unter dem Einfluß von P eine geradlinig fortschreitende Bewegung ausführen. Ebenso kann keine Drehung eintreten, wenn die

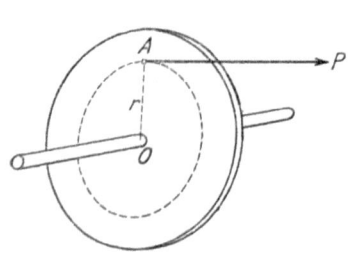

Abb. 11. Drehmoment

Kraft P zwar nicht unmittelbar im Scheibenmittel angreift, jedoch radiale Richtung hat. In diesem Falle ist eine Tangentialkomponente eben nicht vorhanden (Abb. 13). Über die bei Drehbewegungen auftretenden Kräfte herrschen vielfach sehr unklare Anschauungen. Es mögen daher an einem einfachen Beispiel die in Betracht kommenden Kraftwirkungen gezeigt werden. Ein Körper K (Abb. 14) hänge frei an einem Faden F, der selbst wieder von der Achse A getragen werde. Diese ruhe in einem Lager L. Unter dem Einfluß der Kraft P, die im Schwerpunkte S angreifend gedacht werden kann, würde K, falls frei beweglich, in der Richtung von P geradlinig fortschreiten. Durch die Befestigung des Körpers am Faden wird dies jedoch unmöglich gemacht. Es ergibt sich rein geometrisch, daß sich S, solange der Faden gespannt und immer in derselben Ebene bleibt, nur auf einem Kreise bewegen kann, dessen Halbmesser der Entfernung des Punktes S vom Achsmittelpunkte O gleich ist. Physikalisch betrachtet, liegt der Fall so, daß die Fadenspannung eine Vergrößerung der Entfernung r zwischen O und S verhindert. Dies bedeutet mit anderen Worten: Auf S wirkt ständig eine zum Mittelpunkte O der Kreisbahn gerichtete Kraft ein. Sie heißt Zentripetalkraft und möge mit C bezeichnet werden. Aus der Zusammensetzung der Kraftwirkungen von P und C ergibt sich eben, wie die Anschauung zeigt, die kreisförmige Bewegung des Punktes S. Es sei nachdrücklich darauf ver-

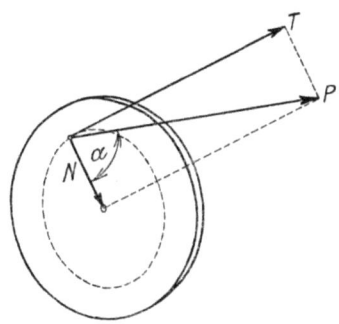

Abb. 12. Zerlegung der Drehkraft

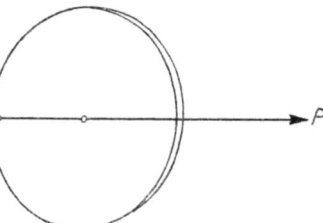

Abb. 13. Radiale Kraftrichtung

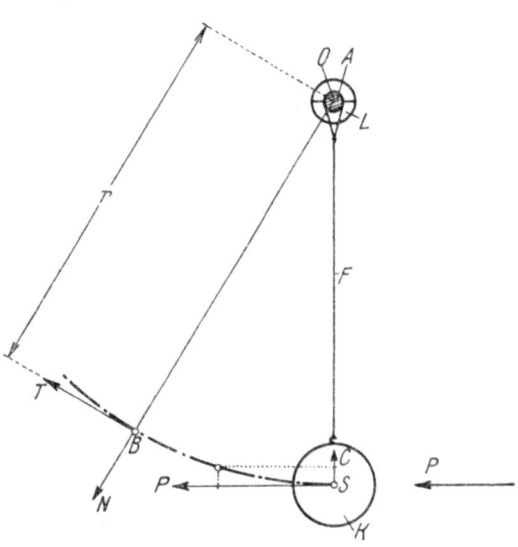

Abb. 14. Drehbewegung und Zentripetalkraft

wiesen, daß in dem beschriebenen Falle auf den Körper K niemals eine radial auswärts gerichtete Kraft („Fliehkraft" oder „Zentrifugalkraft") einwirkt. Ist beispielsweise der Schwerpunkt nach B gelangt und wird in diesem Augenblicke der Faden erschütterungsfrei durchschnitten, so wird sich der Körper K in der Tangentialrichtung T geradlinig weiterbewegen, nicht aber etwa in der Radialrichtung N oder in einer zwischen T und N gelegenen Richtung. In Bezug auf den Körper K gibt es also keine Zentrifugalkraft, im Gegenteil, nur eine Zentripetalkraft, die zusammenwirkend mit dem von der Kraft P herrührenden Anstoße zu geradlinig fortschreitender Bewegung die Drehbewegung auf der strichpunktiert eingezeichneten Bahn erzeugt. Wohl aber wirkt — da Aktion und Reaktion einander stets gleich sind — eine radial auswärts gerichtete Kraft, also eine Flieh- oder Zentrifugalkraft auf den Faden. Ohne das Vorhandensein einer solchen Kraft könnte ja der Faden auch nicht gespannt bleiben. Die auf den Faden wirkende Zentrifugalkraft wird von ihm auf die Achse A, von dieser auf das Lager L, dann allenfalls weiter auf ein das Lager umschließendes Gehäuse übertragen. Der Richtung nach entgegengesetzt, sind der Größe nach Zentripetal- und Zentrifugalkraft einander gleich. Ihr Wert berechnet sich aus der Gleichung $C = \dfrac{m\,v^2}{r}$, worin m die Masse des umlaufenden Körpers, v seine Geschwindigkeit, im Kreise gemessen, und r den Bahnhalbmesser bezeichnet. Auf die Ableitung dieser Formel muß hier verzichtet werden, doch stimmt ihr Ergebnis mit der geläufigen Erfahrungstatsache überein, daß die Fliehkraft um so größer ist, je größer die Masse des umlaufenden Körpers ist und je schneller er sich dreht. Da in der angeführten Gleichung r im Nenner steht, scheint sie auszusagen, daß die Fliehkraft bzw. Zentripetalkraft kleiner wird, wenn r wächst. Dies ist jedoch nicht der Fall. Die Geschwindigkeit v steigt ja selbst mit wachsendem r, und da v in der zweiten Potenz erscheint, nimmt C mit wachsendem r nicht ab, sondern zu.

Anstatt v kann auch $r\,\omega$ gesetzt werden, worin ω die Winkelgeschwindigkeit bedeutet, das ist die Geschwindigkeit eines Punktes, dessen Abstand von der Drehachse der Längeneinheit gleich ist. Setzt man diesen Wert in die Gleichung für die Zentripetalkraft ein, so ergibt sich: $C = m\,r\,\omega^2$. — Bei den vorstehenden Ausführungen ist der Einfluß der Schwerkraft auf die Bewegung des Körpers K nicht in Betracht gezogen worden. Die Vermeidung dieser Komplikation ist durchaus zulässig, da es sich bloß um die grundsätzliche Darlegung der Begriffe Zentripetal- und Zentrifugalkraft handelt. Das gleiche gilt für die stillschweigend gemachte Voraussetzung, daß der Faden gewichtslos sei.

Kehren wir nun zum dynamischen Grundgesetze zurück. Aus der Gleichung

$$K = m \cdot b$$

lassen sich noch einige wichtige Folgerungen ziehen. Wenn b gleich Null ist, muß auch K gleich Null sein. Das heißt: **Wenn ein Körper keine Beschleunigung besitzt, muß die Resultierende aller auf ihn einwirkenden Kräfte gleich Null sein.** Der Körper verhält sich also gerade so, als ob überhaupt keine Kraft auf ihn einwirkte. Der Fall, daß keine Beschleunigung vorhanden ist, tritt vor allem dann ein, wenn der betreffende Körper in Ruhe ist. Aber auch wenn sich ein Körper geradlinig mit immer gleichbleibender Geschwindigkeit fortbewegt, ist seine Beschleunigung gleich Null, denn die Beschleunigung ist ja das Maß der Geschwindigkeitsänderung. Daraus folgt: **wenn sich ein Körper in Ruhe befindet oder mit unveränderlicher Geschwindigkeit geradlinig fortschreitet, muß die Resultierende aller einwirkenden Kräfte gleich Null sein,** das heißt, die Kräfte halten einander das Gleichgewicht (Gesetz der Trägheit). Es sei aber nochmals nachdrücklich darauf hingewiesen, daß eine Geschwindigkeit nur dann als unveränderlich gelten darf, wenn sie nach Größe und Richtung stets gleichbleibt. **Daher ist zu jedem Richtungswechsel — auch bei zahlenmäßig unveränderter Geschwindigkeit — das Einwirken einer Kraft unbedingt erforderlich.**

2. Arbeit

Vom physikalischen Begriff der Arbeit gilt dasselbe, was über jenen der Kraft ausgeführt wurde: Er befindet sich in völliger Übereinstimmung mit dem, was im alltäglichen Leben „Arbeit" genannt wird, zumindest soweit es sich um körperliche Arbeit handelt.

Ein einfaches Beispiel wird dies anschaulich machen: Ein Mann soll, auf einem Gerüste stehend, eine Last, etwa einen Stein, mittels eines Seiles zu sich emporziehen (Abb. 15). Zweifellos wird nach den Begriffen des praktischen Lebens das Maß dieser Arbeit bedingt sein: erstens durch das Gewicht der Last Q, d. h. also durch die Größe der Kraft. die aufgewendet werden muß, um die Last zu heben; zweitens durch die zu überwindende Höhe h, das ist die

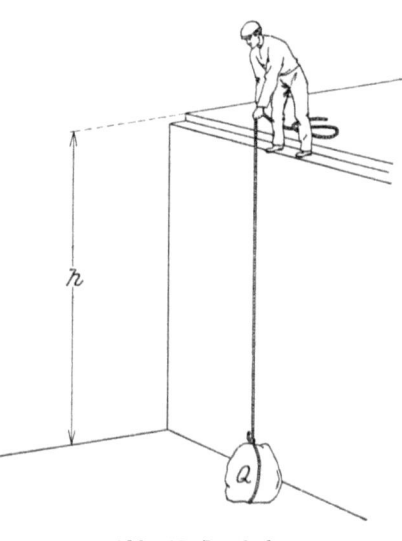

Abb. 15. Lasthub

Länge des Weges, über den die Last zu fördern ist. Genau von denselben Gesichtspunkten leitet die Physik den Begriff der Arbeit ab. Sie definiert diese als das Produkt aus Kraft und Weg.

$$\text{Arbeit} = \text{Kraft} \times \text{Weg}$$
$$A = K \times s$$

Die Einheit der Kraft ist ein Kilogramm, jene des Weges ein Meter, daher die Einheit der Arbeit ein Meterkilogramm. Ein Meterkilogramm (mkg oder kgm) ist die Arbeit, welche nötig ist, um ein Gewicht von 1 Kilogramm 1 Meter hoch zu heben.

An Hand des gegebenen Beispieles seien nun zwei wichtige Feststellungen gemacht:

Angenommen, der Mann halte, nachdem er den Stein einen Teil der Höhe h emporgehoben hat, eine gewisse Zeit lang inne. Während dieser Zeit wendet er immer noch Kraft auf, da er ja durch Muskelanstrengung der Schwerkraft das Gleichgewicht halten muß. Doch leistet er, solange der Stein in Ruhe verbleibt, gewiß keine Arbeit. Dies ergibt sich auch unmittelbar aus der Gleichung $A = Q \cdot s$, derzufolge einem Wege Null nur eine Arbeit Null entsprechen kann, wenngleich die Kraft ungemindert fortwirkt. **Kraftaufwand verbürgt noch keine Arbeitsleistung** — dies eine der „Selbstverständlichkeiten", die sehr oft nicht verstanden werden.

Man muß sich ferner vor jener Begriffsverwirrung hüten, die dann eintritt, wenn „Arbeit" schlechthin von „nutzbarer Arbeit" nicht gehörig unterschieden wird. Wenn beispielsweise der Mann den Stein, nachdem er ihn eben bis zur Höhe h hinaufgezogen hatte, fallen läßt und ihn nun abermals ganz emporhebt, wird er schließlich anstatt der Arbeit $Q \times h$ die Arbeit $2Q \times h$ geleistet haben. Wohl ist — bezogen auf den gewünschten Erfolg: Förderung der Last Q auf die Höhe h — **die Hälfte der Arbeit** $2Q \times h$ **nutzlos geleistet worden und uneinbringlich verloren.** Doch ändert dies nichts an der physikalischen Tatsache, daß die **insgesamt geleistete Arbeit** $2Q \cdot h$ beträgt.

Die Festlegung des Arbeitsbegriffes bedarf indessen noch einer Ergänzung. Bisher wurde stillschweigend angenommen, daß — wie in dem gewählten Beispiele — Kraftrichtung und Wegrichtung zusammenfallen. Dies muß aber durchaus nicht immer so sein. Der Stein könnte ja auch über ein schräg gelegtes Brett mit Hilfe eines über eine Rolle geführten Seiles gefördert werden (Abb. 16). Nun stimmen Kraft- und Wegrichtung nicht mehr überein. Die Vermutung liegt nahe, daß sich an der Größe der geleisteten Arbeit gegenüber dem vorigen Falle nichts geändert habe. Dafür spricht nicht nur die Überlegung, daß — zwar auf anderem Weg, aber kontinuierlich, ohne Rückschlag — das gleiche Endresultat erzielt wurde. Es spricht dafür auch unsere körperliche Erfahrung, aus der wir wissen, daß z. B. beim Besteigen eines Berges zwar umso kürzere Wegstrecken zurückzulegen sind, je steiler man

Arbeit 15

geht, daß aber im gleichen Maß auch desto größere Anstrengung aufzuwenden ist. Daß der sozusagen gefühlsmäßige Schluß richtig ist, kann auch streng rechnerisch nachgewiesen werden. Betrachten wir die Last in irgend einer Lage auf der schiefen Ebene (Abb. 17). Die vertikal abwärts wirkende Schwerkraft $Q = \overline{SR}$ kann in zwei Komponenten $\overline{SM}$ und $\overline{SN}$ zerlegt werden. $\overline{SN}$ steht senkrecht zur Bahn, die der Stein bei seiner Aufwärtsbewegung beschreibt, kann daher nur als Druck auf die Unterlage, der von dieser aufgenommen wird, wirken. (Von Reibungen sei wie bei allen vorangegangenen Betrachtungen vorläufig abgesehen.) In der Seilrichtung, jedoch abwärts wirkt die Komponente $\overline{SM}$. Diese Kraft allein ist es, die durch den Seilzug beim Emporziehen der Last zu überwinden ist. Der Größe und Richtung nach wird die aufzuwendende Zugkraft durch ST dargestellt, wobei $ST = MS$. Hiemit ist der Fall auf die frühere Bedingung zurückgeführt, denn die Richtung der wirksamen Zugkraft ST fällt nun mit der Bewegungsrichtung des Lastschwerpunktes zusammen. Es gilt daher ohneweiters Arbeit = Kraft × Weg, also

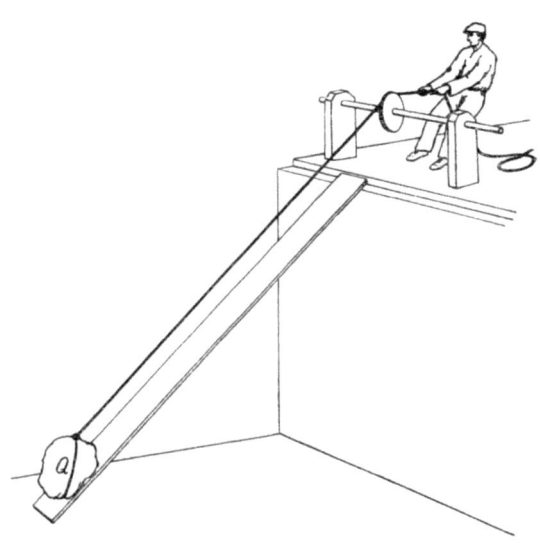

Abb. 16. Lasthub über eine schiefe Ebene

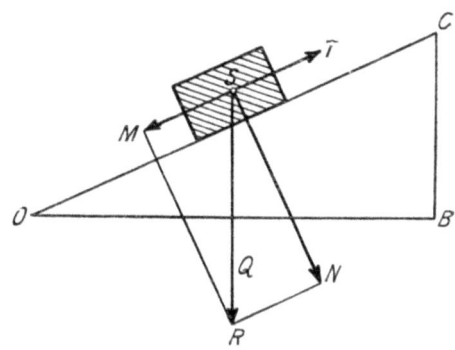

Abb. 17. Gesetz der schiefen Ebene

$$A = \overline{ST} \times \overline{CO}.$$

Nun sind die Dreiecke OCB und RSM ähnlich, daher

$$CO : \overline{CB} = SR : \overline{SM}.$$

Daraus folgt weiter
$$\overline{SM} \times \overline{CO} = \overline{SR} \times \overline{CB}$$
und da $SM = ST$ auch
$$\overline{ST} \times CO = SR \times CB.$$
Nun ist $\overline{SR} = Q$, $CB = h$, daher
$$A = Q\,h$$

Die Arbeit bleibt also gleich, ob die Last Q über eine schiefe Ebene oder ob sie direkt in vertikaler Richtung auf die Höhe h gebracht wird. Betrachten wir nun den Fall, so wie er sich ursprünglich darstellt. Die Kraftrichtung ist vertikal, stimmt also mit CB überein. Die tatsächlich erfolgende Bewegung fällt dagegen in die Richtung $\overline{OC}$. Wir gelangen nun zu dem Ergebnis $A = Q \cdot h$ auch dadurch, daß wir sagen: **Die Arbeit ist gleich dem Produkte aus der Kraft und der Projektion des Weges auf die Kraftrichtung.** (Denn die Projektion von OC auf irgendeine vertikale Gerade ergibt immer eine Strecke der Länge $\overline{CB} = h$.)

Die Ablenkung der Bewegungsrichtung aus der Kraftrichtung ist das Grundprinzip jeder Maschine. Wir haben im Falle der schiefen Ebene gesehen, daß man durch Einschaltung eines längeren Weges die Größe der aufzuwendenden Kraft herabmindern kann. Das Gleiche gilt für den Hebel, die Kurbel und viele andere Vorrichtungen. Doch kann die Maschine auch umgekehrt wirken. Denken wir uns einen ungleicharmigen Hebel (Abb. 18). Der Arm $\overline{MO}$ sei dreimal so lang wie der Arm $\overline{ON}$. Greift im Punkte M eine Kraft P an, so kann durch sie einer dreimal so großen Last, die auf den Punkt N wirkt, das Gleichgewicht gehalten werden. Wird hiebei M nach M' bewegt, so beschreibt N den Weg NN', das heißt der Weg der Last ist nur ein Drittel des Weges der Kraft.

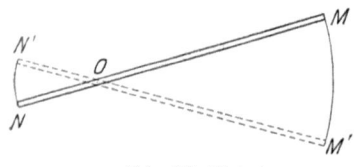

Abb. 18. Hebel

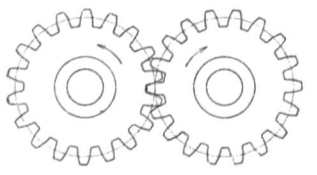

Abb. 19. Zahnräderpaar

Läßt man aber die Kraft auf den kurzen, die Last auf den langen Hebelarm wirken, so kann zwar die Last nur ein Drittel der Kraft betragen, dafür ist aber der von M beschriebene Weg dreimal so groß wie der gleichzeitig von N zurückgelegte Weg, das heißt M bewegt sich dreimal so schnell wie N. In diesem Falle wird gewissermaßen Kraft in Geschwindigkeit umgesetzt. Sehr häufig handelt es sich weder um Verminderung des Kraftaufwandes, noch um Erhöhung der Geschwindigkeit, sondern um den Richtungswechsel an sich. Greifen etwa zwei gleich große Zahnräder ineinander (Abb. 19), so sind (von

Reibungsverlusten abgesehen) sowohl Umfangskraft wie auch Umfangsgeschwindigkeit am treibenden und am getriebenen Rade einander gleich, doch dreht sich das eine im Uhrzeigersinne, das andere entgegengesetzt.

3. Leistung

Auch das Wort „Leistung" besagt als physikalischer Begriff genommen nichts anderes als das, was man im täglichen Leben darunter versteht. Man wird in der Praxis eine Arbeit niemals nur danach beurteilen, ob und in welcher Vollendung, sondern auch innerhalb welcher Zeit sie bewältigt wurde. Je größer die Arbeit und je kürzer die aufgewendete Zeit, desto größer ist die Leistung. Daraus folgt unmittelbar:

$$\text{Leistung} = \frac{\text{Arbeit}}{\text{Zeit}} = \frac{\text{Kraft} \times \text{Weg}}{\text{Zeit}}.$$

Dies kann in die Form gebracht werden

$$\text{Leistung} = \text{Kraft} \times \frac{\text{Weg}}{\text{Zeit}}.$$

Nun ist $\frac{\text{Weg}}{\text{Zeit}}$ nichts anderes als die Geschwindigkeit. Daher gilt schließlich auch:

$$\text{Leistung} = \text{Kraft} \times \text{Geschwindigkeit}.$$

Als Formel ausgedrückt:

$$L = K v.$$

Die Einheit der Leistung ist eine Pferdekraft oder Pferdestärke (abgekürzt PS), d. i. 75 Meterkilogramm pro Sekunde. Wird also eine Last von 75 kg in einer Sekunde 1 m hoch gehoben, so beträgt die Leistung 1 PS. Selbstverständlich bleibt die Leistung ebenso groß, wenn etwa 25 kg in einer Sekunde 3 m hoch, oder wenn 150 kg in einer Sekunde ½ m hoch gehoben werden usw. Maßgebend bleibt immer nur das Produkt aus Kraft und Geschwindigkeit, gleichgültig, wie es sich auf diese beiden Faktoren verteilt. Ist in der Formel $L = K v$ K in kg, v in m per Minute ausgedrückt, so ergibt sich die Leistung L in Kilogrammetern per Minute. Um hieraus auf die Zahl der Pferdestärken zu kommen, muß man noch durch 60×75 dividieren. Für die angenommenen Maßeinheiten gilt daher

$$N = \frac{K v}{60 \times 75},$$

wobei nun N die Leistung in PS darstellt.

Ebenso wie für die Arbeit haben wir auch für die Leistung zwischen gesamtem und nützlichem Wert zu unterscheiden. Über das für jeden maschinellen Betrieb äußerst wichtige Verhältnis der Nutzleistung zur

Gesamtleistung wird im Zusammenhange mit den Bewegungswiderständen noch etwas ausführlicher zu sprechen sein.

4. Bewegungswiderstände

In der Natur, oder zumindest auf der Erde und innerhalb ihrer Atmosphäre, findet niemals eine Bewegung statt, ohne daß zugleich dieser Bewegung entgegenwirkende Kräfte, also Bewegungswiderstände, auftreten. Die Ursache dieser Erscheinung ist die **Undurchdringlichkeit**. Das bekannte Erfahrungsgesetz der Undurchdringlichkeit besagt, daß an einem und demselben Orte niemals zwei oder mehrere Körper gleichzeitig sich befinden können. Daher könnte die Bewegung eines Körpers K (Abb. 20) nur dann widerstandslos erfolgen,

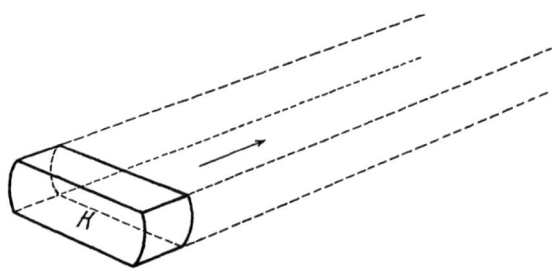

Abb. 20. Bahnraum

wenn der bei der Bewegung zu durchlaufende Raum völlig leer wäre. Dieser Fall kommt aber niemals vor. Ist der Bahnraum auch frei von festen und flüssigen Körpern, so ist er zumindest von Luft erfüllt, für die, wie für jeden anderen Körper, das Gesetz der Undurchdringlichkeit gilt. Es muß bei der Bewegung die Luft aus dem Bahnraume verdrängt, also bewegt werden. Dieser Überführung aus Ruhe in Bewegung setzt die Luft — wie jeder Körper — den Trägheitswiderstand entgegen, der sich, bezogen auf den Körper K, als Bewegungswiderstand, im speziellen Falle Luftwiderstand genannt, geltend macht.

Die Luftverdrängung erfolgt nicht ruhig und stetig, sondern es treten dabei Druckänderungen, Wirbel und Schwingungen auf, wodurch der Vorgang derart kompliziert wird, daß es bisher weder experimentell noch rechnerisch gelungen ist, die Gesetze des Luftwiderstandes mit voller Exaktheit festzustellen. Immerhin gilt zumindest mit weitgehender Annäherung, daß der gesamte Luftwiderstand direkt proportional ist:

a) der wirksamen Fläche, das ist der Projektion des Körpers auf eine zur Bewegungsrichtung senkrechte Ebene;

b) dem Quadrate der Bewegungsgeschwindigkeit. Im übrigen ist der Luftwiderstand abhängig von der Dichte der Luft, von der Größe und Gestalt des bewegten Körpers, von der Beschaffenheit seiner Außenflächen und anderen Faktoren.
In Gleichungsform ergibt dies die Beziehung:

$$W = a \cdot F \cdot v^2$$

Hierin bedeutet a einen durch die speziellen Verhältnisse bedingten und nur empirisch feststellbaren Koeffizienten. Für die Bewegung des Motorrades entgegen dem Luftwiderstande kann a als Durchschnittswert mit brauchbarer Annäherung auf rund 0,005 veranschlagt werden. Unter Annahme dieses Wertes geht die Gleichung für den gesamten Luftwiderstand über in

$$W = 0{,}005\, F\, v^2,$$

wobei F in Quadratmetern, v in Kilometern per Stunde einzusetzen ist. Es ist ersichtlich, daß der Luftwiderstand um so mehr wächst, je größer die wirksame Fläche F wird. Daraus folgt, daß der Motorradkonstrukteur, soweit anderweitige konstruktive Rücksichten dies zulassen, bemüht sein muß, so schmal und so niedrig wie nur möglich zu bauen, was übrigens nicht nur wegen des Luftwiderstandes, sondern auch aus anderen, später zu besprechenden Gründen sehr erwünscht ist. Will der Fahrer den Luftwiderstand auf ein Mindestmaß herabdrücken, so muß er trachten, durch seine Körperhaltung die Größe der wirksamen Fläche F zu verringern, indem er sich mit eingezogenem Kopf über die Lenkstange duckt. Dies kann man bei jedem Motorradrennen beobachten. Selbstverständlich ist diese Haltung nur im Rennen geboten. Bei der Fahrt in der Stadt oder im Gelände wird der Lenker jene Körperlage wählen, die ihm den sichersten Überblick der Strecke bietet und ihn zugleich am wenigsten ermüdet. Für ein mittelschweres Rad und einen Mann mittleren Wuchses in normaler, halb aufrechter Haltung kann F mit rund 0,7 qm bewertet werden. Beträgt beispielsweise die Fahrgeschwindigkeit 20 km per Stunde, so ergibt sich

$$W = 0{,}005 \times 0{,}7 \times 400 = 1{,}4.$$

Es sei darauf hingewiesen, daß der Luftwiderstand, wie jeder sonstige Bewegungswiderstand, nichts anderes ist, als selbst eine Kraft, die der jeweiligen Bewegungsrichtung genau entgegengesetzt wirkt. Wir haben daher die Bewegungswiderstände wie alle anderen Kräfte in Kilogrammen zu messen. Im gewählten Beispiel ist der Luftwiderstand eine Kraft, deren Größe 1,4 kg beträgt und deren Richtung der Fahrtrichtung entgegengesetzt ist. Würde unter sonst gleichen Umständen die Geschwindigkeit statt 20 km per Stunde 40 km per Stunde, also das Doppelte, betragen, so steigt der Luftwiderstand, da er im quadratischen Verhältnis mit der Geschwindigkeit wächst, auf das Vierfache, das ist 5,6 kg. Würde die Geschwindigkeit auf 100 km gesteigert, also verfünffacht werden, so erreicht der Luftwiderstand den fünfundzwanzigfachen Betrag seines ursprünglichen Wertes, das ist 35 kg.

Auch der Reibungswiderstand in allen seinen Formen rührt, wie leicht einzusehen ist, von der Undurchdringlichkeit her. Denken wir uns etwa eine prismatische Stahlplatte, auf der ein stählerner Würfel ruht (Abb. 21). Beide Körper seien an ihren Berührungsflächen aufs feinste geschliffen. Wenn aber auch diese Flächen unserem Auge und unserem Tastsinn völlig glatt erscheinen, besitzen sie in Wirklichkeit doch unzählig viele winzige Unebenheiten, Risse und Vorsprünge. Soll nun der Würfel längs seiner Unterlage bewegt werden, so legen sich die Vorsprünge beider Flächen gegeneinander und wirken — wegen der Undurchdringlichkeit — bewegungshemmend. Das so entstehende Bewegungshindernis heißt gleitende Reibung. Für seine Überwindung bestehen drei Möglichkeiten:

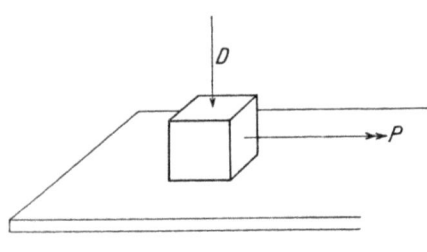

Abb. 21. Gleitende Reibung

1. Die Vorsprünge werden soweit zusammengepreßt oder abgebogen, daß für den Augenblick der Bahnraum frei wird.
2. Die Vorsprünge werden abgerissen.
3. Es erfolgt Ausweichen, das heißt der Körper wird aus seiner Bewegungsrichtung abgelenkt.

In Wirklichkeiten treten stets alle drei Erscheinungen gleichzeitig und sich gegenseitig beeinflussend auf. Zur Erzielung jeder der drei Wirkungen ist ein Kraftaufwand erforderlich.

Die vorweg gegebene Unebenheit der Berührungsflächen ist nicht die einzige Ursache der Reibung. Es kommt noch hinzu, daß selbst die härtesten Körper in irgend einem Maße zusammendrückbar sind. Da nun der Würfel zumindest mit seinem Eigengewicht (wozu aber noch eine äußere Druckkraft treten könnte) auf die Unterlagsplatte drückt, so wird er — freilich nur unmeßbar wenig — in diese einsinken. Hieraus ergibt sich die in Abb. 22 angedeutete Konfiguration, die ebenso reibungserzeugend wirkt wie die Unebenheit der Gleitflächen.

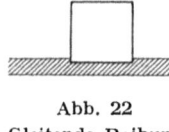

Abb. 22
Gleitende Reibung

Wie erwähnt, wird die Reibung zum Teil dadurch überwunden, daß die hindernden Unebenheiten abgebogen oder abgetrennt werden, mit anderen Worten, daß die Berührungsflächen sich gegenseitig zurechtschleifen. Geht die Bewegung nun in der Weise vor sich, daß die einander berührenden Flächen stets dieselben bleiben, wie z. B. beim Auf- und Abwärtsgleiten eines Kolbens in einem Zylinder oder bei der Drehung eines Zapfens in einer Lagerbüchse, so muß sich nach einer gewissen Zeit eine Abnahme des Reibungswiderstandes bemerkbar machen. Diese Erscheinung ist in der Praxis unter dem Namen „Einlaufen" bekannt.

Die Größe der gleitenden Reibung hängt in erster Linie von dem Normaldruck ab, mit dem die Berührungsflächen gegeneinander gepreßt werden. Je größer die vertikale Kraft D (Abb. 21) ist, desto größer wird die Reibung, desto größer daher auch die Horizontalkraft P, die zur Überwindung der Reibung nötig ist. Die Reibung hängt ferner von der stofflichen Beschaffenheit und dem Bearbeitungszustande der Berührungsflächen ab, bleibt aber immer dem Normaldruck proportional. In Gleichungsform:

$$R = f \cdot N.$$

Die Größe f, die sich nur durch Versuche ermitteln läßt, wird Reibungskoeffizient genannt.

Das Gesetz der Proportionalität zwischen Normaldruck und Reibung gilt nicht mit voller Strenge. Bei sehr hohen und sehr geringen Drucken zeigen sich Abweichungen. Auch ist die Reibung von der Bewegungsgeschwindigkeit nicht unabhängig. Für praktische Zwecke genügt aber die einfache Beziehung $R = f \cdot N$ um so eher, als f selbst nur empirisch und nur annäherungsweise ermittelt werden kann. Die Gleichung $R = f \cdot N$ erhält volle Gültigkeit, wenn f nicht als Konstante, sondern selbst als Funktion von N und v verstanden wird.

Noch wichtiger für unsere Betrachtungen als die gleitende ist die rollende Reibung. Sie tritt dann ein, wenn ein Körper auf einem anderen nicht gleitet, sondern rollt. Ist die Begrenzung des rollenden Körpers eine krumme Fläche, z. B. ein Zylinder oder eine Wulstfläche oder eine Kugel (Abb. 23), dann könnte die Berührung mathematisch be-

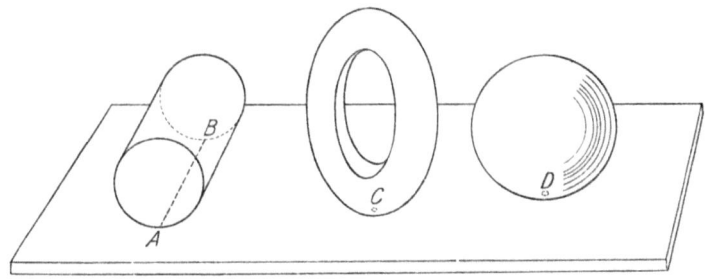

Abb. 23. Rollende Reibung

trachtet nur in einer Geraden, bzw. nur in einem Punkte erfolgen. Würde dies tatsächlich zutreffen, so müßte die rollende Reibung stets gleich Null sein, da innerhalb einer Linie oder gar eines Punktes die körperlichen Hindernisse, welche ja alleinige Ursache der Reibung sind, keinen

Platz finden könnten. In Wirklichkeit erfolgt aber immer Flächenberührung, da — wie schon bei der gleitenden Reibung erwähnt — alle Körper in irgend einem Maße zusammendrückbar sind. Ist der rollende Körper von einer möglichst genauen Rotationsfläche begrenzt und er wie auch seine Unterlage sehr hart, dann wird allerdings die rollende Reibung gering ausfallen, wie beispielsweise beim Laufen des stahlbereiften Eisenbahnrades auf der stählernen Schiene. Im allgemeinen wird das Rad, je nachdem, ob es im Verhältnis zur Fahrbahn hart oder weich ist, entweder in diese einsinken oder eine Abplattung erleiden, wie in Abb. 24 dargestellt. In jedem der beiden Fälle kann ein Weiter-

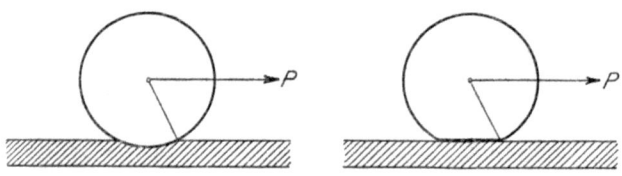

Abb. 24. Rollbewegung auf ebener Bahn

rollen in der Pfeilrichtung nur durch Kippen des Rades um die in der Fahrtrichtung vorderste Auflagekante bewirkt werden. Daraus erklärt sich auch teilweise die bekannte Tatsache, daß die rollende Reibung um so geringer wird, je größer das Rad ist, da bei gleichbleibender, im Radmittelpunkte angreifend gedachter Kraft P das Kippmoment in direktem Verhältnis mit dem Raddurchmesser wächst. Sinkt das Rad über ein gewisses Höchstmaß ein, so kann eine horizontale Vortriebskraft keine Rollbewegung mehr bewirken, vielmehr wird das Rad durch sie nur um so stärker gegen das Hindernis gepreßt und kann nur noch durch Anheben oder durch Rückwärtsrollen flott gemacht werden. Es ist klar, daß ein großes Rad verhältnismäßig weniger tief einsinken wird als ein kleines Rad. Von diesen Gesichtspunkten aus müßten also für Motorräder die Raddurchmesser möglichst groß gewählt werden. Durch andere Faktoren, wie Fahrgeschwindigkeit, Gewicht, Stabilität, Wendigkeit usw. wird jedoch in der Praxis dem Raddurchmesser eine ziemlich niedrige Grenze gesetzt.

Auch die rollende Reibung ist dem Normaldruck, mit dem der Körper gegen seine Unterlage gepreßt wird, proportional. Es gilt also auch hier
$$R = f N,$$
doch ist der Faktor f, welcher Koeffizient der rollenden Reibung heißt, nicht bloß von der stofflichen Natur und der Bearbeitung der Flächen, sondern auch von dem Durchmesser des Rollkörpers abhängig. Eine ganz exakte und über den speziellen Versuchsfall hinaus gültige Ermittlung des Koeffizienten der rollenden Reibung ist schwierig, wenn nicht unmöglich. Die Praxis begnügt sich mit Durchschnittswerten,

die aus vielfachen Erfahrungen gewonnen wurden. Jedenfalls ist im allgemeinen die rollende Reibung sehr viel kleiner als die gleitende. Dies macht sich die Fahrzeugtechnik durch vielfache Anwendung von Kugel- und Rollenlagern an Stelle der früher gebrauchten Gleitlager zunutze. Wir haben in den bisherigen Betrachtungen den rollenden Körper als frei beweglich angenommen. Handelt es sich um die Bewegung eines Fahrzeuges, so ist zu beachten, daß die Räder auf einer Achse gelagert sein müssen, so daß bei der Fahrt nicht nur die rollende Reibung zwischen Rad und Fahrbahn zu überwinden ist, sondern auch die Reibung zwischen Radachse und Lager, welche je nachdem, ob hier Roll- oder Gleitlager verwendet werden, entweder gleichfalls eine rollende oder aber eine gleitende Reibung ist. Sowohl die Radreibung als die Achsreibung ist dem auf dem Rade lastenden Druck N direkt proportional. Es ist die Radreibung
$$R_1 = f_1 N,$$
die Achsreibung
$$R_2 = f_2 N.$$

Die Summe beider Reibungen ergibt die Gesamtreibung, die auch Rollwiderstand genannt wird

$$W_r = R_1 + R_2 = (f_1 + f_2) N = f_r N.$$

Der Faktor f_r ist nun der Koeffizient des Rollwiderstandes. Er ist abhängig von der Bodenbeschaffenheit, von der Bereifung, vom Raddurchmesser, von der Art der Achslagerung wie auch von deren Schmierung und kann mit einiger Genauigkeit nur durch Einzelversuche bestimmt werden.

Es ist vielleicht nicht überflüssig, darauf hinzuweisen, daß der Motorradfahrer unrecht täte, die Reibungen nur für lästige Bewegungshindernisse zu halten. Ohne Reibung wäre nämlich der Motorradbetrieb ganz unmöglich. Die Fahrbewegung wird dadurch bewirkt, daß eines der Räder — gewöhnlich das Hinterrad — in Drehung versetzt wird. Wäre keine oder keine ausreichende Reibung vorhanden, so würde sich das Rad, immer an derselben Stelle verbleibend, leer drehen, wie man das zuweilen beim Anlaufen von Lokomotivrädern auf nassen Schienen beobachten kann. Erst durch das Auftreten einer hinreichend großen Reibung wird die bloße Drehbewegung in eine Rollbewegung übergeleitet.

Betrachten wir nun ein Motorrad, das sich auf ebener horizontaler Fahrbahn in geradliniger Spur mit gleichförmiger Geschwindigkeit fortbewegt. Nach dem dynamischen Grundgesetz müssen in diesem Falle alle auf das Motorrad einwirkenden Kräfte im Gleichgewicht stehen, also sich gegenseitig aufheben. Vertikal abwärts wirkt die Schwerkraft. Sie wird durch die Festigkeit der Fahrbahn aufgehoben, die als vertikal aufwärts gerichteter Druck auf die Räder zur Geltung kommt. In horizontaler Richtung wirken folgende Kräfte:

In der Fahrtrichtung die vom Motor auf das Rad übertragene Vortriebskraft; entgegen der Fahrtrichtung der Luftwiderstand und der Rollwiderstand. Unter der gegebenen Voraussetzung muß die **Motorkraft genau gleich sein der Summe aus Luft- und Rollwiderstand**. Nun werde die Motorkraft vergrößert, z. B. durch Erhöhung der Brennstoffzufuhr. Danach kann kein Gleichgewicht mehr bestehen, vielmehr muß sich nun **eine resultierende Kraft in der Fahrtrichtung ergeben, die nach dem dynamischen Grundgesetz eine Beschleunigung in der gleichen Richtung erzeugt**. Die Fahrgeschwindigkeit wird also steigen und müßte, solange die Kraftwirkung andauert, unbegrenzt weiter und weiter wachsen, wenn gleichzeitig die Fahrwiderstände unverändert blieben. Dies ist jedoch nicht der Fall. Wir wissen bereits, daß der Luftwiderstand mit zunehmender Geschwindigkeit wächst, und zwar in quadratischem Verhältnis. Bei irgend einer Geschwindigkeit wird er ein solches Maß erreicht haben, daß die Summe aus Rollwiderstand und nunmehrigem Luftwiderstand abermals genau gleich ist der jetzt einwirkenden Vortriebskraft. Von diesem Augenblick an gibt es **keine Beschleunigung mehr**, da nun wieder Gleichgewicht der Kräfte herrscht, somit geht **von diesem Zeitpunkt an die weitere Fahrt mit gleichbleibender Geschwindigkeit vor sich**. Hieraus ergibt sich folgende äußerst wichtige Regel: Wenn eine, wodurch immer verursachte Störung des Kräftegleichgewichtes eintritt, **strebt der bewegte Körper selbsttätig einem neuen Gleichgewichtszustande zu**.

Bei diesen Ausführungen wurde stillschweigend die vereinfachende Annahme gemacht, daß das Motorrad samt seinem Lenker ein einziger starrer Körper sei. Dies trifft — wegen der Federung, der elastischen Bereifung und der Relativbeweglichkeit von Einzelteilen — nicht zu. Jedoch ändern die innerhalb des Systems auftretenden Kräfte und Bewegungen nichts an der grundsätzlichen Richtigkeit der vorstehenden Betrachtung.

5. Wirkungsgrad

Die Bewegungswiderstände spielen für die Leistung jeder Maschine eine wichtige Rolle. Denken wir uns etwa eine Lasthebemaschine, mittels deren eine Last von 6000 kg in einer Minute 7,5 m hoch gehoben werden soll. Die hiefür notwendige Leistung ergibt sich rechnungsmäßig zu

$$N = \frac{6000 \times 7,5}{60 \times 75} = 10 \text{ PS}.$$

Würden wir nun aber einen Motor verwenden, der tatsächlich genau 10 PS an das Antriebsorgan der Hebemaschine abgibt, so müßte sich alsbald zeigen, daß wir die gewünschte Leistung nicht voll erreichen. Die Last von 6000 kg würde nach einer Minute statt der vorgeschriebenen Höhe von 7,5 m z. B. nur eine solche von etwa 5 m erreicht haben. Dies rührt daher, daß keineswegs die ganze Motorleistung dem Lasthube zugute kommt, sondern ein Teil zur Überwindung der in der Hebemaschine auftretenden Bewegungswiderstände — Reibung der ineinander greifenden Zahnräder, der Wellen in ihren Lagern, des Seiles an der Trommel usw. — aufgewendet werden muß. Um auf die volle Förderleistung zu kommen, müssen wir einen Motor anwenden, der nicht 10, sondern 15 PS an die Hebemaschine abgibt. Bei der Berechnung des Motors dürfen wir nicht außer acht lassen, daß auch innerhalb des Motormechanismus Bewegungswiderstände überwunden werden müssen. Um volle 15 PS für den Antrieb der Hebemaschine verfügbar zu haben, werden wir den Motor so bauen müssen, daß — beispielsweise — $3^3/_4$ PS zur Überwindung der eigenen Bewegungswiderstände aufgezehrt werden können, das heißt die Gesamtleistung des Motors wird sich auf 18,75 PS belaufen, während die Nutzleistung bloß 15 PS beträgt. Das Verhältnis der Nutzleistung zur Gesamtleistung des Motors heißt sein mechanischer Wirkungsgrad und wird zumeist mit dem Buchstaben η bezeichnet. Im vorliegenden Falle ist $\eta = \dfrac{15}{18,75} = 0,8$ oder wie üblich in Prozenten ausgedrückt $\eta = 80\%$. Die 15 PS betragende Nutzleistung des Motors (auch effektive Motorleistung genannt) führen wir der Hebemaschine zu, die aber ihrerseits 5 PS für Bewegungswiderstände verbraucht und an Nutzleistung nur 10 PS liefert. Der Wirkungsgrad der Hebemaschine ist daher $\dfrac{10}{15} = 0,666\ldots$ oder rund $66,7\%$. Von der 18,75 PS betragenden Gesamtleistung des Motors sind schließlich nur 10 PS in endgültige Nutzleistung umgesetzt worden, so daß der mechanische Gesamtwirkungsgrad unserer Anlage

$$10 : 18,75 = 0,5336 \text{ oder } 53,36\%$$

beträgt. Zu demselben Resultat gelangt man, wenn man die Einzelwirkungsgrade miteinander multipliziert, in unserem Falle

$$0,8 \times 0,667 = 0,5336.$$

Allgemein: Der mechanische Gesamtwirkungsgrad mehrerer aneinandergeschalteter Maschinen ist gleich dem Produkte aus den mechanischen Einzelwirkungsgraden dieser Maschinen.

Der mechanische Gesamtwirkungsgrad eines normalen modernen Motorrades kann (Motor inbegriffen) ungefähr mit 56 bis 64% angenommen werden. Der mechanische Wirkungsgrad des Motors selbst ist mit etwa 80 bis 85%, der der Übertragungsmechanismen je nach ihrer Beschaffenheit mit 70 bis 75% zu veranschlagen. Es entfallen jedoch bei einem mechanischen Wirkungsgrad des Motors von 80% nicht volle 20% auf Überwindung von Bewegungswiderständen. Ein Teil hievon wird zum Antriebe der Hilfsmaschinen des Motors (z. B. des Magnetapparates) aufgewendet.

II. Grundbegriffe der Wärmelehre
1. Wärmegrad – Wärmemenge – Wärmeäquivalent

Der Wärmebegriff leitet sich unmittelbar aus unseren Sinnesempfindungen her. Wir wissen aus unserer Alltagserfahrung, daß die Empfindungen „warm" und „kalt" durchaus relativ zu werten sind. Was wir wirklich wahrzunehmen vermögen, ist niemals ein „warm" oder „kalt", sondern nur ein „wärmer" oder „kälter". Jene Beschaffenheit eines Körpers, die in uns eine Wärmeempfindung (oder Kälteempfindung) hervorruft, heißt seine Temperatur. Um zu einer objektiven Temperaturmessung zu gelangen, bedient man sich der Tatsache, daß sich die meisten Körper mit zunehmender Temperatur ausdehnen, oder auch gewisser, von der Temperatur abhängiger elektrischer Erscheinungen. Daß hiebei die Temperatur schmelzenden Eises als Nullpunkt angenommen, jene siedenden Wassers mit 100^0 beziffert wird, ist eine willkürliche Festlegung, die nur durch Übereinkunft zur Allgemeingültigkeit gelangte.

In engem Zusammenhange mit dem Begriff der Temperatur oder des Wärmegrades stehend, doch grundverschieden von ihm, ist der Begriff der Wärmemenge. Auch das weiß jedermann aus Erfahrung, nur gibt man sich hierüber nicht immer Rechenschaft. Es ist beispielsweise klar, daß 100 kg Wasser von 70^0 eine größere Wärmemenge enthalten als 10 kg von 80^0, obwohl die Temperatur im zweiten Falle höher ist. Ganz gewiß wird man z. B. mit Hilfe der 100 kg von 70^0 eine größere Menge Eis zum Schmelzen bringen können, also eine höhere thermische Leistung erzielen, als mit Hilfe der 10 kg von 80^0. Ein prägnanterer Ausdruck für diese Tatsachen wird durch den Begriff des mechanischen Wärmeäquivalentes ermöglicht.

Daß durch mechanische Arbeit — Stoß, Druck, Reibung usw. — Wärmewirkungen erzeugt werden, ist den Menschen seit Jahrtausenden bekannt. Dagegen gewann man erst spät volle Klarheit darüber, daß bei der Umwandlung von mechanischer Arbeit in Wärme (ebenso bei der Umwandlung von Wärme in mechanische Arbeit) beide Größen durch eine streng zahlenmäßige Beziehung verknüpft sind, die unveränderlich bleibt, in welcher Form immer die mechanischen bzw. thermischen Energien geliefert werden mögen. Ein Körper vom Gewichte Q falle frei aus einer Höhe h herab und treffe auf eine unbewegliche horizontale Fläche. Der Einfachheit halber nehmen wir an, daß sowohl die Fläche als der fallende Körper vollkommen unelastisch seien und daß dieser im Augenblicke des Aufschlagens die Unterlage mit einer zu ihr parallelen Ebene berührt, so daß sofort eine Stellung stabilen Gleichgewichtes gegeben ist. Somit wird das Fallgewicht Q momentan in den Ruhezustand gelangen. Bei Zurücklegung des Weges h ist die Arbeit $Q \times h$ erzeugt worden. Diese Arbeit kann nicht verschwunden, sondern nur in andere Formen umgesetzt worden sein: Ein Teil von $Q h$ mußte zur Überwindung des Luftwiderstandes aufgewendet werden. Ein zweiter Teil wurde in Formänderungsarbeit umgesetzt, indem im Fallkörper und in der Unterlage Zusammenpressungen, Risse oder Abtrennungen von Splittern bewirkt wurden. Ein dritter Teil ist in Wärme verwandelt worden, und zwar in Form von Temperaturerhöhung beider aufeinander treffenden Körper. Eine zahlenmäßige Bestimmung der drei Teilgrößen wäre nur auf Grund komplizierter Messungen und Rechnungen möglich. Nehmen wir aber an, daß der Fallraum gänzlich luftleer sei, ferner daß Fallkörper und Unterlage nicht bloß wie vorher völlig unelastisch, sondern auch absolut starr und fest seien, dann kann weder Luftwiderstands- noch Formänderungsarbeit geleistet werden. Es muß somit die ganze Fallarbeit $Q h$ in Wärme umgesetzt werden. Ist z. B. $Q = 427$ kg, $h = 1$ m, so beträgt die Fallarbeit 427 Meterkilogramm. Diese Arbeit wird zur Gänze in Wärme verwandelt, die, restlos erfaßt, genau hinreicht, 1 kg Wasser um 1^0 C zu erwärmen. Diese Wärmemenge wird als eine Kalorie (1 Cal) bezeichnet. Es ist also 1 Cal gleichwertig 427 mkg bzw. 1 mkg gleichwertig $1/_{427}$ Cal. Die Zahl $A = 1/_{427}$ heißt das mechanische Wärmeäquivalent. Anstatt Kalorie wird auch der Ausdruck Wärmeeinheit (abgekürzt W. E.) gebraucht.

Streng genommen, darf man die Wärmeeinheit nicht als die Wärmemenge definieren, die zur Erwärmung eines Kilogramms Wasser um 1^0 C, sondern nur als jene, die zur Erwärmung eines Kilogramms Wasser von $14\frac{1}{2}$ auf $15\frac{1}{2}^0$ C erforderlich ist. Denn bei genauer Messung zeigt sich, daß die aufzuwendenden Wärmemengen bei verschiedenen Temperaturen verschieden sind und genau nur bei $14\frac{1}{2}^0$ C die zur Erwärmung um 1^0 erforderliche Wärmemenge genau 427 mkg entspricht. Da jedoch die Unterschiede nur sehr gering sind, überdies der Mittelwert für das Intervall 0 bis 100^0 mit dem Wert für $14\frac{1}{2}^0$ fast ganz übereinstimmt, ist es für praktische Zwecke durchaus zulässig, die Zahl $A = 1/_{427}$ ohne Festsetzung einer Temperaturstufe beizubehalten.

Kehren wir nun zu dem früheren Beispiel zurück, so wird auf Grund der eben vorgenommenen Feststellungen vollends klar, daß der Wärmeinhalt von 100 kg 70grädigen Wassers bedeutend größer sein muß als jener von 10 kg 80grädigen Wassers. Nehmen wir für beide Quanten einen gemeinsamen Temperaturausgangspunkt an, etwa 0^0. Dann mußten zur Erreichung des jetzigen Zustandes der erstgenannten Wassermenge 7000 Cal, der zweitgenannten nur 800 Cal zugeführt werden. Zumindest um diese Differenz von 6200 Cal müssen sich auch die gegenwärtigen Wärmemengen unterscheiden.

2. Spezifische Wärme –Ausdehnungskoeffizient– Wärmeleitung

Wollen wir 1 kg irgend eines anderen Körpers als Wasser um 1^0 C erwärmen, so ist hiefür auch eine andere Wärmemenge erforderlich. Die Zahl, welche angibt, wieviel Kalorien zur Erwärmung von 1 kg eines Körpers um 1^0 C aufgewendet werden müssen, heißt seine **spezifische Wärme**. Die spezifische Wärme des Wassers ist gleich 1. (Für alle Körper ist die spezifische Wärme von der Temperatur abhängig, wechselt also von Grad zu Grad ihren Wert. Diese Differenzen sind jedoch sehr gering, daher praktisch häufig vernachlässigbar).

Im allgemeinen haben alle Körper das Bestreben, bei Zunahme ihrer Temperatur sich auszudehnen. Die Zahl, welche angibt, um wieviel die Längeneinheit eines Körpers bei Erhöhung der Temperatur um 1^0 C sich ausdehnt, heißt **linearer Ausdehnungskoeffizient**. Die Zahl, welche angibt, um wieviel im gleichen Falle die Raumeinheit sich vergrößert, **räumlicher Ausdehnungskoeffizient**. Es beträgt beispielsweise der lineare Ausdehnungskoeffizient des Kupfers 0,000016. Das heißt, ein Kupferdraht von 1 m Länge und durchgehend gleichem Querschnitt wird sich, wenn man seine Temperatur um 1^0 C erhöht, um 0,000016 m oder 0,016 mm ausdehnen. Beträgt die Temperaturerhöhung statt 1^0 C 100^0 C, so wird auch die Ausdehnung 100mal so groß sein, das heißt, sie beläuft sich pro 1 m auf 1,6 mm. Die Ausdehnungskoeffizienten fester Körper sind untereinander sehr verschieden. So ist beispielsweise der lineare Ausdehnungskoeffizient des Bleies rund 10mal so groß wie jener des Porzellans. Nimmt man also zwei gleich lange Stäbe, deren einer aus Blei, deren anderer aus Porzellan besteht und unterwirft beide Stäbe der gleichen Temperaturerhöhung, so dehnt sich der Bleistab 10mal so stark aus wie der Porzellanstab.

Auch der Ausdehnungskoeffizient ist, streng genommen, von der Temperatur abhängig, d. h. die Ausdehnung eines und desselben Körpers ist nicht ganz genau die gleiche, wenn der Körper z. B. das eine Mal von 10^0 auf 11^0, das andere Mal von 50^0 auf 51^0 erwärmt wird. Die Unterschiede sind aber sehr klein. In der Praxis kann man von dieser Temperaturabhängigkeit zumeist absehen. Für feste Körper wird dann der Mittelwert des Bereiches 0 bis 100^0 als konstanter Ausdehnungskoeffizient benützt.

Für alle Gase ist der räumliche Ausdehnungskoeffizient gleich und im Vergleich zu jenem fester und flüssiger Körper sehr groß. Er beträgt

Spezifische Wärme — Ausdehnungskoeffizient — Wärmeleitung

$1/273$, das heißt für je 1^0 Temperaturerhöhung dehnt sich ein Kubikmeter Gas um $1/273$ Kubikmeter aus, vorausgesetzt natürlich, daß die freie Ausdehnung durch nichts behindert wird.

Mit Rücksicht darauf, daß jede Temperaturerhöhung mit der Tendenz zur Volumsvergrößerung verknüpft ist, bedarf der Begriff der spezifischen Wärme noch einer Ergänzung. Denken wir uns eine Gasmenge in einem Zylinder A, der mit einem gewichtlosen und reibungsfrei beweglichen, jedoch völlig dicht haltenden Kolben abgeschlossen ist (Abb. 25). In diesem Falle kann sich das Gas bei Erwärmung frei ausdehnen, ohne daß Entweichen möglich wäre. Nehmen wir hingegen das gleiche Gasquantum in einem allseits von unbeweglichen, starren und dichten Wänden begrenzten Gefäß B (Abb. 26) eingeschlossen an, so ist zwar kein Entweichen, aber auch keine Ausdehnung möglich. Die Ausdehnungstendenz wird sich in verstärktem Druck auf die Gefäßwände geltend machen, eine Volumsvergrößerung tritt aber nicht ein. Es mögen sich nun in beiden Gefäßen die gleichen Quantitäten des gleichen Gases bei gleichem Anfangsdruck und gleicher Anfangstemperatur z. B. 20^0 C befinden. Nun werden die Inhalte beider Gefäße auf 50^0 C erwärmt. Hiebei dehnt sich Gasmenge A aus, leistet also (durch Überwindung des äußeren auf dem Kolben lastenden Luftdruckes) auch mechanische Arbeit. Der Gasdruck von A bleibt immer gleich, da jeder kleinste auftretende Überdruck sofort durch Aufwärtsschieben des Kolbens ausgeglichen wird. Gasmenge B kann sich nicht ausdehnen, behält also stets das gleiche Volumen bei, dagegen tritt hier Druckerhöhung ein. Da im Falle A nebst der Temperaturerhöhung auch mechanische Arbeit geleistet wurde, im Falle B hingegen nicht, ist es klar, daß für A mehr Wärme aufgewendet werden mußte als für B. Wir müssen daher unterscheiden zwischen spezifischer Wärme bei konstantem Druck (Fall A) und spezifischer Wärme bei konstantem Volumen (Fall B). Die erste wird mit c_p, die zweite mit c_v bezeichnet. c_p ist immer größer als c_v.

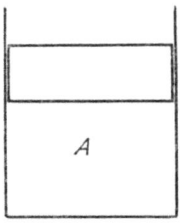

Abb. 25
Erwärmung bei konstantem Druck

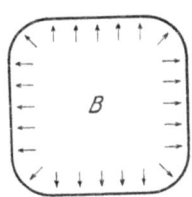

Abb. 26. Erwärmung bei konstantem Volumen

Werden zwei Körper verschiedener Temperatur direkt oder indirekt in Berührung miteinander gebracht, so findet ein Wärmeübergang vom Körper höherer zu jenem tieferer Temperatur statt, der solange dauert, bis die sich berührenden Körper zu gleicher Temperatur gelangt sind. Ein Wärmeübergang zwischen zwei Körpern gleicher oder gar von einem solchen niedrigerer zu einem anderen höherer Temperatur kann spontan nie stattfinden. Es seien

(Abb. 27) zwei Körper K_1 und K_2, deren Temperaturen t_1 bzw. t_2 betragen mögen, durch einen Stab von durchgehend gleichem Querschnitt F und von der Länge L verbunden. Jeder der beiden Körper ruhe auf einer Baumwollunterlage, das Ganze befinde sich in luftleerem Raume. Die Temperatur des Verbindungsstabes betrage ebenfalls t_2, seine stoffliche Beschaffenheit sei mit der von K_2 übereinstimmend. Angenommen, $t_1 > t_2$, wird solange Wärme von K_1 nach K_2 fließen, bis das ganze System eine einheitliche (zwischen t_1 und t_2 liegende) Temperatur t_m angenommen hat. Dies wird um so eher der Fall sein, je größer F und je kleiner L ist und je besser der Stab vermöge seiner stofflichen Beschaffenheit die Wärme zu leiten fähig ist. Diese Fähigkeit ist für

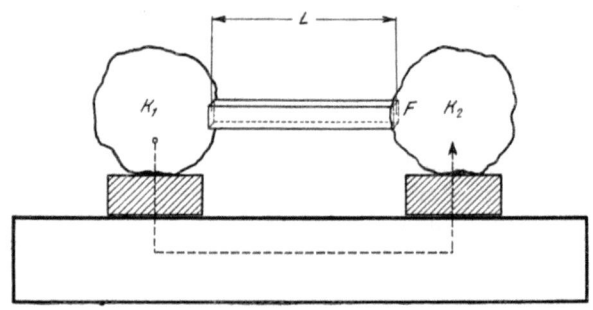

Abb. 27. Wärmeleitung

die verschiedenen Körper sehr verschieden. Wenn der Stab aus Gold ist, wird der Wärmeausgleich unter sonst gleichen Umständen rund 1000mal so schnell erfolgen, als wenn der Stab aus Ziegelmasse besteht. Noch weit schlechtere Wärmeleiter sind Wolle, Seide und dgl. Daher konnte bei Anordnung nach Abb. 27 die längs der gestrichelten Linie stattfindende Wärmeleitung vollständig vernachlässigt werden. Im allgemeinen kommt jedem Stoffe eine spezifische Wärmeleitzahl zu. Man versteht darunter die Anzahl der Wärmeeinheiten, die stündlich durch eine Fläche von 1 qm des Stoffes zu einer im Abstande von 1 m liegenden zweiten Fläche bei 1^0 C Temperaturunterschied beider Flächen übergehen. Auch die Wärmeleitzahl ändert sich mit der Temperatur.

3. Heizwert

Wird 1 kg irgend einer Substanz verbrannt, so ergibt sich hiebei eine bestimmte Wärmemenge, deren Größe abhängig ist von der stofflichen Beschaffenheit des betreffenden Körpers. Die Zahl, welche angibt, wieviel Wärmeeinheiten bei der vollständigen Verbrennung von 1 kg eines Stoffes entwickelt werden, wird sein Heizwert genannt.

Sagt man beispielsweise von einer Kohlensorte, ihr Heizwert betrage 7000 Kalorien, so heißt dies, daß man bei vollständiger Verbrennung von 1 kg dieser Kohle 7000 Wärmeeinheiten gewinnt, also bei restloser Erfassung der entwickelten Wärme z. B. 700 kg Wasser von 10^0 auf 20^0 damit erwärmen könnte. In Wirklichkeit ist eine so vollkommene Ausnützung nicht einmal annähernd möglich. Vor allem ist eine wirklich vollständige Verbrennung mit praktischen Mitteln nicht erzielbar, es bleiben immer noch brennbare Bestandteile sowohl in Asche und Schlacke, als auch besonders in den abziehenden Gasen enthalten. Weiter erfolgen Wärmeverluste durch Ableitung an Herd- und Gefäßflächen, die umgebende Luft usw., schließlich — wieder in besonders hohem Maße — durch die ungenützt abziehenden heißen Rauchgase. Der Begriff „Heizwert" ist übrigens nicht ganz eindeutig. Es wird nämlich bei der Verbrennung jedes Körpers — schon infolge des Wassergehaltes der Luft — ein mehr oder minder beträchtliches Quantum Wasserdampf erzeugt. Die zur Verdampfung des Wassers erforderliche Wärmemenge stellt natürlich einen Teil des Heizwertes dar und dieser Teil ist zumeist verloren, weil eine Rückgewinnung der Verdampfungswärme fast immer unmöglich ist. Daher erscheint es technisch zumeist berechtigt, vom Heizwerte jenen Teil, der zur Verdampfung von Wasser aufgewendet wurde, in Abzug zu bringen. Tut man dies, so gelangt man zu einer Zahl, welche der untere Heizwert genannt wird. Im Gegensatze hiezu heißt der um die Verdampfungswärme des Wassers nicht gekürzte Wert der obere Heizwert. Für die im Motorradwesen in Betracht kommenden Maschinen ist es unbedingt richtig, mit dem unteren Heizwert zu rechnen.

4. Zustandsänderungen der Gase

Unter vollkommenen Gasen versteht man jene Körper, welche der Gleichung

$$PV = GRT$$

genügen; hierin bedeutet

P den Druck in Kilogrammen pro Quadratmeter;
V das Volumen in Kubikmetern;
G das Gewicht in Kilogrammen;
R eine von der stofflichen Natur des Gases abhängige Zahl, die sogenannte Gaskonstante;
T die absolute Temperatur, das ist $t + 273$, wenn t die Temperatur in Celsiusgraden bezeichnet.

Hiezu sei zunächst folgendes bemerkt: Die Einführung der absoluten Temperatur bedeutet nichts anderes als die Verschiebung des in jedem Fall willkürlich gewählten Nullpunktes vom Gefrierpunkt des Wassers auf den nach Celsius mit minus 273^0 zu beziffernden Wärmegrad. T bezeichnet also genau so wie t eine Temperatur, nur ergibt sich nun für die Gradbenennung eine jeweils um 273 größere Zahl. Zum Beispiel entsprechen 15⁰ C 288⁰ absoluter Temperatur.

Die Gaskonstante R ist gleich $\frac{848}{\gamma}$, wobei γ das Molekulargewicht des betreffenden Gases bedeutet. R ist daher stets dem **Molekulargewicht und somit auch der Gasdichte verkehrt proportional.**

Die Gleichung $PV = GRT$ läßt sich noch etwas vereinfachen, indem man beiderseits durch G dividiert. Dies ergibt

$$P \frac{V}{G} = RT.$$

$\frac{V}{G}$ ist das Volumen pro Gewichtseinheit und werde mit v bezeichnet. Dann ist

$$Pv = RT.$$

Diese überaus einfache Beziehung heißt die **Zustandsgleichung der vollkommenen Gase.** Sie läßt sich unter Zugrundelegung gewisser Voraussetzungen auch ganz elementar ableiten, doch gestaltet sich dies einigermaßen umständlich. Abgesehen hievon ist es durchaus einwandfrei, die Beziehung $Pv = RT$ ohne weiteres als **Definitionsgleichung** der vollkommenen Gase aufzustellen. Dies trifft um so mehr zu, als die vorerwähnten Voraussetzungen mehr oder minder fiktiver Art sind, da es eben in Wirklichkeit keine vollkommenen Gase gibt. Die Zustandsgleichung selbst gilt daher auch immer nur mit einer gewissen Annäherung. Sie trifft um so genauer zu, je weiter das betreffende Gas von der Verflüssigung (bzw. von der Möglichkeit hiezu) entfernt ist. Gase, die nur bei tiefer Temperatur und unter hohem Druck verflüssigbar sind, werden also, wenn sie sich im Zustande hoher Temperatur und geringen Druckes befinden, der Zustandsgleichung mit sehr weitgehender Genauigkeit entsprechen. Auch stark überhitzter Wasserdampf wird der Zustandsgleichung noch ungefähr genügen. Dagegen wird Wasserdampf von beispielsweise 375⁰ absoluter Temperatur (d. i. 102⁰ C) ein von der Zustandsgleichung weit abweichendes Verhalten zeigen, da es (bei normalem Druck) bloß einer Abkühlung von 2⁰ zur Herbeiführung der Kondensation bedarf, der Flüssigkeitszustand also schon sehr nahegerückt ist.

Auch die Füllungen unserer Explosionsmotoren sind vom Zustand vollkommener Gase weit entfernt und zeigen daher in ihrem Verhalten beträchtliche Abweichungen von der Zustandsgleichung. Trotzdem ist es vorteilhaft, an ihr festzuhalten, da wir hiedurch in einfacher Weise ein klares, in den wesentlichen Zügen immerhin zutreffendes Bild der thermischen Vorgänge im Motorzylinder gewinnen können.

Betrachten wir nun die Gleichung $Pv = RT$ etwas näher. Die Gaskonstante R ist natürlich in jedem Falle als bekannt vorauszusetzen.

Dann kann man, wenn zwei der Größen P, v, T gegeben sind, die dritte mit Hilfe der Zustandsgleichung immer bestimmen. Es befinde sich z. B. in einem völlig abgedichteten Gefäß eine Sauerstoffmenge, deren Druck mit 16000 kg pro Quadratmeter und deren absolute Temperatur mit 320° bestimmt wurde. Wie groß ist das zugehörige Volumen pro ein Kilogramm? Um diese Frage zu beantworten, müssen wir nur die gegebenen Werte in die Zustandsgleichung einsetzen und diese sodann nach der einzig verbleibenden Unbekannten v auflösen. Mit Rücksicht darauf, daß das Molekulargewicht des Sauerstoffes 32 beträgt, erhalten wir:

$$16000\, v = \frac{848}{32} \cdot 320$$

hieraus

$$v = 0{,}53.$$

Das heißt in Worten ausgedrückt und auf die gebräuchlicheren technischen Maßeinheiten umgerechnet: 1 Kilogramm Sauerstoff nimmt bei 47^0 C und unter einem Druck von 1,6 Atmosphären einen Rauminhalt von 530 Liter ein.

Im allgemeinen werden sich die Zustandsänderungen der Gase so vollziehen, daß sich alle drei charakteristischen Größen der Zustandsgleichung, also Druck, Volumen, Temperatur gleichzeitig ändern. Beispielsweise wird im allgemeinen jede Temperaturerhöhung ein Anwachsen des Druckes und des Volumens, jede Volumsverminderung eine Druckerhöhung nebst gleichzeitiger Temperatursteigerung zur Folge haben, usw. Da aber eben durch die Zustandsgleichung aus zwei der charakteristischen Größen die dritte ermittelt werden kann, ist jeder Zustand durch Angabe von zwei der drei Größen vollständig und eindeutig bestimmt. Welche beiden der drei Größen man angibt, ist prinzipiell völlig gleichgültig. Wir entscheiden uns nun dafür, den jeweiligen Gaszustand durch Angabe von P und v zu kennzeichnen. R hat — daran sei nochmals erinnert — immer als bekannt zu gelten. T kann dann in jedem Falle leicht berechnet werden. Die Angabe von P und v kann zahlenmäßig erfolgen. Zumeist handelt es sich aber nicht um die Kennzeichnung eines einzelnen Stadiums, sondern des ganzen Ablaufes einer Zustandsänderung. Auch in diesem Falle könnte die Beschreibung der Zustandsänderung durch zahlenmäßige Angabe der aufeinanderfolgenden Werte von P und v stattfinden. Weit eindrucksvoller und übersichtlicher gestaltet sich jedoch die Kennzeichnung durch die graphische Darstellung der Zustandsgrößen. Zu diesem Zwecke bedienen wir uns eines rechtwinkligen Achsensystems, wie es in Abb. 28 durch YOX dargestellt ist. Zur zeichnerischen Versinnbildlichung der Zustandsänderungen wählen wir willkürlich Längenmaßstäbe für P und v, z. B. je 1 cm für 10000 km/m² und gleichfalls je 1 cm für 1 Kubikmeter/kg. Nehmen wir nun an, es handle sich um 1 kg Gas, das in einem mit verschiebbarer, jedoch dicht abschließender Wand versehenen Behälter erhitzt werde. Da das Gesamtgewicht der Gasmenge 1 kg betragen soll, bezeichnet in diesem Falle v das effektive jeweilige Volumen des Gases. Da ferner 10 000 kg pro Quadratmeter dem Druck einer Atmosphäre gleichkommen, können wir uns dieser einfacheren Einheit bedienen. Wir beginnen unsere Beobachtungen bei einem Volumen von 0,7 cbm und einem Druck von 1,4 Atm. Um diesen Anfangspunkt in unserem Diagramm festzulegen, tragen wir also von O aus in der Richtung gegen X 0,7 cm, in der Richtung gegen Y 1,4 cm auf, gelangen so zu den Punkten m,

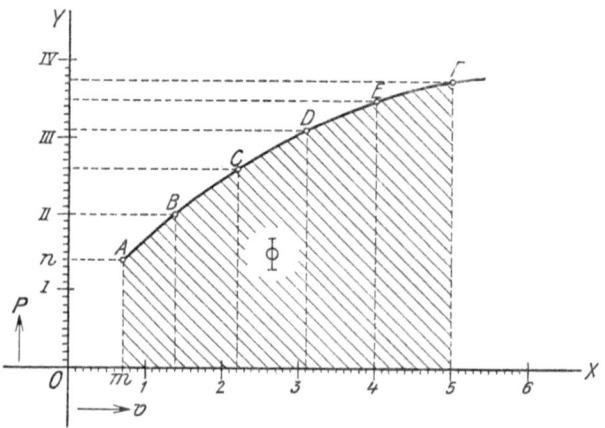

Abb. 28. Graphische Darstellung der Zustandsänderung (Pv-Kurve)

bzw. n; in diesen Punkten errichten wir Parallele zu OY, bzw. OX und erhalten in deren Schnitt den Punkt A. Seine Entfernung von OY (auch Abszisse genannt) beträgt 0,7 cm, entsprechend 0,7 cbm, seine Entfernung von OX (Ordinate) 1,4 cm, entsprechend 1,4 Atm. In ganz analoger Weise gelangen wir zum Punkt B, der, wie im Diagramm abzulesen, einem Volumen von 1,4 cbm, einem Druck von 2 Atm., sodann zum Punkt C, der einem Volumen von 2,2 cbm, einem Druck von 2,6 Atm. entspricht, usf. Es erscheint also durch diese zeichnerische Darstellung für jedes der durch die Punkte A, B, C, D, E, F vergegenwärtigten Stadien das zusammengehörige Wertepaar P und v in eindeutiger Weise bestimmt. Aber wir können noch weiter gehen. Wenn wir durch die gegebenen Punkte A bis F eine Kurve legen, so gibt uns diese auch über Druck und Volumen in allen Zwischenstadien Aufschluß, vorausgesetzt, daß keine sprunghaften Änderungen stattgefunden haben. Solche können für alle stetig verlaufenden Wärmeprozesse ausgeschlossen werden. Sogar über den Endpunkt unserer Beobachtungen, also den Punkt F hinaus, können wir uns mit einiger Zuverlässigkeit ein Bild des weiteren Verlaufes machen, indem wir die Kurve zwanglos fortsetzen. Allerdings sollte man hiebei über die nächste Umgebung von F nicht hinausgehen, da sich auch ohne Unstetigkeiten durch allmähliche Krümmungsänderung ein rascher Wechsel des Kurvenbildes ergeben kann. Das Diagramm zeigt uns in klarer und eindrucksvoller Weise, wie die Zustandsänderung im betrachteten Bereiche verlaufen ist. Ein Blick auf die Kurve belehrt uns z. B. darüber, daß Druck und Volumen stetig zunehmen, daß jedoch die Druckzunahme ziemlich rasch abfällt, so daß die Kurve, wenn sie über F hinaus ihren Charakter beibehält, sich alsbald einer horizontalen Geraden (also einem Zustand gleichbleibenden Druckes) nähern, später vielleicht sich sogar gegen die X-Achse hinabsenken wird, was eine Druckabnahme bedeuten würde. Die Pv-Kurve, wie diese Darstellung einer Zustandsänderung gewöhnlich kurz benannt wird, bietet uns aber noch einen Vorteil. Nach einem Lehrsatz der Thermodynamik, auf dessen Ableitung hier verzichtet werden muß, ist die bei der Zustandsänderung von A bis F geleistete äußere mechanische Arbeit proportional der Fläche Φ, die von den Ordinaten $\overline{Am}$ und $\overline{F5}$ und den zwischen ihnen liegenden Stücken der Pv-Kurve und der X-Achse begrenzt wird (in Abb. 28 schraffiert). Nun denken wir uns einmal den ganzen Vorgang im umgekehrten Sinne. Von dem durch Punkt F gekennzeichneten Zustand möge das Gas rückläufig auf eben demselben Wege wieder in den durch A bestimmten Zustand gebracht werden.

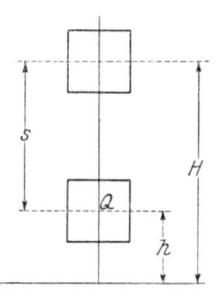

Abb. 29
Arbeitsverluste beim freien Fall

Dies ist, soferne sprunghafte Zustandsänderungen ausgeschlossen bleiben, theoretisch möglich (umkehrbare Prozesse). Hiebei würde, falls der Verlauf verlustfrei erfolgte, die gleiche Wärmemenge, die auf dem Wege AF zur Erhöhung von v und P aufgewendet werden mußte, auf dem Rückwege FA durch Verminderung von v und P zurückgewonnen. Es entspricht dies vollständig dem mechanischen Vorgang, der sich abspielt, wenn ein Körper (Abb. 29), dessen Gewicht Q kg beträgt, von der Höhe h auf die Höhe H gehoben wird und dann frei fallend dieselbe Niveaudifferenz abwärts zurücklegt. Beim Hube muß die Arbeit $Q \times (H - h) = Q \times s$ geleistet werden. Die gleiche Arbeit $Q \times s$ wird beim freien Fall zurückgewonnen. Für die Praxis liegen aber die Verhältnisse etwas anders. Wir wissen, daß sowohl beim Hub wie beim Fall Luftwiderstände überwunden werden müssen. Es ist also niemals möglich, den vollen Arbeitsbetrag, der zum Hub verbraucht wurde, beim Fall nutzbar zurückzugewinnen, da Hin- und Rückweg mit unvermeidlichen und uneinbringlichen Verlusten verknüpft sind. Analoges gilt auch bei den Wärmeprozessen. Verluste infolge Leitung, Strahlung und mancher anderer Ursachen sind auf Hin- und Rückweg unvermeidlich.

In der Zustandsgleichung $PV = RGT$ können wir, da das Gewicht des Gases im Verlaufe eines Prozesses sich gleichbleiben muß, RG als eine einzige Konstante, die etwa C heißen möge, betrachten. Die Gleichung erhält dann die vereinfachte Form $PV = CT$. Hierin bedeutet T die jeweilige absolute Temperatur, V das jeweilige wirkliche Volumen (in Kubikmetern), P den jeweiligen Druck in Kilogrammen.

Betrachten wir nun die Gleichung $PV = CT$ auf einige Spezialfälle hin. Es wurde bereits erwähnt, daß im allgemeinen jede Zustandsänderung eine Änderung aller drei Größen P, V und T mit sich bringen wird. Es ist aber auch möglich, daß bloß zwei dieser Größen ihren Wert ändern, während die dritte konstant bleibt. (Unmöglich ist hingegen, daß nur eine der drei Größen ihren Wert wechselt und die beiden anderen ungeändert bleiben. Dies geht aus der Gleichung selbst hervor.)

Als ersten Spezialfall untersuchen wir einen Wärmevorgang bei konstantem Volumen. Dieser Fall tritt zunächst dann ein, wenn das Gas, das erwärmt (oder abgekühlt) wird, in einem Gefäß eingeschlossen ist, das allseits von unbeweglichen, absolut starren und absolut dichten Wänden begrenzt ist. Der Fall konstanten Volumens ist aber auch dann gegeben, wenn das Gefäß wohl eine bewegliche Wand, oder auch deren mehrere besitzt, die Temperaturänderung jedoch so ungemein rasch erfolgt, daß die Volumsänderung mit ihr nicht Schritt halten kann. Auch dann wird, zumindest für einen anfänglichen kurzen Zeitabschnitt, die Zustandsänderung bei gleichbleibendem Volumen vor sich gehen. Bringen wird die Zustandsgleichung in die Form

$$P = \frac{C}{V} T,$$

so können wir, da nun für unseren Spezialfall V selbst konstant ist, $\frac{V}{C}$ als eine neue Konstante C_1 einführen und erhalten somit

$$P = C_1 T.$$

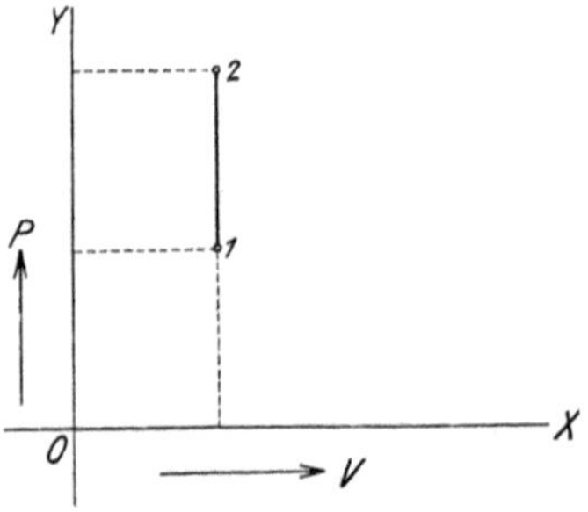

Das heißt: Erfolgt eine Zustandsänderung bei unveränderlichem Volumen, so ist der Druck stets direkt proportional der absoluten Temperatur. Hat beispielsweise ein Gas bei $T_a = 300^0$ einen Druck von 10000 kg pro Quadratmeter, das ist 1 Atmosphäre, und wird es bei konstantem Volumen auf $T_e = 600^0$, also auf die doppelte Temperatur erhitzt, so muß zugleich der Druck auf das doppelte des Anfangswertes, somit auf 2 Atmosphären steigen. Die PV-Kurve geht für diesen Spezialfall in eine vertikale Gerade 12 über (Abb. 30). Die Fläche, welche ein Maß der verfügbar werdenden äußeren Arbeit darstellt, schrumpft

Abb. 30. Zustandsänderung bei konstantem Druck

eben in die Gerade 12 ein, wird also gleich Null. Äußere Arbeitsleistung kann mit einer Zustandsänderung bei gleichbleibendem Volumen nicht verbunden sein, zu welchem Ergebnis übrigens auch ohne das Kurvenbild die praktische Überlegung führt.
Als zweiten Spezialfall betrachten wir die Zustandsänderung bei konstantem Druck, die dann erfolgt, wenn mindestens eine Gefäßwand, etwa als Kolben ausgebildet, ohne Trägheits- und Reibungswiderstand verschiebbar ist, so daß nur der äußere Druck (beispielsweise normaler Luftdruck) zu überwinden ist. Dieser wird im vorliegenden Falle mit dem inneren Drucke (dem Gasdruck P) fortwährend im Gleichgewichte

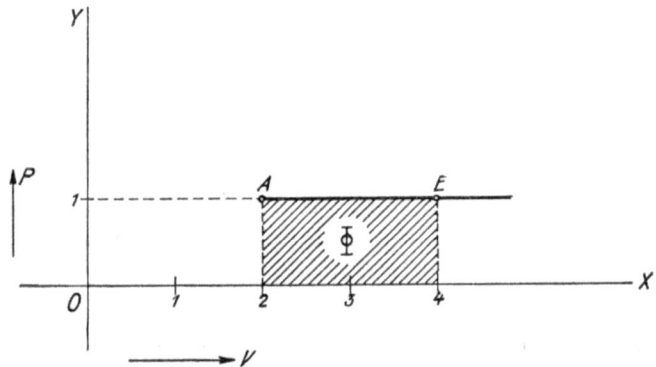

Abb. 31. Zustandsänderung bei konstantem Druck

stehen, da ja jede unendlich kleine Gleichgewichtstörung, sei es im einen oder anderen Sinne, sofort durch Ein- oder Auswärtsbewegung der widerstandsfrei beweglichen Gefäßwand ausgeglichen wird. Die Zustandsgleichung geht (Ableitung ganz analog dem vorherigen Falle) über in

$$V = C_2 T,$$

worin C_2 abermals eine unveränderliche Größe darstellt. Die PV-Kurve wird, wie leicht einzusehen, zu einer horizontalen Geraden (Abb. 31). Aus der Zustandsgleichung für konstanten Druck $V = C_2 T$ geht hervor, daß in diesem Falle das Volumen der Temperatur stets direkt proportional ist. Es solle nun z. B. ein Gas, das bei $T = 600^0$ und $P = 1$ Atm. ein Volumen von 4 cbm erfüllt, unter gleichbleibendem Druck auf den Rauminhalt von 2 cbm gebracht werden. Dann muß, wie aus der Zustandsgleichung folgt, gleichzeitig auch T auf den halben Betrag, das ist 300^0 vermindert werden. Würden wir die Volumsverminderung dadurch hervorbringen, daß wir ohne weitere Vorkehrungen den Kolben einwärtsschieben, so würde die Temperatur des Gases und mit ihr auch sein Druck steigen. Um konstanten Druck zu erhalten, müssen wir, wie aus der Zustandsgleichung festgestellt wurde, für entsprechende Temperaturerniedrigung sorgen. Diese können wir nur durch Kühlung von außen her erzielen, z. B. indem wir den Zylinder, der das Gas enthält, mit kaltem Wasser umspülen. Dann wird ein Teil der Gaswärme durch die Zylinderwand an das Kühlwasser abgeleitet werden, und bei richtiger Abstimmung von Wassermenge, Wassertemperatur und Kolbengeschwindigkeit werden wir erreichen können, daß der Gasdruck immer gleich bleibt. In mechanisch-thermischer Hinsicht stellt sich der Vorgang so dar, daß wir äußere Arbeit (an Zusammendrückung des Gases) geleistet und sie in Wärme (Erhöhung der Wassertemperatur) umgesetzt haben.

In vorliegendem Spezialfall ist leicht erkennbar, daß die aufgewendete äußere Arbeit tatsächlich der Fläche (das ist hier das Rechteck A 2 4 E) proportional sein muß. Dies folgt unmittelbar aus der Beziehung Arbeit = = Kraft × Weg, wenn man beachtet, daß die wirkende Kraft dem Druck P und der Weg der Volumsänderung proportional ist. Da nun die Seitenlängen des erwähnten Rechteckes nichts anderes darstellen als die Maße des Druckes, bzw. der Volumsänderung, muß die Fläche dem Produkte beider Größen und somit auch der äußeren Arbeit proportional sein.

Als dritter Spezialfall sei die Zustandsänderung bei unveränderlicher Temperatur betrachtet. Die Zustandsgleichung

$$PV = CT$$

nimmt für diesen Fall, da man nun C und T in eine einzige Konstante zusammenfassen kann, die Form an

$$PV = C_3.$$

Für diese Zustandsänderung, welche wegen der gleichbleibenden Temperatur isothermisch genannt wird, ist also das Produkt aus den Maßzahlen des Druckes und des Volumens unveränderlich. Denken wir uns nun wieder ein Kilogramm Gas, das sich in einem mit dicht abschließendem Kolben versehenen Zylinder befindet. In dem von uns ins Auge gefaßten Anfangsstadium erfülle das Gas ein Volumen von 2 Kubikmetern und habe einen Druck von 8000 kg pro Quadratmeter. Es soll nun diese Gasmenge bei gleichbleibender Temperatur auf ein Volumen von 1 Kubikmeter zusammengedrückt werden. (Hiebei ist wohl zu beachten, daß nicht etwa nur die Temperaturen des Anfangs- und des Endzustandes einander gleich sein sollen, sondern daß auch in allen Zwischenstadien die Temperatur unveränderlich bleiben muß, wenn die Bedingung des isothermischen Prozesses erfüllt werden soll.) Da unserer Annahme gemäß das Volumen auf die Hälfte des anfänglichen Betrages herabgedrückt werden soll, muß der zugehörige Druck das Doppelte des Ausgangswertes betragen. Dies ergibt sich unmittelbar aus der Konstanz des Produktes von Druck und Volumen, welche nur dadurch erzielt werden kann, daß die eine der beiden Größen im selben

Verhältnis abnimmt wie die andere wächst oder, kurz ausgedrückt, daß die beiden Größen verkehrt proportional sind.

Die graphische Darstellung der isothermischen Zustandsänderung ist aus Abb. 32 ersichtlich. Die PV-Kurve ist in diesem Falle eine Hyperbel, deren Asymptoten (gerade Linien, welchen sich die Kurvenäste allmählich nähern, um sie in unendlicher Ferne zu berühren) durch die Achsen OX und OY gebildet werden. Die äußere Arbeit, die zur isothermischen Kompression des Gases von 2 Kubikmetern auf 1 Kubikmeter aufzuwenden ist, muß auch hier der durch Schraffierung gekennzeichneten Fläche Φ direkt proportional sein. Auch in diesem Falle muß

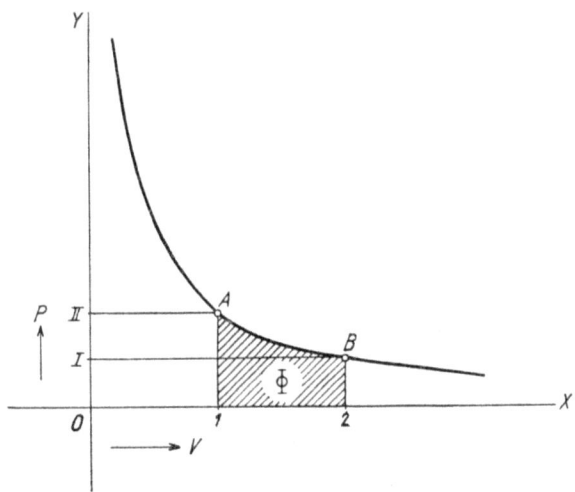

Abb. 32. Isotherme

zur Erzielung des vorgeschriebenen Prozesses eine Wärmeentziehung stattfinden, das heißt: wir leisten mechanische Arbeit und gewinnen Wärme. Der Vorgang könnte sich aber ebensowohl in umgekehrter Richtung abspielen, indem anstatt einer isothermischen Kompression von B nach A eine isothermische Expansion von A nach B stattfände. In diesem Falle hätten wir Wärme aufzuwenden und würden äußere Arbeit gewinnen. Unter der Annahme verlustfreier Vorgänge würde bei der Umkehrung des Prozesses ebensoviel Arbeit bzw. Wärme gewonnen werden, als vorher verbraucht wurde. Daß sich dies in der Praxis nicht so verhält, da Hin- und Rückweg mit uneinbringlichen Verlusten verbunden sind, wurde bereits festgestellt.

Hiemit sind die Sonderfälle erschöpft, welche sich daraus ergeben, daß jede der drei Größen P, V und T im Verlaufe einer Zustandsänderung konstant bleiben kann. Es sei jedoch noch eines anderen Spezialfalles gedacht, dem besondere Wichtigkeit zukommt. Dies ist die **adiabatische Zustandsänderung**. Sie ist dadurch gekennzeichnet, daß im Gegensatze zu den bisher besprochenen Prozessen während ihres ganzen Verlaufes **weder Wärmeaufnahme noch Wärmeabgabe stattfindet**. Die Voraussetzung für die Durchführung eines derartigen Prozesses müßte darin bestehen, daß er sich innerhalb eines **völlig wärmeundurchlässigen Behälters** abspielt, weil andernfalls ein Wärmeübergang durch Leitung in dem einen oder anderen Sinne unvermeidlich wäre. Da es absolut nichtleitende Körper in Wirklichkeit nicht gibt, kann eine adiabatische Zustandsänderung stets nur mit größerer oder geringerer Annäherung, niemals aber mit mathematischer Genauigkeit erzielt werden.

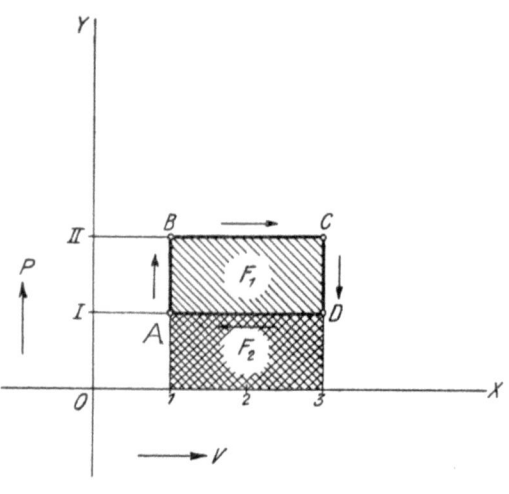

Abb. 33. Kreisprozeß

Bisher haben wir stets nur einzelne Wärmevorgänge und allenfalls deren unmittelbare Umkehrungen ins Auge gefaßt. Es können jedoch mehrere **Zustandsänderungen derart aneinandergereiht** werden, daß schließlich wieder das **Anfangsstadium** des Gases erreicht wird, in welchem Falle die aufeinanderfolgenden PV-Kurven einen **geschlossenen Linienzug** darstellen. Wir hätten beispielsweise ein Kilogramm Gas, welches am Beginne unserer Betrachtung ein Volumen von 1 Kubikmeter erfüllt und einen Druck von 10000 kg pro Quadratmeter besitzt. Dieser Zustand ist in Abb. 33 durch den Punkt A versinnbildlicht. Nun werde zunächst das Gas bei konstantem Volumen erhitzt, bis sein Druck auf 20000 kg pro Quadratmeter, also das Doppelte des Anfangswertes gestiegen ist. Wir gelangen hiebei zu dem Punkte B, die PV-Kurve dieser ersten Zustandsänderung ist die Gerade AB. Nun folge eine Ausdehnung bei konstantem Drucke, die fortgesetzt werde, bis das Volumen auf 3 Kubikmeter gestiegen ist. Wir erhalten somit den Punkt C; die PV-Kurve der unter unveränderlichem Druck erfolgten Expansion ist BC. Im Stadium C angelangt, nehmen wir eine Abkühlung des Gases bei konstantem Volumen vor, bis der Druck wieder auf 10000 kg pro Quadratmeter gesunken ist und gelangen hiemit zum Punkte D. Von ihm ausgehend, leiten wir schließlich eine unter konstantem Druck vor sich gehende Kompression ein, welche so lange fortgesetzt wird, bis das Volumen auf 1 Kubikmeter vermindert ist. Hiemit sind wir, wie sich aus dem Diagramm Abb. 33 anschaulich ergibt, genau wieder beim Ausgangsstadium angelangt. Eine derartige Gesamtheit von Wärmeprozessen, welche kontinuierlich verlaufend schließlich wieder zum Anfangsstadium zurückführen, wird Kreisprozeß genannt. Wir wollen nun den Kreisprozeß *ABCDA* daraufhin verfolgen, mit welcher Ausbeute, bzw. mit welchem Aufwande an äußerer mechanischer Arbeit er verbunden ist. Die Zustandsänderung *AB* ist, da bei konstantem Volumen durchgeführt, weder mit Gewinn noch mit Aufwand äußerer Arbeit verknüpft. Die hier zugeführte Wärme wird lediglich in innere Energie (Druckerhöhung) umgesetzt und erst im Verlaufe der folgenden Expansion in Form äußerer Arbeit teilweise zurückgewonnen. In der Phase *BC* erhalten wir ein Quantum mechanischer Arbeit, welches der Fläche 1 *BC* 3 proportional ist. Die Zustandsänderung *CD* erfolgte wieder bei konstantem Volumen, bedeutet demnach weder eine Verausgabung, noch einen Ertrag an mechanischer Arbeit. Um die Druckminderung bei konstantem Volumen zu erzielen, mußten wir das Gas abkühlen, d. h. wir gewinnen Wärme, die zur Gänze der inneren Energie des Gases entnommen wird. Auch um die Kompression *DA* bei gleichbleibendem Gasdrucke durchzuführen, mußten wir offenbar dem Gas Wärme entziehen, da andernfalls mit der Volumsverminderung notwendigerweise eine Druckerhöhung verbunden gewesen wäre. Es wurde also auf dem Wege *DA* Wärme gewonnen, aber mechanische Arbeit aufgewendet. Die Größe der hiebei geleisteten Arbeit ist proportional der Fläche 3 *DA* 1. Der Gesamtertrag an mechanischer Arbeit ergibt sich also folgendermaßen: Aus der Expansion *BC* erhielten wir an äußerer Arbeit ein der Fläche 1 *BC* 3 entsprechendes Quantum. Zur Durchführung der Kompression *DA* mußten wir aber eine der Fläche 3 *DA* 1 entsprechende Arbeit aufwenden. Als Nutzertrag verbleibt uns daher eine der Differenz dieser beiden Flächen entsprechende Arbeit. Die Differenz der Flächen ist, wie der Augenschein lehrt, das Rechteck *ABCD*, also nichts anderes als die vom Linienzug des Kreisprozesses begrenzte Fläche. In dem gewählten Beispiel ist, wie sich gleichfalls aus der Abbildung ergibt, die aufgewendete, also in Abzug zu bringende Arbeit genau gleich der Hälfte der gewonnenen Arbeit, was einen Nutzeffekt von 50% gleich käme. Dieser Nutzeffekt würde aber nur dann erreichbar sein, wenn die Umwandlung der zugeführten Wärme in äußere Arbeit verlustfrei stattfände: Dies ist durchaus nicht der Fall. Wir wissen bereits, daß durch Strahlung, Leitung, Strömung etc. sehr beträchtliche Verluste entstehen. — Anderseits ist die bei der Druckminderung *CD* und bei der Kompression *DA* gewonnene Wärme in Rechnung zu ziehen, falls und so weit sie in irgend einer Weise nutzbar gemacht werden kann. Das Verhältnis zwischen dem mechanischen Äquivalent der insgesamt zugeführten Wärme, vermindert um die im Verlaufe des Prozesses frei werdende und verwertbare Wärme einerseits, zu der insgesamt erzeugten mechanischen Nutzarbeit anderseits wird **thermischer Wirkungsgrad** genannt. Er beträgt bei unseren Motoren im Durchschnitt 20 bis 25%. Zum besseren Verständnis möge dies an einem Zahlenbeispiel erläutert werden.

Ein Motor verbrauche pro Stunde 1 kg eines Brennstoffes, dessen Heizwert 10000 Kalorien betrage; das heißt: bei vollständiger Verbrennung von 1 kg dieses Brennstoffes wird eine Wärmemenge entwickelt, welche, restlos erfaßt, 10000 kg Wasser von $14\frac{1}{2}$ auf $15\frac{1}{2}$ Grad Celsius zu erwärmen imstande wäre. Je eine Wärmeeinheit ist, wie wir bereits wissen, einer Arbeitsleistung von 427 Meterkilogramm gleichwertig. Bei verlustfreier Umwandlung müßte also der stündliche Verbrauch von 1 kg Brennstoff mit 10000 Kalorien Heizwert eine Leistung von 427 mal 10000 Meterkilogramm, das ist 4270000 Meterkilogramm pro Stunde ergeben. Da eine Pferdekraft 75 Meterkilogramm pro Sekunde beträgt, müssen wir, um auf die Zahl der Pferdekräfte zu kommen, die vorgenannte Zahl durch 75 mal 60 mal 60 (1 Stunde = 60 Minuten zu je 60 Sekunden) dividieren. Die Ausführung dieser Rechnung ergibt den Betrag von 15,8 PS. Diese Leistung würden wir erhalten, wenn die Umwandlung von Wärmeenergie in mechanische Arbeit völlig verlustfrei vor sich ginge. Da wir jedoch infolge der vielfachen Verluste, die mit der praktischen Durchführung des Umwandlungsprozesses unvermeidlich verbunden sind, bei den hier in Betracht kommenden Motoren höchstens 25% der aufgewendeten Wärmeenergie in nutzbare mechanische Arbeit umzusetzen vermögen, vermindert sich die Leistung von 15,8 auf 3,95 PS. Auch diese 3,95 PS würden uns nur dann voll verbleiben, wenn der Motor seine Arbeit ohne mechanische Verluste verrichten könnte. Aus den Darlegungen über die Bewegungswiderstände ging hervor, daß dies nicht der Fall ist, sondern daß wir ja nur mit einem 80 bis 85%, allerhöchstens 90% betragenden mechanischen Wirkungsgrade rechnen dürfen. Infolgedessen werden wir schließlich an wirklich nutzbarer Leistung bestenfalls 90% von 3,95, das ist 3,56 PS erhalten. Der gesamte oder **wirtschaftliche Wirkungsgrad** unseres Motors beträgt unter den vorliegenden (schon sehr günstigen) Annahmen 0,25 mal 0,9, das ist 0,225 oder $22\frac{1}{2}$%.

Daß die praktische Funktion einer Wärmekraftmaschine nur auf Grund eines Kreisprozesses erfolgen kann, ist leicht einzusehen, da man nur durch einen solchen stets gleich bleibende und möglichst günstige Betriebsverhältnisse erzielen kann. Nehmen wir an, daß die Endtemperatur eines Wärmeprozesses z. B. niedriger wäre, als die Anfangstemperatur. Dann würde man bei Wiederholung des Prozesses zu einer noch tieferen Temperatur gelangen, usw. Solcherart müßte bald eine Grenze erreicht sein, von der ab das Weiterarbeiten unmöglich wäre. Aus Abb. 33 ist ersichtlich, daß bei dem dargestellten Kreisprozesse das Verhältnis zwischen den Flächen F_1 und F_2, somit auch die Ausbeute an mechanischer Arbeit um so günstiger ausfällt, je tiefer die Punkte A und D und je höher die Punkte B und C liegen. Da nun die Lage der genannten Punkte durch die Größe der zugehörigen Gasdrücke bestimmt ist, diese aber wegen der hier in Betracht kommenden Zustandsänderungen bei konstantem Volumen den Temperaturen proportional sind, wird im gewählten Beispiele der thermische Wirkungsgrad um so besser, je tiefer die Anfangstemperatur und je höher die Höchsttemperatur des Kreisprozesses ist.

Der Kreisprozeß unserer Explosionsmotoren verläuft indessen nicht nach dem in Abb. 33 dargestellten Schema, welches nur der großen Einfachheit halber als Beispiel gewählt wurde, jedoch nicht verwirklichbar ist. Der theoretische Kreisprozeß unserer Motoren, bzw. jener Verlauf, dem man die Arbeitsweise möglichst anzunähern sucht, setzt sich wie in Abb. 34 wiedergegeben, folgendermaßen zusammen:

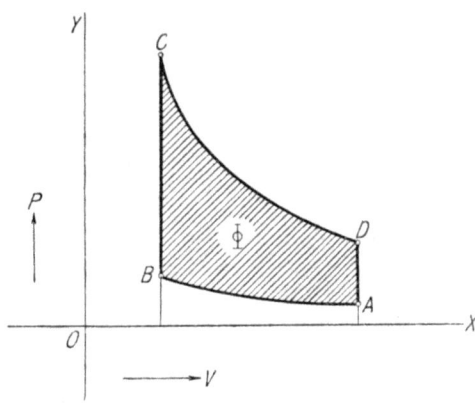

Abb. 34. Theoretischer Kreisprozeß

1. adiabatische Kompression AB;
2. Drucksteigerung bei konstantem Volumen BC;
3. adiabatische Expansion CD;
4. Druckminderung bei konstantem Volumen DA.

Obwohl dieser Kreisprozeß von dem in Abb. 33 dargestellten sehr wesentlich abweicht, gilt auch für ihn, daß sein thermischer Wirkungsgrad um so höher wird, je geringer die tiefste und je größer die höchste Temperatur ist. Rein theoretisch hat demnach allgemein der Grundsatz zu gelten, daß eine möglichst tiefe Einführungstemperatur des Brennstoffes und eine möglichst hohe Verbrennungsendtemperatur desselben abzustreben ist. Diesen beiden Forderungen sind jedoch durch technische Rücksichten gewisse Schranken gesetzt, was in dem Kapitel über Motoren noch ausführlicher darzulegen sein wird.

III. Entwicklungsgeschichtlicher Abriß

Wenn hier in aller Knappheit die Entwicklung und der gegenwärtige Stand der Motorradtechnik skizziert werden soll, muß vor allem volle Klarheit darüber geschaffen werden, was wir unter einem Motorrade verstehen wollen. Auf den ersten Blick mag der Begriff Motorrad für ganz eindeutig und jedermann geläufig, daher seine ausdrückliche Festlegung für überflüssig gehalten werden. Bei näherem Zusehen zeigt sich jedoch, daß eine scharfe Abgrenzung dieses Begriffes wohl nötig ist, da in seiner Anwendung eine bis in Fachkreise reichende Unklarheit und Unsicherheit herrscht. Es findet sich beispielsweise in einem Werke der neueren deutschen Motorradliteratur wörtlich die Behauptung, das Motorrad sei ,,nichts anderes als ein Zweirad, nur durch motorische Kraft zu größerer Schnelligkeit gebracht". Eben dies ist indessen ein Motorrad nicht. Die zitierte Definition paßt lediglich auf das gewöhnliche Zweirad mit eingebautem Hilfsmotor, welches mit dem Motorrad im eigentlichen Sinne nicht nur nicht identisch, sondern in gewisser Hinsicht geradezu sein Widerpart ist, mit ihm einige rein äußere Ähnlichkeit, jedoch keinen Wesenszug in konstruktivem, verkehrstechnischem und sportlichem Belange gemein hat. Ebenso erscheint die häufig vorkommende Ausdehnung des Begriffes ,,Motorrad" auf Motordreiräder unzutreffend, da diese ausnahmslos dem städtischen Kleinlastentransport dienenden Maschinen sowohl hinsichtlich ihres Aufbaues als ihres Verwendungsgebietes von Motorrädern im strengen Sinne grundverschieden sind. **Wir wollen also unter Motorrädern zweirädrige, einspurige Fahrzeuge, die ausschließlich für motorischen Betrieb konstruiert und verwendbar sind, verstehen.** Durch diese Abgrenzung des Begriffsinhaltes sind Zweiräder mit eingebautem Hilfsmotor, denen übrigens heute nur noch geringe Bedeutung zukommt, aus dem hier zu behandelnden Gebiete ausgeschaltet, da solche Fahrzeuge auch durch Muskelkraft betrieben werden können und diese in vielen Fällen zum Ersatze oder zur Unterstützung der Motorkraft in Aktion treten muß. Gleichfalls scheiden durch die gewählte Definition die vorerwähnten motorisch betriebenen Gepäcksdreiräder aus, da für diese das dreirädrige Fahrgestell von grundlegender Bedeutung ist. Dagegen erleidet die Richtigkeit unserer Definition durch den Fall der Verwendung eines Beiwagens und die dadurch bedingte Funktion eines dritten Rades keinen Eintrag, da ja der Seitenwagen nur ein nach Belieben zu verwendendes oder wegzulassendes Anhängsel des selbständigen, in sich geschlossenen zweirädrigen Motor-

Abb. 35. Motorrad von Daimler

fahrzeuges darstellt. Wenn wir nun Kurbelräder mit wahlweisem, bzw. gemischtem Antrieb, sowie auch Motordreiräder nicht als Motorräder im eigentlichen Sinne gelten lassen wollen, muß in einer entwicklungsgeschichtlichen Darstellung jenen Fahrzeugen doch ein Platz eingeräumt werden, da sie den Werdegang des Motorrades mehrfach wesentlich beeinflußt haben.

Als erster Vorläufer des Motorrades ist wohl das dreirädrige Fahrzeug des Engländers Murdock anzusehen, das, von einer kleinen Dampfmaschine betrieben, im Jahre 1784 zum ersten Male in Funktion trat.

Daß beim damaligen Stande der Technik ein derartiges Fahrzeug kein praktisch brauchbares Verkehrsmittel abzugeben vermochte, kann nicht verwunderlich erscheinen. Das Murdocksche Dreirad verschwand auch bald wieder, ohne irgend welchen Anstoß zu einer weiteren Entwicklung des Motorradgedankens zu bieten. Er wurde erst wieder lebendig, als ungefähr um das Jahr 1870 die englische Zweiradindustrie zu einiger Bedeutung gelangt war und diese Fahrzeuge nun auch in anderen Ländern Beachtung zu finden begannen. Die Idee, das Zweirad zu einer motorisch betriebenen Maschine auszugestalten, lag nun schon nahe genug. Aber alle dahinzielenden Bemühungen blieben ungefähr eineinhalb Jahrzehnte lang ganz fruchtlos, weil die Motorentechnik noch nicht so weit gediehen war, um eine brauchbare, genügend leichte und betriebsichere Antriebsmaschine herausbringen zu können. Übrigens war auch das Zweirad selbst zunächst für die Motorisierung noch nicht reif. Es war in seiner damaligen Gestalt ein gewichtiges, schwerfälliges, labiles, sehr unbequemes Fahrzeug.

Das von Gottlieb Daimler im Jahre 1885 erbaute erste Motorrad war denn auch fast ganz unabhängig von der Entwicklung der durch Muskelkraft betriebenen Zweiräder entstanden. Daimler, der geniale Schöpfer der deutschen Automobiltechnik, war übrigens bei der Konstruktion dieser Maschine durchaus nicht darauf ausgegangen, das Problem des Motorrades zu lösen. Vielmehr war es ihm lediglich darum zu tun gewesen, ein Versuchsobjekt zu schaffen, das seinen Vorstudien für motorisch betriebene Vierradwagen — Automobile — dienlich sein konnte. Um so auffallender und bewundernswerter muß es erscheinen, daß dieses ohne eigentliches Vorbild geschaffene und gewollt primitive Fahrzeug manche Wesenszüge aufweist, die noch ganz modernen Motorradkonstruktionen eigen, Wesenszüge, die teilweise im Laufe der zunächst folgenden Entwicklung verlorengegangen sind und erst später wieder neu aufgefunden werden mußten. So ist aus der Darstellung (Abb. 35) des Daimlerschen Motorrades ersichtlich, daß der Motor, ein stehender Einzylinder, im Rahmen mitten zwischen Vorder- und Hinterrad eingebaut war, eine Anordnung, die nachher fast ausnahmslos verlassen und erst viel später wieder zur heute noch gültigen Normalkonstruktion wurde. Wir sehen ferner, daß der tiefgelagerte Motor mittels Riementriebes auf das Hinterrad wirkt, eine Ausführung, die gleichfalls späterhin größte Verbreitung fand, allerdings mit sehr wesentlicher Abänderung der von Daimler für das zwischengeschaltete Zahnradgetriebe gewählten Konstruktion. Der Rahmen, kunstlos aus Holz gezimmert, zeigt keine wesentliche Annäherung an damalige Zweiradkonstuktionen, sondern nähert sich in seinen Grundlinien in bemerkenswerter Weise heutigen Bauformen. Mittels eines kleinen hinter der Lenkstange angeordneten Hebels konnte eine die Riemenspannung beeinflussende Rolle betätigt werden, wodurch in stärkerem oder geringerem Maße ein Schleifen des Riemens erzielbar war. Diese Einrichtung bot in primitiver, jedoch für Versuchszwecke ausreichender Weise einen Ersatz für Kupplung und Geschwindigkeitswechsel. Aus all dem geht hervor, daß Gottlieb Daimler intuitiv die wesentlichen Betriebsbedingungen eines Motorrades erfaßt hatte, obwohl es ihm, wie gesagt, eigentlich gar nicht um die Schaffung eines solchen zu tun gewesen war. Wie aus der Abbildung zu sehen, war rechts und links vom Hinterrade je ein kleines Stützrad angeordnet, so daß das Fahrzeug eigentlich vier Räder besaß. Trotzdem trägt es zweifellos den Charakter eines Motorrades im Sinne der vorausgegangenen Definition. Die kleinen Hilfsräder dienten nämlich nur zur Wahrung der Stabilität bei Stillstand des Fahrzeuges, da der hochliegende Sattel ein Abstützen der Füße gegen die Fahrbahn nicht gestattete. Auch mochte es wünschenswert erschienen sein, Instandsetzungen oder Beobachtungen am stillstehenden Fahrzeuge vornehmen zu können, ohne daß dieses angelehnt oder festgehalten werden mußte. Für diese Fälle erfüllten die Stützräder den Zweck der heute in Anwendung befindlichen Kippständer. Für die Fahrzeugbewegung selbst waren sie jedoch funktionell bedeutungslos und für den Gesamtaufbau nicht mitbestimmend. Daimler hat dieser ersten Motorradkonstruktion keine weitere folgen lassen. Auch andere Konstrukteure haben zunächst nicht die Daimlersche Maschine zum Vorbilde genommen, so daß sich an diese keine unmittelbare weitere Entwicklung knüpft. Trotzdem gebührt ihr in der Geschichte des Motorrades ein hervorragender Platz, erstens weil den Arbeiten Daimlers ein entscheidender Anteil an der Weiterbildung der Fahrzeugmotorentechnik zukommt, zweitens weil sein Motorrad den Wunsch und den Gedanken, ähnliche Fahrzeuge vollkommenerer Art zu schaffen, sicherlich gefördert hat.

Die beachtenswertesten und erfolgreichsten Arbeiten der nächstfolgenden Jahre wurden von den Münchnern Hildebrand und Wolfmüller geleistet. Nachdem die ersten Versuche, durch Einbau von Motoren in gewöhnliche Zweiräder zu einem brauchbaren Fahrzeuge zu gelangen, fehlgeschlagen waren, entschlossen sich die Konstrukteure zu einer vom Aufbau des Zweirades wesentlich abweichenden Formgebung des Fahrgestelles und erzielten hiemit endlich einen verhältnismäßig sehr guten Erfolg. Der Rahmen bestand aus einem mehrfachen System von Rohren, die vom Steuerkopf unter einem Winkel von ungefähr 45° schräg abwärts, dann vom tiefsten Punkt in fast horizontaler Richtung zum Hinterrad verliefen. Als Sattelstütze diente eine mit den Hinterrohren versteifte vertikale Strebe. Diese Konstruktion besaß im Gegensatze zum gewöhnlichen Zweiradrahmen genügende Stabilität und Festigkeit, um der Belastung durch den Motor mit all seinen Nebenteilen und den auftretenden dynamischen Beanspruchungen standhalten zu können. Der Motor, ein wassergekühlter Viertakt-Zweizylinder, war liegend zwischen den Hinterrohren eingebettet, wodurch eine bemerkenswert tiefe Schwerpunktlage erzielt wurde.

Diese Maschine, übrigens die erste, deren Laufräder mit Luftreifen versehen waren, stellte zur damaligen Zeit einen großen Erfolg dar. Sie war wohl gewichtig und schwerfällig, doch einmal in Gang gesetzt, lief sie recht gut und entwickelte beträchtliche Geschwindigkeit. Die Hauptschwierigkeit lag, wie zu jener Zeit überhaupt, an dem Mangel einer hinreichend energisch und zuverlässig funktionierenden Zündung. Hildebrand und Wolfmüller waren es übrigens auch, die das Wort Motorrad ersonnen haben und sie erwarben einen gesetzlichen Schutz für diese Bezeichnung. Sie haben also nicht nur eines der ersten Fahrzeuge dieser Art, sondern den auch heute noch gültigen Namen geschaffen.

Inzwischen war das Tretkurbelzweirad durch Anwendung von Stahlrohrrahmen, Kugellagern, Drahtspeichen und Pneumatikbereifung zu einem recht hohen Grad der Vervollkommnung gelangt und hatte große Verbreitung gewonnen. Es ist daher begreiflich, daß die weiteren Bestrebungen, ein brauchbares Motorrad hervorzubringen, hauptsächlich auf dem Wege vor sich gingen, daß man in Zweiräder mit mehr oder minder geringfügigen Abänderungen und Erweiterungen ihrer Rahmenkonstruktion Motoren einbaute. Hiebei wurden alle erdenklichen Kombinationen angewendet, was Stellung und Anbringung der Motoren betrifft, aber stets wurde mit ganz vereinzelten Ausnahmen an der Linienführung des Zweiradrahmens und dem dadurch bedingten Gesamtaufbau festgehalten. Dieses Nicht-los-Können von der Formgebung des Fußkurbel-Zweirades bildete zweifellos für die Entwicklung des Motorrades ein stark hemmendes Moment, das übrigens selbst heute noch nicht vollständig überwunden ist.

Um die Jahrhundertwende spielte sich die Weiterbildung und der Fortschritt des Motorradwesens hauptsächlich in Amerika ab. Amerikanische Ingenieure waren die ersten, die sich — freilich auch nur schrittweise — von der Zwangsidee befreiten, daß der Motorradrahmen dem Zweiradrahmen völlig gleichen oder doch möglichst ähnlich sein müsse. Man begann, das horizontale Oberrohr durch ein gekrümmt oder schräg abwärts verlaufendes Rohr zu ersetzen. Damit war schon viel gewonnen, weil durch diese Abänderung nicht nur das sehr wichtige Tieferlegen des Sattels ermöglicht wurde, sondern auch, das sklavische Festhalten an der Form des Zweiradrahmens einmal aufgegeben, eine bessere Anpassung des Gesamtaufbaues an die Bedürfnisse und Betriebsbedingungen des Motorrades erzielt werden konnte.

Es ist das Verdienst amerikanischer Konstrukteure, dem Motorrade den Weg aus dem Bereiche tastender Versuche in die lebendige Praxis gebahnt zu haben. Nun war man so weit gekommen, marktfähige Typen herauszubringen und mannigfaltige Erfahrungen im praktischen Gebrauche dieses neuen Fahrzeuges zu gewinnen. Immerhin waren die Motorräder jener Zeit an heutigen Begriffen gemessen noch äußerst mangelhaft. Die Motoren waren gewichtig und arbeiteten mit geringer Zuverlässigkeit, es fehlte an rationellen Zündvorrichtungen, der Vergaser war von der heutigen Betriebssicherheit und Elastizität weit entfernt, der fast ausschließlich in Anwendung stehende primitive Riemenantrieb verursachte bald durch Reißen, bald durch Dehnung und übermäßiges Gleiten viel Verdruß. Anlaßvorrichtungen fanden sich nur selten und in unzulänglicher Form vor, es mangelte an ausreichender Federung, wie auch an Schutz gegen Wind, Wetter und Straßenkot. Dazu das unschöne Aussehen der Maschinen, ihre ungleichmäßige geräuschvolle Funktion, das Übelwollen der Behörden, der Fußgänger und der Wagenlenker — kurz es gehörte wohl ein an Heldentum grenzender Sportsinn dazu, Motorradfahrer zu sein. Es ist schon aus diesem Grunde begreiflich, daß in jenem heroischen Zeitalter des Motorradwesens die Führung alsbald an England überging, das klassische Land des Sports, aber auch der guten Straßen. Doch nicht nur durch diese Umstände schien England zu der führenden Rolle, die ihm bis heute verblieben ist, ausersehen, sondern auch durch seine große Überlegenheit auf dem Gebiete der Fahrradindustrie. Hatte sich auch das Motorrad in konstruktiver Hinsicht vom Tretkurbelrade nun schon weitgehend emanzipiert, so gab und gibt es doch in fabrikatorischer Beziehung mannigfache Berührungspunkte, so daß aus der hoch entwickelten englischen Fahrradindustrie organisch eine ebenso bedeutsame Motorradindustrie hervorwuchs.

Die nächsten entscheidenden Fortschritte hat das Motorradwesen nur zu verhältnismäßig geringem Teil aus sich selbst heraus gewonnen. In der Hauptsache kam ihm vielmehr die erstaunlich rasche Entwicklung der Automobiltechnik zugute, die selbst wieder durch die aufstrebende Flugtechnik wirksamste Anregung und Förderung erfuhr. Die Einführung hochwertiger Edelstähle und widerstandsfähiger Leichtmetallegierungen, die überaus hohen mechanischen und thermischen Beanspruchungen standzuhalten vermögen, die hieraus sich ergebende Steigerung der Leistungsfähigkeit und Zuverlässigkeit des Motors bei gleichzeitiger Gewichtsverminderung, die außerordentliche Verbesserung und Verfeinerung der Vergaserkonstruktionen, die Schaffung bewunderungswürdig präzise und sicher arbeitender Hochspannungszündmaschinen, die Vervollkommnung und ausgedehnte Anwendung der Kugel- und Rollenlagerungen — all diese Errungenschaften der Automobil- und Flugtechnik und die mit ihnen verknüpften konstruktiven und fabrikatorischen Verbesserungen fanden naturgemäß in die jüngere Motorradindustrie sogleich Eingang und trugen zu ihrem raschen Fortschritt in entscheidender Weise bei.

Bei Ausbruch des Krieges standen bereits hohen Anforderungen entsprechende Motorräder zur Verfügung, die durch ihre Flinkheit, Wendigkeit, Zuverlässigkeit und Anspruchslosigkeit, insbesondere aber durch ihre Fähigkeit, auf schmalen Pfaden schlechtester Beschaffenheit, ja im Notfall selbst querfeldein vorwärtszukommen, hervorragende Dienste leisteten.

In der Nachkriegszeit machte sich insbesondere in Deutschland zunächst ein gewisser Rückschlag bemerkbar. Die Leistungsfähigkeit der Industrie war naturgemäß gesunken, die allgemeine Unternehmungslust und Tatkraft vorübergehend erlahmt, die Straßenpflege vernachlässigt. Die Trostlosigkeit der wirtschaftlichen Verhältnisse, die dadurch bedingte Verringerung des sportlichen Interesses und die immer noch andauernde Einsichtslosigkeit der Verkehrsbehörden trugen dazu bei, das Motorrad in den Hintergrund zu drängen. Dieser Zustand währte indessen nur kurze Zeit. Die bald einsetzende Tätigkeit des Wiederaufbaues gebot, in zwingenderer Weise als es je vorher der Fall gewesen war, Beobachtung größter Zeitökonomie. Dieser Umstand in Verbindung mit der Herabminderung der allgemeinen Kaufkraft drängte zur Schaffung eines wenigstens im städtischen Verkehr universell anwendbaren Fahrzeuges, das bei niedrigen Anschaffungs-, Betriebs- und Erhaltungskosten dennoch beträchtlichere Geschwindigkeit ermöglichte. So kam es rasch zur ausgedehnten Anwendung von Zweirädern mit eingebauten Hilfsmotoren. Diese Maschinen erwiesen sich aber bald als unzulänglich. Ihre Geschwindigkeit war verhältnismäßig doch nur gering, größere Steigungen vermochten sie nicht zu bewältigen, schwereren Beanspruchungen waren sie überhaupt nicht gewachsen, auch ließen sie Betriebssicherheit und Bequemlichkeit allzusehr vermissen. Man ging im größeren Maßstab zur Herstellung von Leichtmotorrädern über, die sich bald zu stärkeren und vollkommener ausgestatteten Konstruktionen fortbildeten. Solcher Art wurde die Entwicklung vom Tretkurbelrad mit eingebautem Hilfsmotor zum selbständig durchgebildeten Motorrad gewissermaßen ein zweites Mal vollzogen, nun freilich unter technisch günstigeren Verhältnissen und demgemäß weit schneller.

Mit der Inflationsperiode trat in Deutschland noch einmal eine Unterbrechung der gesunden Weiterentwicklung des Motorradwesens ein. Die plötzlich emporgeschnellte Nachfrage nach Motorrädern in Verbindung mit der schweren wirtschaftlichen Erkrankung, die zu überhasteter kritikloser Anschaffung von Sachwerten führte, brachte es mit sich, daß unzählige Betriebe sich in aller Eile auf die Erzeugung von Motorrädern verlegten, ohne über die nötigen Sachkenntnisse, Erfahrungen und Einrichtungen zu verfügen. So geschah es, daß große Massen minderwertiger Erzeugnisse und selbst grotesker Fehlkonstruktionen auf den Markt gebracht wurden, die begreiflicherweise manchem das Motorradfahren gründlich verleideten und die Gesamtheit der deutschen Motorradindustrie in Mißkredit brachten. Glücklicherweise dauerte auch dieser Zustand nicht lange. Der auf die Inflationszeit folgende Reinigungsprozeß machte die allermeisten Winkelbetriebe noch schneller verschwinden, als sie aufgetaucht waren. Immerhin haben die Schundfabrikate jener Zeit der deutschen Motorradindustrie argen Schaden getan und haben dazu beigetragen, den Vorsprung, den England schon besaß, noch zu vergrößern. Erst in den letzten Jahren ist es durch einige ganz mustergültig gute und schöne deutsche Konstruktionen gelungen, diesen Vorsprung zwar noch nicht einzuholen, jedoch zu verringern. Von dem Augenblick an, da das Motorrad brauchbare Konstruktionsgrundlagen von der Automobil- bzw. Flugtechnik zu übernehmen in der Lage war, ist seine weitere Entwicklung augenfällig durch die Linienführung des Rahmens gekennzeichnet. Erst als man sich davon freimachte, den Rahmen hergebrachter Form als ein unabänderlich gegebenes Gerippe zu betrachten, in das der Bewegungsorganismus mit all seinen Hilfs- und Zubehörteilen schlecht und recht einzubauen sei, gelangte man zur Möglichkeit wirklich zweckentsprechenden Aufbaues und damit folgeweise zu vielen Verbesserungen wichtigster Art. Es ist kaum eine Übertreibung, wenn man behauptet, die Klasse eines zeitgenössischen Motorrades schon an der Formgebung seines Rahmens erkennen zu können.

Wenn auch gesagt werden kann, daß das Motorrad die ersten, modernen Anforderungen wirklich entsprechenden Motoren gewissermaßen als Geschenk von der Automobil- und Flugtechnik empfangen hat, so ist das doch nicht so weit wörtlich zu nehmen, daß diese Motoren etwa in unveränderter oder nur flüchtig adaptierter Ausführung für das Motorrad verwendbar gewesen wären. Es mußte vielmehr, allerdings auf gegebener Grundlage, eine neue Durchbildung für den Sonderzweck des Motorrades erfolgen, die zu einer tiefgehenden Differenzierung zwischen Automobil- und Radmotoren führte. Vollends sind die kleinen Zweitaktmotoren eine durchaus eigene Schöpfung des Motorradwesens.

Im Verlaufe des letzten Jahrzehntes hat das Motorrad in jeder Beziehung so durchgreifende Verbesserungen erfahren, daß es nicht nur als ein selbst sehr hohen Ansprüchen genügendes Sportfahrzeug, sondern auch als vollwertiges Verkehrsmittel zu allgemeiner Geltung gelangte. Vor allem konnte außerordentlich viel für die Bequemlichkeit des Fahrers geleistet werden. Gute Stabilität, mühelose Lenkung, leichte Erreichbarkeit aller Bedienungsorgane, tiefer Sitz, bequemer, elastisch abgestützter Sattel, ausreichende Federung, Anordnung wirksamer Beinschützer und zweckentsprechender Kotflügel, Kickstarter, automatische Schmierung, elektrische Beleuchtung, dazu die Möglichkeit der Anwendung von Soziussattel und Beiwagen — all dies sind Vorteile, die manchen erbitterten Gegner des Motorradwesens nunmehr zu seinem begeisterten Anhänger bekehrt haben. Die Zuverlässigkeit und Wirtschaftlichkeit des Motors konnte in hohem Maße vervollkommnet, sein Geräusch wesentlich herabgemindert werden; die modernen Vergaser sind äußerst feinfühlige, dabei leicht zu handhabende Organe; die wohl ausgebildeten Wechselgetriebe gestatten völlige Anpassung an die jeweilige Steigung, Straßenbeschaffenheit und Verkehrsdichte; die rasch und zuverlässig wirkenden Bremsen gewähren erhöhte Sicherheit. Die erzielbaren Geschwindigkeiten sind sehr bedeutend geworden. Auf guter freier Straße ein Tempo von etwa 80 Kilometer zu fahren, ist heute durchaus nichts Besonderes mehr. Mit Rennmaschinen auf geschlossener Bahn ist schon weit mehr als das Doppelte dieser Geschwindigkeit erreicht worden.

In Anbetracht der weitgehenden Vervollkommnung ist es wohl nicht verwunderlich, daß der vor verhältnismäßig kurzer Zeit noch recht unpopuläre Motorradsport nunmehr einen ungeheuren Aufschwung genommen hat und daß mancher Sportsmann, der früher vom Motorradwesen dem Automobilismus zustrebte, nunmehr eher der umgekehrten Tendenz zuneigt. Die oft aufgeworfene Streitfrage, was denn eigentlich sportlicher sei, Motorradfahren oder Automobilfahren, erscheint allerdings recht müßig. Im Grunde genommen sind es zwei ganz verschiedene Dinge, die trotz manchen inneren und äußeren Ähnlichkeiten kaum miteinander verglichen werden dürfen. Wenn aber durchaus abgewogen werden soll, könnte man vielleicht sagen, daß sich das Motorradfahren zum Automobilfahren ähnlich verhält, wie das Reiten zum Kutschieren. Dieser Vergleich gründet sich durchaus nicht bloß auf das äußerliche Moment, daß der Motorradfahrer sein Vehikel im Reitsitz lenkt, während der Automobilist sozusagen auf dem Bock sitzt. Vielmehr ist es unleugbar, daß dem ganzen Wesen der Sache nach der Motorradfahrer in unmittelbarerer Fühlung mit seinem Fahrzeug ist, als der Automobilist, das geht schon daraus hervor, daß das Motorrad senkrecht zur Fahrtrichtung keine Eigenstabilität besitzt, sondern nur durch den Fahrer im Gleichgewicht erhalten wird, ferner daß bei der Kurvenfahrt des Motorrades die Betätigung der Lenkung nicht hinreicht, sondern durch Körperbewegung des Lenkers unterstützt werden muß. Mit dieser Feststellung will aber durchaus kein Werturteil in sportlicher Hinsicht ausgesprochen sein. Vielmehr sei nochmals darauf hingewiesen, daß Automobilismus und Motorradwesen zwar verwandte, doch kaum vergleichbare Sportgebiete und jedenfalls eher zu gegenseitiger Ergänzung und Unterstützung als zu eifersüchtigem Wettstreit berufen sind.

Es ist vielleicht nicht ganz richtig, in so weitem Ausmaß, wie es häufig geschieht, vom Motorradsport zu sprechen. Den vielen Tausenden, die Sonntags oder in Ferienzeiten mit ihren Motorrädern aufs Land hinausfahren, ist es ja zumeist nicht so sehr um sportliche Leistungen, als um Wanderfahrt, Naturgenuß und Stillung des Lufthungers zu tun. Gewiß wird der gut ausgebildete Motorradfahrer stets bestrebt sein, die Maschine verständnisvoll zu behandeln und ihre Funktion dem Gelände feinfühlig anzupassen. Er wird auch gelegentlich das Möglichste an Geschwindigkeit aus ihr herauszuholen trachten, was angespannte Aufmerksamkeit und große Geistesgegenwart erfordert. Zweifellos spielen also sportliche Momente mit, doch bilden sie gewissermaßen nur eine Draufgabe zum Genuß der Reiselust, der freien Natur und der frischen Luft. Soferne man das eigentliche Wesen des Sports in der

Erstrebung von Höchstleistungen als Selbstzweck erblickt, muß man wohl erkennen, daß der Kreis der Motorradfahrer, die in diesem Sinne Sport betreiben, verhältnismäßig klein ist. Die weitaus größere Zahl der Motorradfreunde schätzen ihr Fahrzeug nicht so sehr als Mittel sportlicher Betätigung, als vielmehr darum, weil es ihnen die Möglichkeit gewährt, unabhängig von Eisenbahnfahrplänen, nicht in geschlossenen Kasten gepfercht, sondern von freier Luft umweht und losgelöst von der großen Masse zu reisen und die Natur zu genießen.

Mag man nun die Bezeichnung „Motorradsport" in engerem oder weiterem Sinne auffassen, so ist jedenfalls festzustellen, daß ungleich wichtiger als die sportliche, nunmehr die verkehrstechnische Bedeutung des Motorrades geworden ist, wobei übrigens diese von jener vielfach gefördert wurde. Das Motorrad erscheint heute, was Zuverlässigkeit und Wirtschaftlichkeit des Betriebes, erreichbare Geschwindigkeit, bequemen Sitz und leichte Bedienung anlangt, soweit vervollkommnet, daß es allen praktischen Anforderungen sowohl für den Stadtverkehr, wie auch für Überlandfahrten zu genügen fähig ist, soferne nicht Luxusansprüche gestellt werden. Im dichten städtischen Verkehr ist das Motorrad oft sogar flinker als das Automobil, da es ihm, vermöge seiner Schmalheit und Wendigkeit, nicht selten gelingt, sich dort noch durchzuschlängeln, wo größere Fahrzeuge schon zum Stillstand oder zu allerlangsamster Fahrt genötigt sind. Darauf mag es zurückzuführen sein, daß an vielen Orten, besonders in Amerika, ein Teil der Polizei mit Motorrädern ausgerüstet wurde, eine Einrichtung, die sich ausgezeichnet bewährt hat. — Die Bedeutung des Motorrades als Nutzfahrzeug liegt darin, daß es einerseits modernen Verkehrsbedürfnissen tatsächlich entspricht, anderseits die Anschaffungs- und Betriebskosten und insbesondere der Raumbedarf sehr gering sind. Auch dieser Punkt ist von entscheidender Wichtigkeit, denn für den Stadtbewohner ist die Garagierung eines Wagens in den meisten Fällen ein noch nicht befriedigend gelöstes Problem, während das Motorrad in jedem Hause ohne Kosten und ohne Schwierigkeit untergebracht werden kann, daher immer zur Hand ist, wenn man es braucht. Die großen Vorteile universeller Benützbarkeit, niedriger Anschaffungs-, Betriebs- und Erhaltungskosten, geringer Steuerbelastung, leichter Unterbringung und bescheidener Ansprüche hinsichtlich der Wartung haben dem Motorrad im Verlaufe der letzten Jahre zu ganz gewaltigem Aufschwung verholfen. Allerdings ist diese Entwicklung in den verschiedenen Ländern nicht gleichmäßig vor sich gegangen. Auffallend ist beispielsweise, daß in Amerika, dem eigentlichen Geburtslande des praktischen Motorradwesens, dieser Verkehrszweig nicht so weit gediehen ist, wie es der Bevölkerungszahl und dem ungeheuer intensiven Verkehrsbetrieb des Landes entsprechen würde. Vermutlich liegt dies vornehmlich an der Wohlfeilheit amerikanischer Kleinwagen, die in Verbindung mit dem hohen Stande des Volksreichtums, fast für jedermann die Anschaffung eines Automobils ermöglicht, was eine teilweise Zurückdrängung der Motorräder verursacht haben mag. Auch in Frankreich dürfte die Popularität des Kleinwagens bis zu einem gewissen Grade der Entwicklung des Motorradwesens abträglich sein, doch kommt hier noch der Umstand dazu, daß für die weitgehende Verbreitung des Motorrades auch als reines Nutzfahrzeug ein stark ausgeprägter allgemeiner Sportsinn Bedingung ist, eine Voraussetzung, die innerhalb Europas in den nördlicheren Ländern in höherem Maße erfüllt ist, als in den südlich gelegenen. — Auch der Zustand der Straßen und die allgemeinen Verkehrsverhältnisse sind von großem Einfluß auf die Gestaltung des Motorradwesens. Sorgfältige Pflege der Landstraßen, gute Pflasterung und Reinhaltung der städtischen Straßen und eine wohlgeregelte Verkehrsordnung sind naturgemäß der Verbreitung des Motorrades förderlich, das Gegenteil wirkt hemmend. — Es ist schließlich begreiflich, daß in industriell hochentwickelten Ländern wegen ihrer besseren Vorbedingungen zur Eigenproduktion von Motorrädern und wegen ihrer allgemeinen Verkehrsbedürfnisse das Motorradwesen zu größerer Bedeutung berufen ist, als in Agrarstaaten. Die Zusammenfassung günstiger Vorbedingungen für die Entwicklung und Verbreitung des Motorradwesens ist im stärksten Ausmaß in England anzutreffen, das auch auf diesem Gebiete die führende Stellung inne hat. Deutschland muß sich vorläufig und wohl noch auf einige Zeit hinaus mit einer zweiten Rolle begnügen.

In technischer Beziehung ist der gegenwärtige Stand vor allem durch das Überwiegen der mittelschweren Motorräder gekennzeichnet. Diese Tatsache ist der Ausdruck einer natürlichen, durchaus gesunden Entwicklung. Die leichtesten Motorräder, wenig robust, zur Überwindung beträchtlicher Steigungen nicht geeignet und nur geringe Bequemlichkeit bietend, sind demgemäß auf ein enges Anwendungsgebiet beschränkt. Die schweren Konstruktionen hingegen nähern sich hinsichtlich der Anschaffungs- und Betriebskosten und, wenn sie, wie zumeist der Fall, mit Beiwagen verwendet werden, auch hinsichtlich des Raumbedarfes schon kleinen Vierradwagen. Die wesentlichen Vorzüge des Motorrades kommen daher in vollkommenster Weise bei den mittleren Typen zur Geltung, und man geht schwerlich fehl, wenn man diesen auch für die künftige Entwicklung eine dominierende Stellung voraussagt. Doch ist es keineswegs wahrscheinlich, daß die im heutigen Sinne leichtesten und schwersten Ausführungen verschwinden werden. Vielmehr ist anzunehmen, daß jene als allerwohlfeilste, für den Stadtverkehr immerhin ausreichende Motorradtypen, diese als ausgesprochene Reisemaschinen weiterhin ihren Platz behaupten werden.

Die mittelschweren Motorräder werden gegenwärtig teils als Einzylinder-, teils als Zweizylinder-, nur in ganz seltenen Ausnahmsfällen als Mehrzylindermaschinen ausgeführt. Es ist recht wahrscheinlich, daß man künftighin die Verwendung von Einzylindermotoren auf leichte Typen beschränken, die zur Normaltype berufene mittelschwere Konstruktion hingegen mit mindestens zweizylindrigen Motoren ausrüsten wird. Der Zweizylindermotor bedingt allerdings höhere Herstellungskosten als der Einzylinder, doch ist der Unterschied bei rationeller Serienfabrikation nicht allzu groß und wird durch die Vorteile ruhigeren, gleichmäßigeren Ganges, besserer Gewichtsverteilung und wirksamerer Kühlung überreichlich aufgewogen. Es hat sich ein ähnlicher Vorgang auch in der Entwicklung des Automobilbaues, der jene des Motorradwesens in vieler Hinsicht analog nachfolgt, abgespielt. Ursprünglich wurden die kleinen Wagen vielfach mit Einzylindermotoren versehen. Hievon ist man allmählich ganz abgekommen. Heute werden selbst die kleinsten Wagentypen zumindest mit Zweizylindermotoren, gewöhnlich mit Vierzylindermotoren, und sogar mit Sechszylindermotoren ausgerüstet. Die immer noch häufig vertretene Ansicht, daß der Mehrzylindermotor weniger betriebssicher sei als der Einzylindermotor, weil die Wahrscheinlichkeit einer Störung mit der Zahl der in Funktion stehenden Teile wachse, erweist sich in der Praxis als unrichtig. Gerade das Gegenteil trifft zu. Wenn bei einem Mehrzylindermotor ein Zylinder arbeitsunfähig wird, verbleibt zumeist noch die Möglichkeit, den Betrieb der Maschine notdürftig aufrecht zu erhalten, während im gleichen Fall der Einzylindermotor völlig lahmgelegt ist. — Ob das Zweitaktsystem, das bisher fast ausschließlich für kleine Motoren Anwendung gefunden hat, gemäß der Vorhersage mancher Konstrukteure bald auch das Gebiet der mittleren und großen Radmotoren für sich erobern wird, muß wohl einstweilen dahingestellt bleiben. Vorläufig ist weder eine deutliche Tendenz für solche Entwicklung, noch eine gesicherte Grundlage für sie vorhanden. Tatsache ist, daß für die Anwendung des Zweitaktmotors im Motorradbau bisnun hauptsächlich die Wohlfeilheit seiner Herstellung maßgebend war, um derentwillen man derzeit noch unvermeidliche Nachteile, wie schlechteren wirtschaftlichen Wirkungsgrad, verhältnismäßig stärkere Erhitzung, geringere Präzision der Funktion, dort für zulässig erachtete, wo es sich wesentlich darum handelte, den Verkaufspreis auf das äußerste Minimum herabzudrücken, also für kleinere Motorräder von einfacherer Ausführung. Dieses rein wirtschaftliche Moment findet übrigens in technischer Beziehung seine Rechtfertigung darin, daß die funktionellen Nachteile für Motoren kleinster Abmessungen praktisch ziemlich bedeutungslos sind. Auch der minder günstige wirtschaftliche Wirkungsgrad kann keine erhebliche Rolle spielen, solange der Brennstoffverbrauch, wie dies ja bei kleinen Maschinen der Fall ist, an und für sich sehr gering bleibt. Grundsätzlich bietet der Zweitaktmotor nebst der höchst einfachen Bauart noch manche Vorteile, die im Motorradbau bisher nicht oder nur sehr unvollkommen ausgewertet werden konnten. Glückliche Lösungen der vielen hier noch bestehenden Konstruktionsprobleme würden allerdings dem Zweitaktmotor zu sehr erweiterter Anwendung verhelfen können. Die Anwendung von Geschwindigkeitswechselgetrieben ist nun schon Selbstverständlichkeit geworden, auch für kleinste Typen. Für diese werden zuweilen Planetengetriebe, sonst fast ausnahmslos Schubrädergetriebe verwendet. Das Schubrädergetriebe wurde bisher zumeist als ein mit Kupplung und Kickstarter vereinigter, in sich abgeschlossener Konstruktionsteil ausgebildet, der verhältnismäßig weitab vom Motor lag, mit ihm durch Kettenübertragung verbunden. Bei neuesten Konstruktionen, insbesondere schwererer Typen, ist man jedoch schon dazu übergegangen, das Getriebe unmittelbar an den Motor zu bauen und mit diesem zu einer Blockkonstruktion zu vereinigen. Dies bedeutet einen neuen Fortschritt auf dem Wege zu möglichst geschlossenem, klarlinigem, einheitlich wirkendem Aufbau. Daß es gerade an diesen Eigenschaften und gerade bei deutschen Konstruktionen so oft fehlte, lag übrigens keineswegs bloß an dem Mangel technischer Voraussetzungen, sondern teilweise daran, daß viele Fabriken nicht nur Spezialteile, wie Zündmaschine, Vergaser und Schmierapparat, sondern auch Motor und Getriebe von auswärts bezogen und selbst nicht viel mehr als den Zusammenbau besorgten, der dann notwendigerweise planmäßige Einheitlichkeit und organische Geschlossenheit vermissen lassen mußte.

Der Riemenantrieb, schon heute nur selten anzutreffen, wird wohl in absehbarer Zeit aus dem Motorradbau ebenso völlig verschwinden, wie er aus dem Automobilbau bereits verschwunden ist. Er bietet allerdings die Vorteile sehr einfacher und wohlfeiler Konstruktion, doch stehen diesen Vorteilen die weit schwerer wiegenden Nachteile mangelnder Präzision, schlechteren Wirkungsgrades und geringerer Zuverlässigkeit gegenüber. Gegenwärtig ist die Kette das weitaus vorherrschende Antriebsorgan. Doch verdient daneben der Gelenkwellenantrieb, der bei einigen modernen Typen bereits in erfolgreicher Anwendung steht, große Beachtung. Es ist durchaus nicht unwahrscheinlich, daß er sich in der Motorradtechnik ebenso durchsetzen wird, wie es im Automobilbau der Fall war.

Umwälzende Änderungen sind für die nächste Zeit wohl auf keinem Teilgebiet des Motorradwesens zu erwarten. Das Stadium der Versuche und Kämpfe ist nun eigentlich überwunden, das Motorrad zu einem durchaus zuverlässig funktionierenden Gegenstand täglichen Gebrauches geworden. Damit soll keineswegs ausgesprochen sein, daß seine Entwicklung in irgend einer Beziehung bereits abgeschlossen wäre. Dies ist um so weniger anzunehmen, als ja der Gesamtfortschritt der Technik täglich neue Möglichkeiten erschließt, überdies die führenden Werke in systematischer technisch-wissenschaftlicher Arbeit unablässig und vielfach erfolgreich um Verbesserungen bemüht sind. Auch gilt für das Motorrad fast uneingeschränkt der Erfahrungssatz, der sich vorher schon am Automobil bewahrheitet hat: „Das Rennfahrzeug von heute ist das Sportfahrzeug von morgen und das Nutzfahrzeug von übermorgen." Ein Stillstand ist also gewiß nicht zu erwarten, sondern bloß ein einheitlicherer Zug und ein ruhigeres Tempo als bisher. Dies gilt aber nur von der Entwicklung in technischer Beziehung. Die Verbreitung des Motorrades zeigt unverkennbar eine stets steiler ansteigende Kurve. Wenn nicht alles täuscht, ist das Motorrad zu einer überaus wichtigen Rolle im modernen Wirtschafts- und Verkehrswesen berufen.

IV. Der allgemeine Aufbau des Motorrades

Im vorangegangenen Abschnitt wurde das Motorrad definiert als ein zweirädriges einspuriges Fahrzeug, ausschließlich für motorischen Betrieb konstruiert und verwendbar. Wollte man nun ein Motorrad lediglich im Hinblick darauf konstruieren, daß es den Erfordernissen dieser Begriffsbestimmung genüge, so würde sich der Aufbau allerdings sehr einfach gestalten. Wählte man hiebei — da unsere Definition für die Anordnung der Lenkung und des Antriebes keine Beschränkung enthält — Vorderradlenkung und Hinterradantrieb, so würde man etwa zu dem in Abb. 36 dargestellten Bilde gelangen: Zwei Räder in einem Rahmen einspurig gelagert, derart, daß das Hinterrad nur um seine Achse drehbar, das Vorderrad mit seiner Achse auch verschwenkbar ist; ein Motor, vom Rahmen getragen, mittels Riemen oder Kette das Hinterrad antreibend; eine Lenkstange zur Betätigung der Verschwenkung des Vorderrades; ein gleichfalls am Rahmen befestigter Führersitz — und das Motorrad wäre fertig.

Nun mag aber untersucht werden, ob eine solche Konstruktion fähig wäre, die Bedürfnisse der Praxis zu erfüllen. Da wird es sich gleich zeigen, daß wir **schon bei der Inbetriebsetzung der Maschine auf erhebliche Schwierigkeiten stoßen**. Es sei daran erinnert, daß unsere Motoren eines Anlaufens aus eigener Kraft nicht fähig sind, sondern hiezu eines Impulses von außen bedürfen. Um unseren Motor in Gang zu setzen, könnten wir nun auf zweierlei Art verfahren. Die eine Methode wäre, das angehobene Hinterrad von Hand aus solange hinreichend schnell zu drehen, bis der Motor anspringt. Dieses Verfahren wäre gewiß unbequem und anstrengend. Die zweite Möglichkeit, bei leichten Rädern früher oft angewendet, bestünde darin, die Lenkstange zu ergreifen und nebenherlaufend das Motorrad so lange zu schieben, bis der Motor seine Funktion beginnt. Auch dies ist, vollends auf stark befahrener Straße und bei feuchtem Wetter eine wenig verlockende Aufgabe. Beide Arten der Ingangsetzung erfordern, daß sich der Lenker in den Sitz des schon fahrenden Motorrades schwinge. Dies ist zwar keineswegs ein Kunststück, erfordert jedoch eine gewisse turnerische Gewandtheit, die nicht jedermanns Sache ist. Bei schweren, mit starken Motoren ausgerüsteten Motorrädern würde übrigens keiner der beiden geschilderten Vorgänge zum Ziele führen, weil es auf solche Art nicht möglich wäre, die zur Überwindung aller Bewegungswiderstände und zur Ingangsetzung des Motors nötige Kraft aufzubringen. Es ergibt sich die Notwendigkeit, ein Organ anzuordnen, das ermöglicht, den Motor vom Stand aus und ohne Aufwendung übermäßiger Anstrengung in Betrieb zu setzen. Dieses Organ kann entweder eine automatisch wirkende Anlaßmaschine sein, z. B. ein elektrischer Hilfsmotor, der von einem Akkumulator betrieben, den Hauptmotor in Bewegung setzt; oder eine

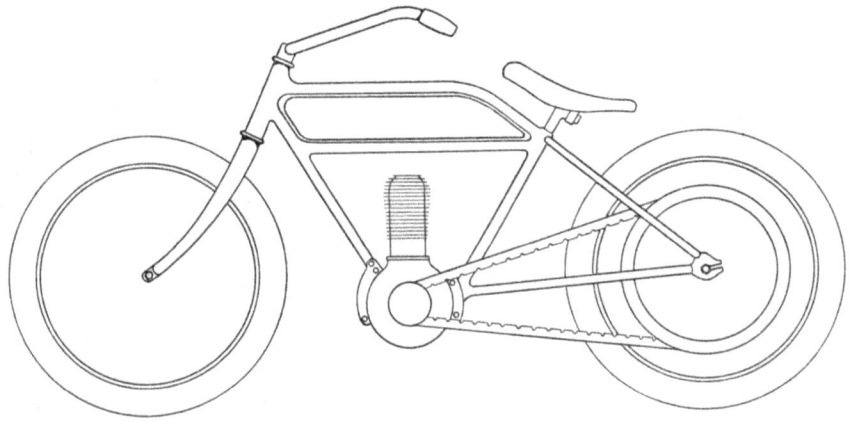

Abb. 36. Motorradschema

Vorrichtung zum Ankurbeln von gleicher Art wie bei Automobilen; oder schließlich — dies ist weitaus das häufigste — ein sogenannter Kickstarter, dessen Funktion auch auf einem Ankurbeln des Motors beruht, der jedoch eine speziell dem Motorrad angepaßte Anordnung zeigt. — Die Konstruktionseinzelheiten der Anlaßvorrichtungen, wie aller wesentlichen Organe des Triebwerkes und des Fahrgestelles werden an geeigneter Stelle behandelt werden. Hier handelt es sich nur darum, grundsätzlich darzulegen, welcher Ergänzungen das in Abb. 36 veranschaulichte Ur-Motorrad, welches ja nur eine Fiktion darstellt, bedarf, um zu einem praktisch-brauchbaren Fahrzeug zu werden.

Bei genauerer Überlegung zeigt es sich, daß wir mit dem Einbau einer Anlaßvorrichtung über die Schwierigkeiten der Ingangsetzung des Motorrades noch immer nicht ganz hinwegkommen können. Solange der Motor mit dem Hinterrad durch Kette oder Riemen in steter Verbindung bleibt — und daran wird durch den bloßen Einbau einer Anlaßvorrichtung nichts geändert — versetzt sich das Hinterrad im gleichen Augenblick in Drehung, da der Motor seine Funktion beginnt. Es würde also nach wie vor der Übelstand bestehen bleiben, daß sich der Lenker, nachdem er den Motor angelassen hat, in den Sattel des bereits fahrenden Motorrades zu schwingen hat. Abgesehen davon, ist es klar, daß die Anlaßarbeit viel größer ausfallen muß, wenn gleichzeitig die Bewegungswiderstände des Übertragungsmechanismus, der Trägheitswiderstand des Hinterrades und dessen Bodenreibung zu überwinden sind, als wenn lediglich der Motor als solcher, frei von jeder sonstigen nennenswerten Belastung in Gang zu setzen wäre. Schon diese Erwägungen — von anderen wichtigen Rücksichten abgesehen, die noch darzulegen sein werden — leiten uns darauf hin, daß es sehr zweckmäßig sein muß, eine lösbare Verbindung zwischen Motor und Hinterrad einzuschalten, also eine Vorrichtung, die es gestattet, den Motor in Gang zu setzen, bzw. in Funktion zu belassen, ohne daß hiebei das Hinterrad mitgenommen wird. Eine derartige

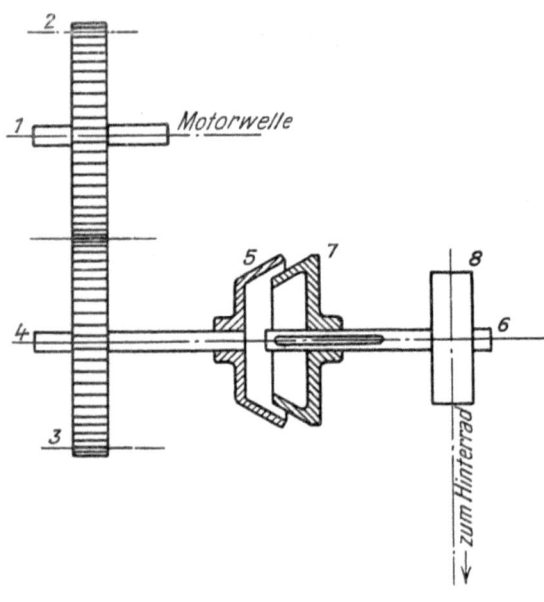

Abb. 37. Schema der Konuskupplung

Vorrichtung wird Kupplung genannt. Das Wesen ihrer Funktion geht aus der schematischen Darstellung der Abb. 37 hervor. Die Motorwelle 1 überträgt ihre Drehung nicht unmittelbar auf das Hinterrad, sondern beispielsweise mittels der Zahnräder 2 und 3 auf die Hilfswelle 4. Am rechten Ende der Hilfswelle 4 sitzt fest mit ihr verbunden der Hohlkegel 5. Gleichachsig mit der Welle 4, jedoch völlig von ihr getrennt, verläuft die Welle 6, an deren linkem Ende verschiebbar, aber nicht gegen die Welle verdrehbar, der Konus 7 angeordnet ist. Die Antriebscheibe 8 ist mit der Welle 6 fest verbunden und wirkt durch Riemen- oder Kettentrieb auf das Hinterrad. In der gezeichneten Stellung wird, falls der Motor läuft, wohl die Welle 4 durch Vermittlung von 2 und 3 in Drehung versetzt, dagegen verbleibt das Wellenstück 6, daher ebenso die auf ihm sitzende Scheibe 8 und somit auch das Hinterrad in Ruhe. Wird aber der Konus 7 durch Verschiebung nach links in den Hohlraum von 5 gepreßt, so wird er durch Reibung mitgenommen, es erfolgt also nun eine Drehung der Welle 6, die durch 8 auf das Hinterrad übertragen wird. Wird der Konus 7 in den Hohlkegel 5 vorsichtig und langsam eingeschoben, so erfolgt kein ruckweises, sondern ein allmähliches Fassen der Kupplung. Hieraus ergibt sich ein sanftes Anfahren, das nicht nur für die Bequemlichkeit des Fahrers, sondern auch im Interesse der Schonung aller Triebwerksteile und der Bereifung sehr erwünscht ist. Die Kupplung ist indessen nicht bloß dazu bestimmt, die Ingangsetzung des Rades leichter und bequemer zu gestalten, sie ist auch für die Funktion des sogleich zu besprechenden Wechselgetriebes unbedingt erforderlich. Schließlich leuchtet es ein, daß das zuweilen nötige rasche Abbremsen des Motorrades aus voller Fahrt viel leichter und mit geringerer Stoßwirkung erzielbar sein muß, wenn gleichzeitig der Antrieb des Motors vom Hinterrad abgeschaltet, als wenn dieses entgegen der Bremswirkung die Tendenz erhält, sich weiter zu drehen.

Die in Abb. 37 schematisch dargestellte Einrichtung gestattet wohl, die Bewegungsübertragung vom Motor aufs Hinterrad nach Belieben ein- und auszuschalten, sie gibt jedoch keine Möglichkeit, bei gleichbleibender Umlaufzahl der Motorwelle die Drehungsgeschwindigkeit des Hinterrades und somit die Fahrgeschwindigkeit des ganzen Fahrzeuges abzuändern. Gerade dies ist aber eine unabweisliche Notwendigkeit, und zwar aus folgendem Grunde: Die für den Motorradbetrieb in Betracht kommenden Motoren haben die Eigenheit, daß sie nur bei einer bestimmten Tourenzahl ihre volle Leistung abzugeben vermögen. Sinkt die Tourenzahl unter dieses Maß oder steigt sie darüber an, so wird die Motorleistung sofort geringer. In der Nähe der günstigsten Drehzahl sind die Schwankungen der Leistung gewöhnlich nur gering. Treten jedoch größere Änderungen der Umlaufgeschwindigkeit ein, so wird hiedurch die Motorleistung sehr wesentlich beeinträchtigt. Dieser Umstand würde bei Aufrechterhaltung eines stets gleichbleibenden Übersetzungsverhältnisses zwischen Motorradwelle und Hinterrad nicht nur einen sehr unwirtschaftlichen Betrieb, sondern in vielen Fällen die völlige Funktionsunfähigkeit des Fahrzeuges zur Folge haben. Dies geht aus einer einfachen Überlegung hervor. Die Motorleistung in Pferdestärken gemessen ist, wie wir bereits wissen

$$N = \frac{Pv}{75}$$

Hierin bedeutet N die effektive Höchstleistung des Motors, die bei einer bestimmten Umlaufgeschwindigkeit n erreicht wird. (Es sei beispielsweise $n = 4000$ Umdrehungen in der Minute.) P bezeichnet in vorstehender Formel den gesamten Fahrwiderstand, der sich aus dem Rollwiderstand nebst allen Reibungswiderständen des Übertragungsmechanismus, dem Steigungswiderstand und dem Luftwiderstand zusammensetzt. v ist die Fahrgeschwindigkeit in Metern pro Sekunde gemessen. **Wächst nun der Fahrwiderstand P — etwa infolge stärker werdender Steigung der Straße — auf $P_1 = {}^4/_3 P$ an, so kann, da N als Höchstleistung einer weiteren Steigerung nicht fähig ist, die Überwindung des auf ${}^4/_3$ seines ursprünglichen Wertes erhöhten Fahrwiderstandes nur unter der Bedingung erfolgen, daß gleichzeitig die Fahrgeschwindigkeit sich im gleichen Verhältnis verringere, also auf $v_1 = {}^3/_4 v$.** Besteht nun zwischen Motor und Hinterrad ein unabänderliches Übersetzungsverhältnis, so ist eine Herabminderung der Fahrgeschwindigkeit nur durch entsprechendes Langsamerlaufen des Motors, in unserem Falle durch eine Ermäßigung seiner Drehzahl von $n = 4000$ auf $n_1 = 3000$ Touren pro Minute zu ermöglichen. Dadurch wird aber, wie bereits erwähnt, eine wesentliche Leistungsverminderung des Motors bedingt. Diese müßte — nunmehr gleichbleibenden Fahrwiderstand vorausgesetzt — eine weitere Verringerung der Fahrgeschwindigkeit, somit eine abermalige Herabsetzung der Tourenzahl des Motors zur Folge haben. Hieraus würde sich neuerlich ein Leistungsabfall ergeben, usw. Es müßte also schließlich ein Stillstand des Motors eintreten, die Weiterfahrt wäre nun unmöglich geworden.

Die eben entwickelte Darlegung ist insoferne nicht ganz exakt, als auf das Abnehmen des Luftwiderstandes mit sinkender Fahrgeschwindigkeit keine Rücksicht genommen wurde. Trotzdem bleibt die Überlegung praktisch zutreffend, um so mehr als bei Geschwindigkeiten von etwa 25 km abwärts — und nur solche können für das Befahren starker Steigungen in Frage kommen — die Schwankungen des Luftwiderstandes nicht mehr von wesentlicher Bedeutung sind. Auch die verschiedenen Reibungswiderstände bleiben bei wechselnder Fahrgeschwindigkeit nicht ganz konstant, dies kann jedoch praktisch vollends vernachlässigt werden.

Um also bei verschiedenen Fahrgeschwindigkeiten die volle Motorleistung aufrecht erhalten zu können, muß eine Vorkehrung getroffen werden, die es ermöglicht, dem Motor stets seine günstigste Umlaufzahl zu belassen. Das heißt, daß wenigstens innerhalb gewisser Grenzen das Übersetzungsverhältnis zwischen Motorwelle und Hinterrad veränderlich gestaltet werden muß. Die Einrichtung, die hiezu dient, wird **Wechselgetriebe** genannt. Das Wesen einer derartigen Einrichtung ist in Abb. 38 schematisch dargestellt. Auf der Welle 1 die — sei es unmittelbar oder mittelbar — vom Motor angetrieben wird, sind die zu einem Stück vereinigten Zahnräder 2 und 3 verschiebbar, jedoch gegen die Welle 1 nicht verdrehbar angeordnet. Erfolgt Verschiebung nach rechts, solange bis 3 mit dem gleich großen Zahnrade 6 in Eingriff kommt, welches auf Welle 4 fest verkeilt ist, so dreht sich diese und mit ihr die das Hinterrad antreibende Scheibe 7 mit gleicher Umlaufzahl wie Welle 1. Wird hingegen nach links verschoben, bis Zahnrad 2 mit dem gleichfalls auf Welle 4 fest verkeilten Zahnrade 5 kämmt, so läuft nun, da Zahnrad 2 (im Teilkreise gemessen) nur halb so groß ist wie Zahnrad 5, dieses und daher auch die Welle 4 nur mit der halben Umlaufzahl der Welle 1. In diesem Falle dreht sich also das Hinterrad nur halb so schnell wie beim Eingriffe der Zahnräder 3 und 6, somit ist nun auch die Fahrgeschwindigkeit des Motorrades nur halb so groß wie vorher, obgleich in beiden Fällen die Tourenzahl des Motors dieselbe geblieben ist. Ein derartiges Getriebe wird **Schubrädergetriebe** genannt, weil seine Funktion auf der **Verschiebung wechselweise zum Eingriff gelangender Räder** beruht. Es gibt noch eine ganze Reihe anderer technischer Möglichkeiten, den Geschwindigkeitswechsel herbeizuführen, doch kommt den Schubrädergetrieben, die bei der großen Mehrzahl heutiger Motorräder, bei mittleren und schweren Typen fast ausnahmslos, in Verwendung stehen, die weitaus überwiegende Bedeutung

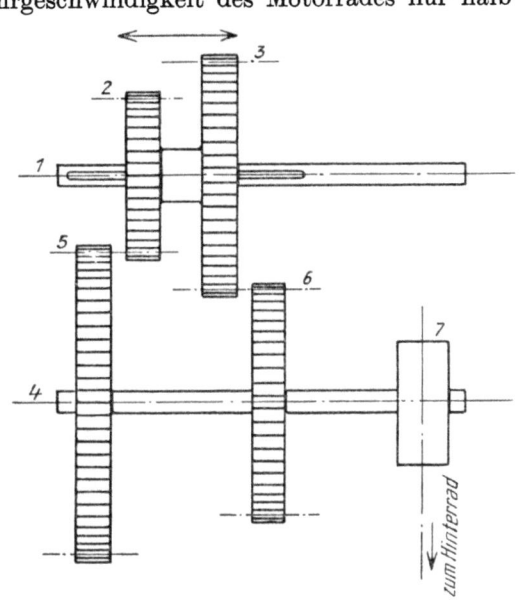

Abb. 38. Schubrädergetriebe (Schema)

zu. Die in Abb. 38 gezeigte Anordnung weist bloß zwei Geschwindigkeitsstufen auf. Es ist ersichtlich, daß Wechselgetriebe, nach dem gleichen Grundsatze gebaut, mit beliebig vielen Geschwindigkeitsstufen ausgerüstet werden könnten. Doch leuchtet es ein, daß in der Praxis durch Rücksichten der Raum- und Gewichtsökonomie, der gebotenen Einfachheit des gesamten Aufbaues und der möglichst gering zu haltenden Herstellungskosten die Zahl der Geschwindigkeitsstufen auf ein niedriges Maß beschränkt ist. In den allermeisten Fällen werden Schubrädergetriebe mit drei Geschwindigkeitsstufen angewendet. Bei ganz leichten, wohlfeilen Rädern pflegt man sich mit zwei Geschwindigkeiten zu begnügen. Mehr als drei Stufen werden höchst selten vorgesehen und sind auch praktisch nicht erforderlich, wenngleich die größere Freiheit im Geschwindigkeitswechsel unleugbare Vorteile bietet. Zum besseren Verständnis sei schon hier darauf hingewiesen, daß man den Motor normalerweise nicht mit der vollen Höchstleistung arbeiten läßt, obwohl dies vom Standpunkt der thermischen Ökonomie das Günstigste wäre. Praktisch verbietet dies eben die unvollkommene Zulänglichkeit des Wechselgetriebes, dessen drei Stufen doch keine vollkommene Anpassung an die so mannigfaltigen Verhältnisse der Fahrbahnbeschaffenheit, Verkehrsdichte, Steigung, Witterung, usw. gewähren können. Man reguliert also die Fahrgeschwindigkeit nicht etwa allein durch das Wechselgetriebe, sondern innerhalb gewisser Grenzen (unter Verzicht auf größtmögliche Wärmeökonomie) auch durch geringere oder größere Brennstoffzufuhr zum Motor und läßt ihm das Meistquantum, zu dessen Ausnützung er fähig ist, nur in jenen Fällen zukommen, wenn die Höchstleistung erforderlich ist.

Es mag erwähnt werden, daß die in der Praxis verwendeten Schubrädergetriebe — auch untereinander in ihrer Anordnung sehr verschieden — von dem in Abb. 38 dargestellten Schema ganz wesentlich abweichen. Dieses dient auch lediglich dazu, die Funktion eines Schubrädergetriebes in allereinfachster Weise verständlich zu machen. Der wirkliche Aufbau einiger Getriebetypen wird an anderer Stelle gezeigt werden.

Bei der in Abb. 38 gezeichneten Stellung findet auf die Welle 4 und somit auch auf das Hinterrad überhaupt kein Antrieb statt, da keines der beiden Räderpaare im Eingriff steht. Das Hinterrad bleibt also bei dieser Stellung des Schubstückes, die Leerlaufstellung genannt wird, in Ruhe, auch wenn sich der Motor in Funktion befindet. Es sei aber ausdrücklich betont, daß die Möglichkeit, das Getriebe auf Leerlauf zu schalten, keineswegs die Kupplung entbehrlich zu machen vermag. Wollte man etwa das Anfahren ohne Benützung einer Kupplung dadurch bewirken, daß man bei Leerlaufstellung des Getriebes den Motor anläßt und dann auf die kleinere Geschwindigkeit schaltet, so würde im Gegensatz zu der sanften allmählichen Einleitung der Bewegung, die sich mit Hilfe der Kupplung erzielen läßt, ein hartes ruckweises Fassen erfolgen. Dazu käme noch, daß die Zahnräder der plötzlichen vollen Belastung, die überdies zunächst nur an einem Bruchteil der Zahnbreite angreift, nicht standhalten könnten. Es würde vielmehr notwendigerweise ein Ausbrechen der Zähne erfolgen. Eben aus diesem Grunde kann die Betätigung des Geschwindigkeitswechsels während der Fahrt nur mit Zuhilfenahme der Kupplung durchgeführt werden. Will man von der einen Geschwindigkeit auf die andere schalten, so muß zunächst die Kupplung ausgerückt und, nachdem das Schubstück in die neue Stellung gebracht wurde, wieder eingerückt werden. Jedes Getriebe muß mit einer Einrichtung versehen sein, die gewährleistet, daß die Zahnräder nach Vollzug jedes Geschwindigkeitswechsels in ihrer vollen Breite miteinander im Eingriff stehen und daß kein unbeabsichtigter Übergang von einer Stellung in die andere stattfinden kann.

Ebenso wie zur Einleitung der Fahrt, sind auch zu deren Beendigung eigene Vorrichtungen nötig. Es wäre wohl denkbar, den Stillstand des Motorrades dadurch herbeizuführen, daß man den Motor abstellt, etwa außerdem die Kupplung ausrückt und das Getriebe auf Leerlauf schaltet. Bei Anhalten aus langsamer Fahrt könnte dann der Stillstand am gewünschten Punkte allenfalls dadurch erreicht werden, daß der Fahrer mit den Sohlen an der Fahrbahn abbremst. Dieser Vorgang wäre aber nicht nur an sich unbequem, sondern müßte in allen jenen Fällen völlig versagen, wo es sich darum handelt, angesichts eines unvermutet auftauchenden Hindernisses das Motorrad aus rascher Fahrt möglichst schnell zum Stillstande zu bringen. Dies kann in wirksamer Weise nur durch geeignete Sondereinrichtungen — Bremsen — bewirkt werden. Die in Anwendung stehenden Bremsen sind von sehr verschiedener Bauart, beruhen jedoch ausnahmslos auf dem Prinzip, daß man willkürlich einen zusätzlichen Reibungswiderstand erzeugt, wodurch die nach Abschaltung des Antriebes dem Fahrzeug noch innewohnende lebendige Kraft vernichtet wird. Bremsen, die, wie es bei bespannten Fahrzeugen und Tretkurbelzweirädern üblich ist, direkt auf den Laufradumfang wirken, werden im Motorradbau nicht verwendet. Vielmehr wird hier die Bremswirkung auf eigene Bremstrommeln ausgeübt, die entweder mit den Laufrädern oder dem Übertragungsmechanismus fest verbunden sind.

Um die schädlichen Reibungen auf ein Mindestmaß zu beschränken und Überhitzungen zu vermeiden, müssen zahlreiche Stellen der Maschine dauernd und zuverlässig mit Öl versorgt werden. Bei fast allen modernen Konstruktionen geschieht dies automatisch durch eine vom Motor angetriebene Ölpumpe, die vermittels eines geeignet angelegten Rohrsystems die Zuleitung des Öles an die einzelnen Schmierstellen im jeweils erforderlichen Ausmaße besorgt. Um aber in Sonderfällen auch noch eine zusätzliche Schmierung vornehmen zu können, wird zumeist nebst der automatischen noch eine von Hand aus zu betätigende Pumpe angebracht.

Hiemit sind die wichtigsten maschinellen Ergänzungen genannt, deren das Motorrad nach Abb. 36 bedarf, um ein brauchbares Fahrzeug zu werden. Allein mit dem Einbau dieser Vorrichtungen und aller zu ihrer Betätigung nötigen Hebel, Gestänge und Züge sind die Anforderungen, die man an ein modernes Motorrad stellt, immer noch nicht erfüllt. Vor allem müssen zumindest Sattel und Vorderrad in wirksamer Weise abgefedert werden, damit sowohl der Fahrer wie auch das Triebwerk von den Stößen möglichst entlastet werden, die infolge der Unebenheit der Fahrbahn stets auftreten. Es muß ferner dafür Vorsorge getroffen werden, das Motorgeräusch nach Tunlichkeit abzudämpfen, zu welchem Zweck ein sogenannter Auspufftopf anzuordnen ist. Um den Füßen des Lenkers eine Unterlage zu bieten, sind an geeigneter Stelle Stützen oder Fußbretter, um ihn gegen

Straßenschmutz und Wind zu schützen, **Kotflügel** und **Beinschützer** anzubringen. Auch die Maschinenteile selbst sollen gegen Nässe und Verschmutzung möglichst wirksam geschützt werden. Ganz besonders gilt dies für die Kettentriebe, die immer teilweise oder ganz verschalt werden.

Um bei längerem Stillstande die Luftreifen vom Maschinengewichte zu entlasten, aber auch um die Funktion aller Organe und Übertragungsmechanismen am stillstehenden Fahrzeuge prüfen zu können, werden **Kippständer** angebracht. Dies sind bewegliche Stützen, die in ihrer oberen Stellung die Radbewegung nicht behindern, herabgeklappt jedoch die Maschine derart tragen, daß die Laufräder den

Abb. 39. Aufbau eines modernen Motorrades

Boden nicht mehr berühren. Bei schweren Motorrädern pflegt man Vorder- und Hinterrad, bei leichteren zumeist nur dieses mit einem Kippständer zu versehen. Es kommt weiter eine **Beleuchtungsanlage** hinzu, bei modernen Maschinen fast ausnahmslos für elektrischen Betrieb eingerichtet; eine ganze Reihe von **Kontroll-, Meß- und Signalapparaten**; schließlich Behälter für **Brennstoff** und **Öl**, Werkzeugtaschen und Gepäcksträger. So wird aus dem einfachen Gebilde der Abb. 36 eine höchst komplizierte Anlage von Maschinen und Hilfsteilen, wie beispielsweise in Abb. 39 ersichtlich gemacht.

Es ist gewiß keine leichte Aufgabe, all die vielfältigen Organe des Triebwerkes, Hilfsapparate und Zubehörteile unter Vermeidung jeglicher gegenseitiger Behinderung zweckmäßig anzuordnen, dabei überdies auf bequemen Ein- und Ausbau, geschützte Lage, gute Zugänglichkeit und übersichtlichen, raumsparenden Gesamtaufbau Bedacht zu nehmen. Aber auch damit sind die Forderungen, denen der Motorradkonstrukteur gerecht werden muß, noch lange nicht erschöpft. Wir müssen uns vor allem gegenwärtig halten, daß das Motorrad ein einspuriges Fahrzeug ist, also im Gegensatze zu drei- und vierrädrigen Fahrzeugen quer zur Fahrtrichtung keine Eigenstabilität besitzt. Es muß daher das Gewicht zu beiden Seiten der Spurmittelebene gleichmäßig verteilt werden, damit die seitliche Balance nicht gestört werde, was das Fahren höchst unbequem oder eigentlich praktisch unmöglich machen würde. Es ist ferner dafür Sorge zu tragen, daß das hintere als das getriebene Rad genügend stark belastet sei, um selbst auf glättester Straße (normaler Beschaffenheit) ausreichende Adhäsion zur Einleitung der Rollbewegung zu finden. Ist die Belastung des Hinterrades und infolgedessen seine Bodenreibung zu gering, so dreht es sich leer. Es findet kein Abrollen und somit keine Fahrbewegung statt. (Auf feuchtem Asphalt oder auf vereister Straße ist diese Erscheinung zuweilen zu beobachten.) Anderseits soll aber das Hinterrad, das zumeist keine Federung besitzt, nicht stärker als unbedingt nötig belastet werden, weil selbstverständlich angestrebt werden muß, das nicht abgefederte Gewicht so niedrig wie möglich zu halten. Auch darf die Differenz zwischen der Gewichtsbelastung des Hinterrades und jener des Vorderrades nicht allzu groß ausfallen, weil hiedurch das Schleudern begünstigt würde. Zur Vermeidung des Schleuderns wäre es natürlich am zweckdienlichsten, beide Laufräder gleich stark zu belasten, doch ist dies eben wegen des für das Hinterrad erforderlichen Adhäsionsgewichtes nicht angängig. Gewöhnlich wird also die Verteilung so vorgenommen, daß rund zwei Drittel, mindestens aber drei Fünftel des Gesamtgewichtes auf das Hinterrad entfallen. Wir wissen nun bereits, daß der Schwerpunkt des Fahrzeuges in der Spurmittelebene, und zwar etwas näher dem Hinterrade zu liegen hat. Aber auch die Höhenlage des Schwerpunktes ist von wesentlicher Bedeutung, denn je tiefer der Schwerpunkt liegt, desto größer ist die Querstabilität und desto müheloser gestaltet sich für den Fahrer die Aufrechterhaltung des Gleichgewichtes. Kleine Schwankungen sind ja niemals ganz vermeidlich. Tritt nun bei geradliniger Fahrt — also nicht etwa in einer Kurve — eine Gleichgewichtsstörung dadurch ein, daß sich das Motorrad um den Winkel β zur Seite neigt (Abb. 40), so wird der Schwerpunkt je nach seiner ursprünglichen Lage von s nach s_1 oder von S nach S_1, bzw. von σ nach σ_1 gelangen. Je weiter der Schwerpunkt aus der Vertikalebene abrückt, desto größer wird das wirksame Kippmoment, desto größer also auch die Sturz-

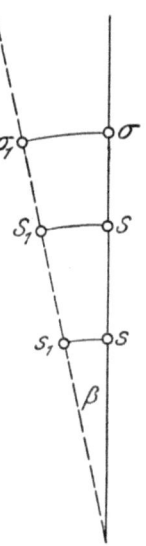

Abb. 40. Abhängigkeit der Stabilität von der Schwerpunktlage

gefahr. Um den Sturz zu vermeiden, muß der Fahrer durch Verlegung seines Körpergewichtes den Schwerpunkt in die Vertikalebene zurückbringen. Es ist klar, daß die dabei zu leistende Arbeit um so größer ist, je länger der in Betracht kommende Schwerpunktweg ist. Die Störung des Gleichgewichtes wird also um so leichter und rascher zu parieren sein, je tiefer der Schwerpunkt liegt. Das Bestreben, den Schwerpunkt tief zu legen, darf indessen nicht übertrieben werden. Differenzen von wenigen Zentimetern spielen praktisch keine nennenswerte Rolle, und es ist sicherlich verfehlt, um solcher Unterschiede willen andere wichtige Rücksichten, wie etwa jene auf gute Zugänglichkeit oder ausreichende Kühlung des Motors, zu vernachlässigen.

Sehr wichtig — übrigens bis zu gewissem Grade mit der Tieflage des Schwerpunktes im Zusammenhange — ist die Forderung, den Sattel möglichst tief anzubringen, jedenfalls tief genug, daß auch ein Fahrer kleinerer Statur aus dem Reitsitze mit beiden Fußsohlen die Fahrbahn mühelos erreichen kann. Dies ist vor allem darum notwendig, weil nur dadurch das im Stadtverkehr so häufig notwendige, nur ein paar Sekunden lang dauernde Anhalten des Motorrades in zweckmäßiger und bequemer Weise zu bewirken ist. Auch soll aus Sicherheitsgründen die Möglichkeit bestehen bleiben, im Notfalle — besonders wenn in der Kurve plötzlich ein Hindernis auftaucht — mit der Sohle des kurveninneren Fußes gegen die Fahrbahn zu bremsen, wenngleich diese Methode gewiß nicht elegant ist. Übrigens fühlt sich selbst der beste Fahrer — von ganz richtigem Instinkt geleitet — nur dann recht sicher und behaglich, wenn sein Sattel tief genug liegt. Auch der Luftwiderstand wird bei tieferer Sattellage geringer, da die wirksame Widerstandsfläche abnimmt. Die Forderung, den Sattel möglichst tief anzuordnen, ist übrigens bei den allermeisten modernen Motorrädern in völlig ausreichendem Maße erfüllt, wozu hauptsächlich die in den letzten Jahren erzielten Verbesserungen der Rahmenkonstruktionen beigetragen haben.

Die Baubreite des Motorrades soll — soweit anderweitige Konstruktionsrücksichten es gestatten — möglichst klein gehalten werden. Überschreitet sie ein gewisses Maß, so wird die Gefahr des Anschlagens gegen Hindernisse größer, die Möglichkeit, zwischen anderen Fahrzeugen einen Durchlaß zu finden, geringer. Überdies wächst der Luftwiderstand, und unter Umständen wird auch der Fahrer durch zu breiten Bau des Motorrades zu unbequemer Beinhaltung gezwungen. Selbstverständlich darf die Baubreite in keinem Falle so groß werden, daß die weitest vorstehenden Teile schon bei der für Kurvenfahrt in Betracht kommenden maximalen seitlichen Neigung die Fahrbahn berühren würden.

Was hier kurz dargelegt wurde, sind nur die allerwichtigsten allgemein gültigen Richtlinien für den Gesamtaufbau des Motorrades. Darüber hinaus sind für fast alle Organe, abgesehen von der durch ihre

Bestimmung und Funktion bedingten gegenseitigen Lage gewisse Einbaurücksichten zu beobachten, die bei der Besprechung der Konstruktionseinzelheiten auseinandergesetzt werden sollen. Schon das hier Gesagte dürfte indessen einen Begriff davon geben, welch hohe Kunst der Konstrukteur aufwenden muß, um das so überaus komplizierte Aggregat, auf engsten Raum zusammengedrängt, in jeder Hinsicht zweckmäßig zu gestalten, dabei außerdem Übersichtlichkeit und formschöne Gestaltung zu erzielen.

V. Die Hauptteile des Motorrades

1. Rahmen

Es wurde schon bei der Skizzierung der bisherigen Entwicklung des Motorrades darauf hingewiesen, daß die Gestaltung des Rahmens für den Gesamtaufbau von entscheidender Bedeutung ist. Diese Tatsache mag heute als Selbstverständlichkeit erscheinen, doch bedurfte es eines Zeitraumes von vielen Jahren, ehe sie in der Praxis voll gewürdigt wurde, und selbst jetzt noch findet sie nicht immer die ihr zukommende Beachtung. Anderseits kommt es wohl auch vor, daß die Bestrebungen, der Rahmenkonstruktion ganz neue Wege zu eröffnen, zu einem Abirren von den ehernen Geboten der Praxis führen. Es muß unter solchen Umständen begreiflich erscheinen, daß der Rahmen des Motorrades eine endgültige, oder auch nur eine derzeit als Norm zu betrachtende Form noch nicht gefunden hat. Es stehen vielmehr einige grundsätzlich voneinander abweichende Ausführungsformen in Anwendung und auch innerhalb jeder derselben zeigen sich sehr wesentlich verschiedene Konstruktionseinzelheiten.

Scheint ein Motorradrahmen dem Ansehen nach ein verhältnismäßig einfaches Gebilde zu sein, so stellt er dennoch den Konstrukteur vor ein überaus schwieriges Problem. Der Rahmen soll stabil und fest, dabei von möglichst geringem Gewichte sein; er soll eine derartige Befestigung des Sattels ermöglichen, daß einerseits der Fahrer mit den Fußsohlen die Fahrbahn bequem erreichen, anderseits bei ungezwungener Körper- und Armhaltung die Lenkstange betätigen kann; er soll eine sichere, möglichst tiefe Lagerung des Motors und aller Hilfsteile, gute Zugänglichkeit, sowie mühelosen Ein- und Ausbau gewährleisten; er soll rationell herstellbar sein und bei alldem eine klare, schöne Linienführung aufweisen. Ist es an sich schon schwer, all diesen Forderungen zu genügen, so war es vollends unmöglich, sie restlos zu erfüllen, ehe man nicht von dem ursprünglichen Vorbilde, dem Rahmen für Zweiräder mit Fußkurbelantrieb, unabhängig geworden war. Die volle Emanzipation vom Zweiradrahmen ist selbst heute noch nicht ausnahmslos erreicht. Doch hat sich im allgemeinen die Erkenntnis durchgesetzt, daß zwischen Tretkurbelrädern und Motorrädern nur flüchtige äußere Ähnlichkeiten bestehen, daher der Motorradrahmen nicht etwa als ein verstärkter und notdürftig abgeänderter Zweiradrahmen, sondern als eine hievon grundverschiedene, den wirklichen Betriebsbedingungen unbefangen anzupassende Konstruktion auszubilden ist. (Es mag an dieser Stelle auf eine Tatsache verwiesen werden, die anscheinend häufig übersehen oder nicht in ihrer vollen Bedeutung erkannt wird: Zwischen dem Tretkurbelrade und dem Motorrade besteht kaum eine engere Verwandtschaft als zwischen einem bespannten Vierradwagen und einem Automobil. Hier wie dort dieselbe Gemeinsamkeit: gleiche Räderzahl und gleiche Spurigkeit — hier wie dort auch derselbe Wesensunterschied: Antrieb durch animalische Kraft gegenüber motorischem Antriebe. Allerdings wird eine etwas weitergehende äußere Ähnlichkeit zwischen Motorrad und Tretkurbelrad dadurch geschaffen, daß auch dieses nicht durch eine vorgeschaltete Zugkraft, sondern durch eine innerhalb des Systems angreifende und auf das Hinterrad übertragene Kraft in Bewegung gesetzt wird. Diese Übereinstimmung ist jedoch, wie gesagt, äußerer Art und vermag an dem grundlegenden Wesensunterschiede nichts zu ändern. Es sei noch erwähnt, daß für das Zweirad mit eingebautem Hilfsmotor, welches eben seiner ganzen Natur nach kein Motorrad ist, selbst die eben besprochene äußere Ähnlichkeit mit diesem zumeist entfällt, weil der Antrieb des Hilfsmotors in der Mehrzahl der Fälle nicht auf das Hinterrad, sondern auf das Vorderrad erfolgt.)

Man ist in neuerer Zeit davon abgekommen, das Streben nach möglichst geringem Rahmengewicht zu übertreiben. Der Rahmen soll ja nicht bloß den statischen und dynamischen Beanspruchungen des normalen Betriebes gewachsen sein, sondern genügende Festigkeit besitzen, um selbst aus Stürzen und Kollisionen ohne Bruch oder starke Deformation davonzukommen. Dieses Moment ist besonders bei schweren schnellen Maschinen von großer Wichtigkeit, eine Erkenntnis, die sich amerikanische Konstrukteure schon vor verhältnismäßig langer Zeit zu eigen gemacht haben. Aus der amerikanischen Praxis stammt auch das lapidare Wort: „Kein Motorrad kann stärker sein als sein Rahmen ist." Tatsächlich weisen die führenden amerikanischen Marken ganz besonders solid konstruierte Rahmen auf, während manche europäische Konstruktion noch heute gegen jenen so einfach und selbstverständlich klingenden Grundsatz verstößt.

Die im nachfolgenden behandelten Rahmenkonstruktionen beruhen (mit zwei an den Schluß gestellten Ausnahmen) auf der Voraussetzung, daß der Antrieb von dem am Rahmen aufzuhängenden oder abzustützenden Motor auf das nur um eine horizontale Achse drehbare Hinterrad erfolge, während das der Lenkung dienende Vorderrad in einer schwenkbaren Gabel gelagert ist. Hieraus ergeben sich schon die Hauptaufgaben, die der Motorradrahmen zu erfüllen hat: Er muß dem Motor nebst allen Hilfsapparaten und Übertragungsmechanismen zweckmäßige, sichere, stabile Lagerung unter Wahrung guter Einbaumöglichkeit und freier Zugänglichkeit bieten; er muß an seinem Hinterende das Lager für die horizontale Hinterachse aufnehmen, und zwar so, daß diese zur Einstellung bzw. Regelung der Bewegungsübertragung (Kettenspannung) kleiner Verschiebungen in der Fahrtrichtung fähig ist; er muß an seinem Vorderende eine zylindrische Hülse — den sogenannten Steuerkopf — tragen, die als Halslager für die drehbare Vorderradgabel dient; die Mittelebene des Steuerkopfes muß mit jener des Hinterradlagers genau zusammenfallen, damit bei geradliniger Fahrt die vollkommene Deckung der Vorder- und Hinterradspur gewährleistet werde. Ferner muß der Rahmen die zweckentsprechende Anbringung des Sattelsitzes und der Fußstützen für den Fahrer, die Befestigung von Kotflügeln, Beinschützern und Kippständern, sowie den Einbau von Brennstoff- und Ölbehältern ermöglichen.

Obgleich man sich nunmehr im allgemeinen davon freigemacht hat, den Motorradrahmen streng nach dem Vorbilde des Tretkurbelrahmens zu gestalten, ist dennoch das von diesem übernommene Konstruktionsmaterial, das Stahlrohr, in weitaus überwiegender Anwendung verblieben. Alleinherrschend ist es indessen jetzt nicht mehr. Neben den Rahmenkonstruktionen aus Stahlrohr finden sich auch solche aus gepreßtem Stahlblech und aus Leichtmetallguß. Die Gußrahmen haben sich vorläufig nicht bewährt und vermochten bisher keine praktische Bedeutung zu erlangen. Dagegen wurden mit Stahlblechrahmen gute Erfolge erzielt und sie scheinen, insbesondere als Kastenrahmen ausgebildet, zu gesteigerter Anwendung berufen zu sein.

Die derzeit noch stark vorherrschenden Stahlrohrrahmen lassen sich in einige Haupttypen gliedern. Wir unterscheiden vor allem zwischen ebenen und räumlichen, oder wie man es auch ausdrücken kann, zweidimensionalen und dreidimensionalen Rahmen. Ein ebener Rahmen ist gegeben, wenn die Mittellinien aller Rahmenrohre in einer einzigen Ebene liegen. In allen anderen Fällen hat man es mit räumlichen Systemen zu tun, gleichgültig, ob alle oder nur einzelne Rahmenrohre in doppelter Anordnung erscheinen. Ebene Rahmenkonstruktionen werden gegenwärtig nur noch für leichte Einzylindermaschinen angewendet. Ein Beispiel einer derartigen Ausführungsform ist in Abb. 41 dargestellt (Puch). Der Motor (Einzylinder) sitzt hier in der unteren Rundung des Rahmens, von angeschraubten Lappen gehalten, die mit den Muffenstücken 1 und 2 verbunden werden.

Wir haben weiter zwischen geschlossenen und offenen Konstruktionen zu unterscheiden. Beim geschlossenen Rahmen bilden die Rohre, durch Muffenstücke entsprechender Form miteinander verbunden, ein in sich geschlossenes System. In diesem Falle werden der Motor und die mit ihm verbundenen Hilfsteile innerhalb des Rahmens derart untergebracht, daß die Befestigung an den Rahmenrohren mittels

Schellen oder kleiner, die Rohre umgreifender Formstücke erfolgt, allenfalls auch unter Zuhilfenahme von Tragplatten, die an geeigneten Stellen mit den Rohren verlötet oder verschweißt werden.

Der offene Rahmen hingegen ist dadurch gekennzeichnet, daß in seinem unteren Teil ein Raum freigelassen und durch den an dieser Stelle (mit Zwischenschaltung entsprechend ausgebildeter Formstücke) eingebauten Motor überbrückt wird. Aus dem Motorgehäuse statt eines getragenen einen mittragenden Teil zu machen, solcherart die statischen und dynamischen Beanspruchungen, denen die Rahmenkonstruktion unterliegt, durch das Gehäuse zu leiten und die Starrheit und Stabilität des ganzen Systems von der Festigkeit der Schraubenverbindungen abhängig zu machen — daß dieser Gedanke theoretisch falsch ist, kann wohl gar nicht angezweifelt werden. Die Praxis hat sich jedoch über diese Bedenken hinweggesetzt, und zwar anscheinend mit gutem Erfolg. Eine genauere Kontrolle hierüber ist allerdings schwer möglich. Die Motorradtechnik ist noch zu jung und ihre Entwicklung ist bis in die letzte Zeit zu rasch vor sich gegangen, als daß man hinlänglich umfangreiche und gründliche Erfahrungen über den Einfluß der offenen Rahmenkonstruktion auf die Funktion und Lebensdauer des Triebwerkes hätte gewinnen können. Die Möglichkeit, daß die grundsätzlich gewiß nicht günstige Beanspruchung, die durch den offenen Rahmen bedingt ist, in vielen Fällen schädliche Folgen hervorgerufen hat, ja selbst die Ursache so manchen Unfalles gewesen ist, läßt sich keineswegs von der Hand weisen. Der hauptsächliche Vorteil, den der offene Rahmen gegenüber dem geschlossenen Rahmen aufzuweisen schien, war die Möglichkeit, den Motor tiefer zu lagern, auch die zu seiner Befestigung dienenden Träger der Form des Motorgehäuses besser anzupassen und auf größeren Flächen aufliegen zu lassen. Hierauf gründete sich eine ungemein starke Verbreitung der offenen Rahmenkonstruktionen, die einige Jahre lang fast alleinherrschend waren. Allerdings hat hiebei bis zu einem gewissen Grade die Mode mitgespielt, ein Faktor, der in allen Zweigen der Fahrzeugtechnik seit jeher von recht gewichtiger Bedeutung war. Um so bemerkenswerter ist der Umstand, daß einige Werke, insbesondere führende amerikanische Firmen, unbeirrt am geschlossenen Rahmen

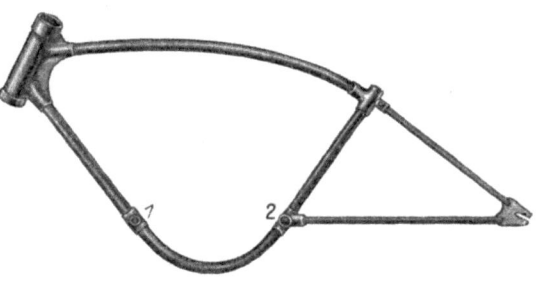

Abb. 41. Ebener Stahlrohrrahmen (Puch)

festgehalten haben. Die nunmehrige Entwicklung scheint ihnen durchaus recht zu geben, denn in allerjüngster Zeit macht sich unverkennbar und stetig zunehmend die Tendenz geltend, zum geschlossenen Rahmen zurückzukehren. Zweifellos ist der geschlossene Rahmen nicht nur die grundsätzlich richtigere Konstruktion, sondern er bietet, entsprechend ausgebildet, auch die Möglichkeit ebenso günstiger Lagerung wie der offene Rahmen. Wird nämlich das Unterrohr in doppelter Anordnung

Abb. 42. Offener Stahlrohrrahmen mit eingebautem Motor (A. J. S.)

ausgeführt und die Distanz dieser beiden Rohre genügend groß gehalten, so kann der Motor zwischen ihnen aufgehängt und auf diese Art ganz oder fast ebenso tief gelagert werden wie beim offenen Rahmen. Auch hat man in diesem Falle volle Freiheit zur Anwendung passend ausgebildeter Formstücke für die Verbindung zwischen Rahmen und Motor- bzw. Getriebegehäuse. Aber selbst wenn beim geschlossenen Rahmen der Schwerpunkt unter sonst gleichen Umständen um ein paar Zentimeter höher zu liegen kommt und wenn das Gesamtgewicht bei Anwendung von Verbindungstücken mit ausreichenden Auflageflächen um ein Geringes größer ausfällt, als es beim offenen Rahmen der

Fall wäre, so spielt dies praktisch keine nennenswerte Rolle gegenüber dem hoch einzuschätzenden Vorteil der geschlossenen, in sich stabilen Rahmenkonstruktion.

Beim Stahlrohrrahmen wird die Verbindung der einzelnen Rohre zumeist mittels entsprechend geformter Muffenstücke vorgenommen, in welche die Rohrenden innen verlötet oder verschweißt werden. Die Lötung wird im allgemeinen bevorzugt, da sie, soferne nicht ganz besonders vollkommene Einrichtungen und höchstqualifizierte Arbeiter für die Schweißerei zur Verfügung stehen, als zuverlässigere Verbindung

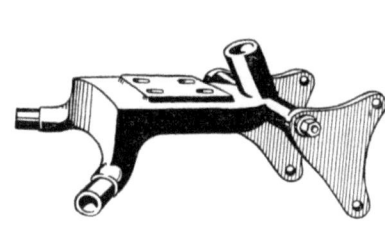

Abb. 43. Getriebebrücke (Zenith)

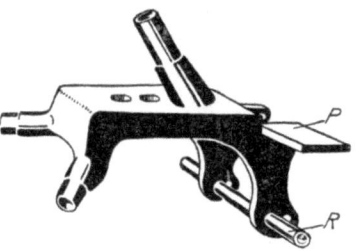

Abb. 44. Getriebebrücke (Raleigh)

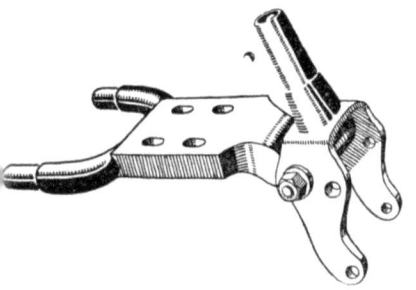

Abb. 45. Getriebebrücke (Triumph)

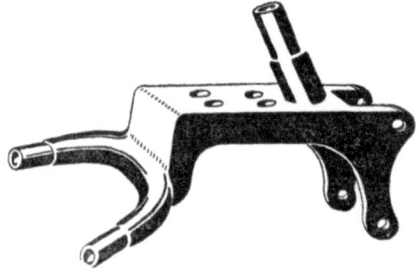

Abb. 46. Getriebebrücke (New Hudson)

zu betrachten ist. — An den Knotenpunkten der Rohrrahmen werden häufig zur Verstärkung bzw. Versteifung kleine Rippen angebracht. Insbesondere gilt dies für die Verbindung des Steuerkopfes mit den Ober- und Unterrohren, der stets größte Sorgfalt zugewendet werden soll. Zuweilen werden auch an stark beanspruchten Stellen Rohrstreben zur Versteifung zwischen den Hauptrohren angeordnet.

Für die Sattelbefestigung wurde bis vor kurzem zumeist ein eigenes, zur Aufnahme der Sattelstütze bestimmtes Rohr — das Sattelrohr — vorgesehen. Diese vom Fahrradbau übernommene Anordnung wird in jüngster Zeit vielfach verlassen und dadurch ersetzt, daß man den Sattel allenfalls unter Anwendung von Querstreben gegen die Oberrohre abstützt.

Für die Anbringung des Brennstoffbehälters sind bei Rohrrahmen hauptsächlich folgende Ausführungen üblich: Der Behälter wird entweder am Oberrohr aufgehängt oder er sitzt, mit einer tiefen Einkerbung versehen, rittlings auf diesem oder es wird unterhalb des Oberrohres ein zweites, mit ihm annähernd gleichlaufendes Rohr angeordnet, welches mittels entsprechend ausgebildeter Querstücke den Behälter trägt.

In Abb. 42 ist als Beispiel einer offenen Konstruktion der Rahmen des A. J. S.-Motorrades dargestellt. Die untere Verbindung zwischen dem Sattelrohr und dem Hinterrahmen wird durch ein mit Muffen versehenes Preßstück derart bewirkt, daß die schräg aufwärtsgerichtete Muffe 1 das Sattelrohr aufnimmt, während in die horizontal rückwärts verlaufenden Muffen 2 die Hinterrohre eingefügt werden. Die Verbindung zwischen Muffen und Rohren wird durch Hartlötung hergestellt. Das erwähnte Preßstück dient zugleich als Getriebebrücke. Wie aus der Abbildung ersichtlich, wird das Getriebegehäuse an der Unterseite der Brücke aufgehängt, und zwar mittels zweier Schrauben, die, um kleine Lageveränderungen des Getriebekastens zu ermöglichen, in Langlöchern verschiebbar sind. An die Getriebebrücke schließt sich das sichelförmig ausgebildete Tragstück 3, welches mit dem Motorgehäuse verschraubt ist. An der Vorderseite wird das Motorgehäuse von einem ähnlich geformten Tragstück 4 umfaßt, dessen Muffe 5 zur Aufnahme des Vorderrohres dient. Der Brennstoffbehälter ist zwischen den Oberrohren eingebaut.

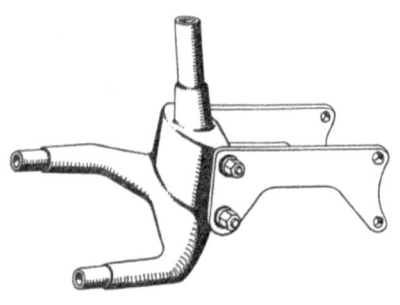

Abb. 47. Rahmenzwischenstück (Matchless)

In den Abb. 43 bis 46 sind einige Getriebebrücken, stets zugleich als unteres Verbindungsstück zwischen Sattelrohr und Hinterrahmen dienend, für sich wiedergegeben (Zenith, Raleigh, Triumph, New Hudson). In der Grundform einander sehr ähnlich, zeigen sie in den Einzelheiten doch mannigfaltige Abweichungen, welche durch die Gesamtform des Rahmens, die Neigung des Sattelrohres, Ausbildung des Motor- und Getriebegehäuses usw. bedingt sind. Die in Abb. 44 vorne sichtbare Platte P dient zur Lagerung des Magnetapparates, das Rohr R zur Befestigung der Fußstützen. Eine etwas abweichende Konstruktion — mit dem Rohrmuffenstück verschraubte Tragplatten — zeigt Abb. 47 (Matchless).

Als Beispiel für die Gestaltung des Einbaues bei geschlossenem Rahmen diene die in Abb. 48 wiedergegebene Konstruktion (Peugeot). Es ist auf den ersten Blick zu ersehen, daß die Befestigung hier weit einfacher ist und viel weniger Teile erfordert, als in dem vorher gezeigten Beispiel des offenen Rahmens. Allerdings trägt hiezu auch der Umstand bei, daß hier Motor und Getriebe zu einem in gemeinsamem Gehäuse vereinigten Block ausgebildet sind. Die Aufhängung erfolgt in zwei Gabelstücken, deren eines eine Querstrebe zwischen den Vorderrohren

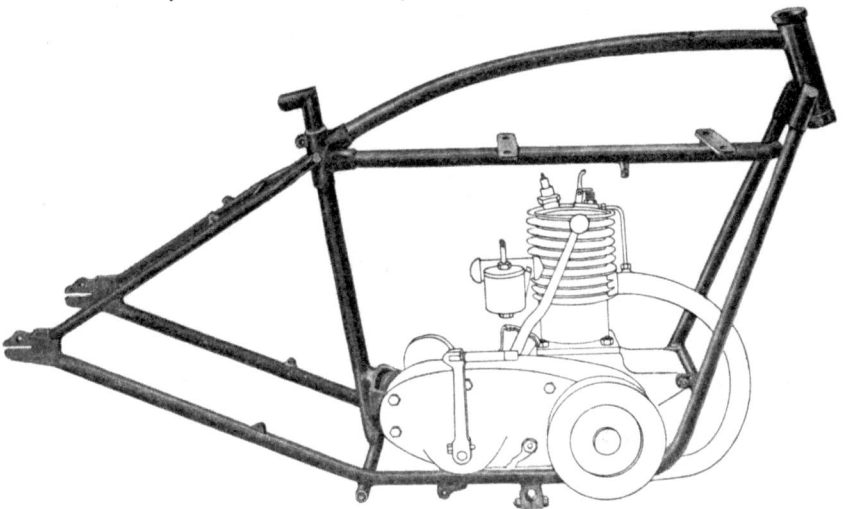

Abb. 48. Geschlossener Stahlrohrrahmen mit eingebautem Blockmotor (Peugeot)

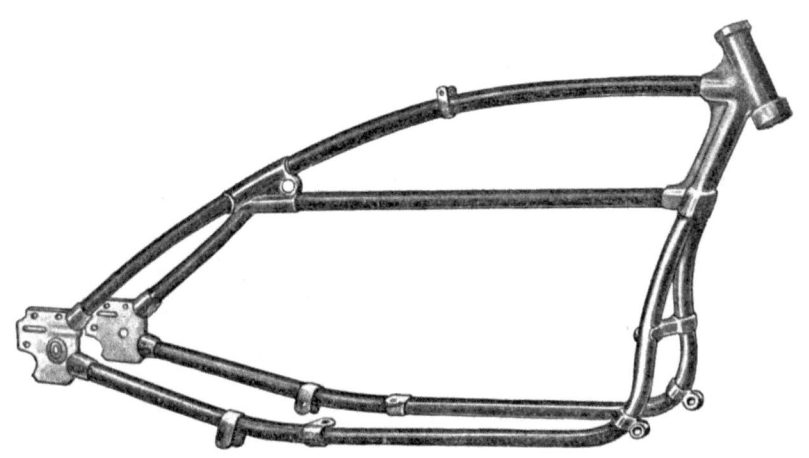

Abb. 49. Geschlossener Rahmen (Henderson)

bildet, während das andere mit dem Sattelrohr verschweißt ist. Zugleich stützt sich der Block gegen die beiden Unterrohre ab. Von der Möglichkeit, eine tiefere Lagerung dadurch zu erzielen, daß man das Gehäuse zwischen den beiden Unterrohren durchhängen läßt, ist hier kein Gebrauch gemacht.

Eine sehr stabile und formschöne Konstruktion zeigt Abb. 49 (Henderson). Besonders bemerkenswert ist hier der stetige ungebrochene Verlauf der Rohre vom Steuerkopf bis zum Hinterachslager, der in Verbindung mit dem Umstand, daß kein Sattelrohr angeordnet ist — der Sattel wird vorne vom Oberrohr, hinten von den Hinterrohren getragen — den Rahmen als ein einheitliches Ganzes erscheinen läßt.

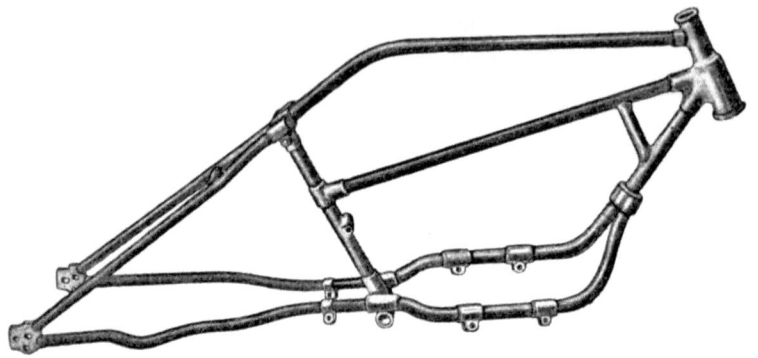

Abb. 50. Mangelhafte Rahmenkonstruktion

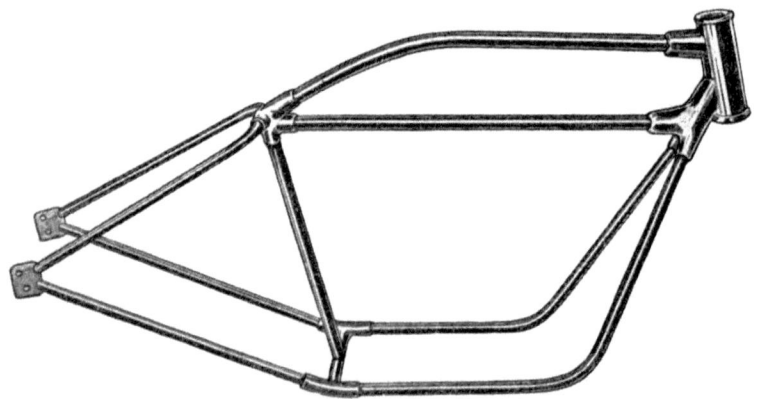

Abb. 51. Verbesserte Rahmenkonstruktion

Eine mangelhafte Rahmenkonstruktion ist in Abb. 50 dargestellt. Sie zeigt in typischer Weise das Bild einer unklaren, unruhigen, kleinzügigen Formgebung, die notdürftig mit da und dort angeordneten Versteifungen, Ausbuchtungen und Einziehungen den Erfordernissen der Festigkeit und des Einbaues Genüge zu tun sucht. Aus dieser Konstruktion ist später der in Abb. 51 ersichtlich gemachte Rahmen hervorgegangen, der von den augenfälligen Fehlern des ursprünglichen Entwurfes bereits völlig befreit erscheint.

Die in Abb. 52 dargestellte Konstruktion ist gewissermaßen als ein Mittelding zwischen einem offenen und einem geschlossenen Rahmen anzusehen. Die Rohrkonstruktion als solche ist unterbrochen, die Öffnungen sind jedoch durch Formstücke vollständig überbrückt. Der Abschluß wird also nicht erst durch den Einbau des Motorgehäuses bewirkt, sondern ist von vornherein gegeben. Das Gehäuse erleidet demnach auch keine Beanspruchung als tragender Teil des Rahmensystems. Dieser Rahmen hat also den Charakter einer geschlossenen Konstruktion, obgleich sich seine Formgebung vielmehr jener des

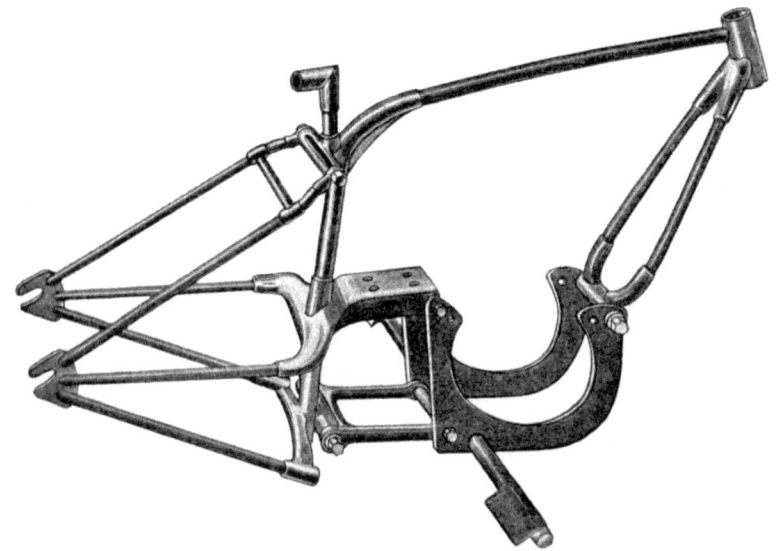

Abb. 52. Zusammengesetzter geschlossener Rahmen

offenen Rahmens nähert. Mit diesem hat er auch gemeinsam, daß er sich aus Stahlrohren und Preßstücken zusammensetzt. Die Absicht des Konstrukteurs ging offenbar dahin, die Vorteile des geschlossenen und offenen Rahmens zu vereinen, nämlich tiefe Lagerung und weitgreifende Umfassung des Motorgehäuses zu erzielen, ohne es dabei Beanspruchungen auszusetzen, die nur dem Rahmen zukommen sollen. Formschönheit kann man dieser Konstruktion jedenfalls nicht nachrühmen. Auch was die Herstellungskosten betrifft, dürfte sie sich kaum günstig stellen. Einigermaßen ähnlich in der Idee ist der Grindlay-Peerless-Rahmen (Abb. 53), doch haben wir es hier eindeutig mit einem geschlossenen Rohrrahmen zu tun, der aber Formstücke zur Befestigung des Triebwerkes in einer Ausbildung aufweist, wie man sie sonst nur bei offenen Rahmen zu finden pflegt. Hier erscheinen, und zwar bei schöner, klarer Linienführung, die Vorteile beider Systeme tatsächlich vereinigt, allerdings um den Preis nicht unwesentlich erhöhter Herstellungskosten und wohl auch vergrößerten Gewichtes. — Eine vorbildlich einfache und schöne, außerordentlich harmonisch wirkende Rahmenkonstruktion weist das BMW-Motorrad auf (Abb. 54). Was beim Henderson-Rahmen hervorgehoben werden konnte, die klare, einheitliche Linienführung der Rohre vom Steuerkopf bis zur Hinterachse, ist hier durch den ganz geradlinigen Verlauf der Oberrohre zu noch höherer Vollendung gebracht. Allerdings ist dies durch den für die vorliegende Konstruktion gewählten

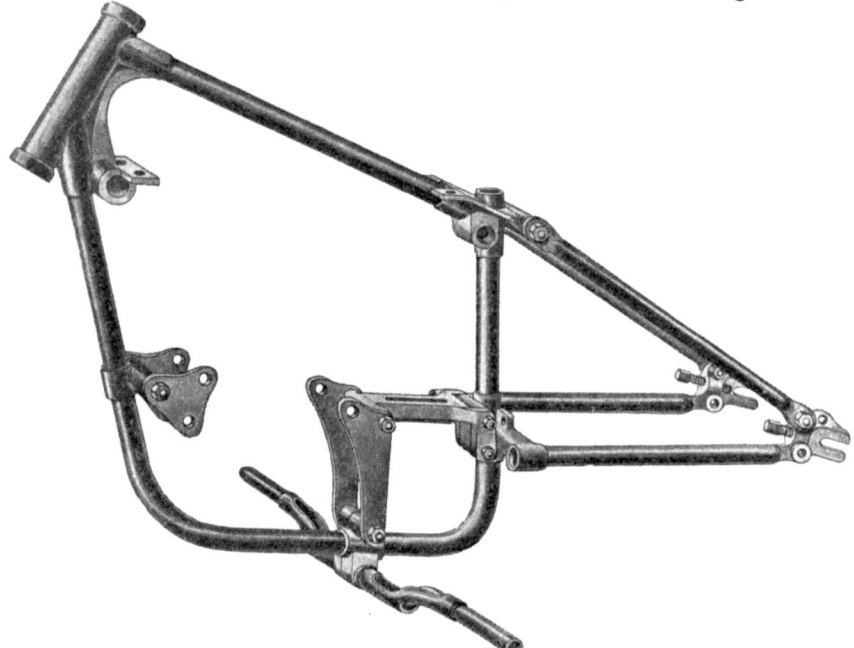

Abb. 53. Geschlossener Rahmen mit Formstücken für die Lagerung des Motors (Grindlay-Peerless)

Gelenkwellenantrieb ganz beträchtlich erleichtert worden. Bemerkenswert ist auch die Anbringung des Sattels, der sich ohne Benützung eines eigentlichen Sattelrohres vorne mittels einer Blattfeder, hinten von Spiralfedern getragen gegen die Oberrohre, beziehungsweise gegen Querstücke abstützt, die zwischen jenen angeordnet sind. — Eine vollständig als Doppelrahmen ausgebildete Konstruktion normaler Ausführungsform zeigt Abb. 55 (NSU).

Alle bisher behandelten Konstruktionen gehören der großen Gruppe der Stahlrohrrahmen an. Dies gilt auch für alle besprochenen offenen Rahmen, bei denen trotz der mitunter recht ausgiebigen Mitverwendung von Guß- und Preßstücken das Stahlrohr das hauptsächliche und charaktergebende Baumaterial bleibt.

Im folgenden sollen nun einige Rahmen gezeigt werden, die nicht aus Stahlrohr, sondern aus gepreßtem Stahlblech, bzw. aus Leichtmetallguß hergestellt sind.

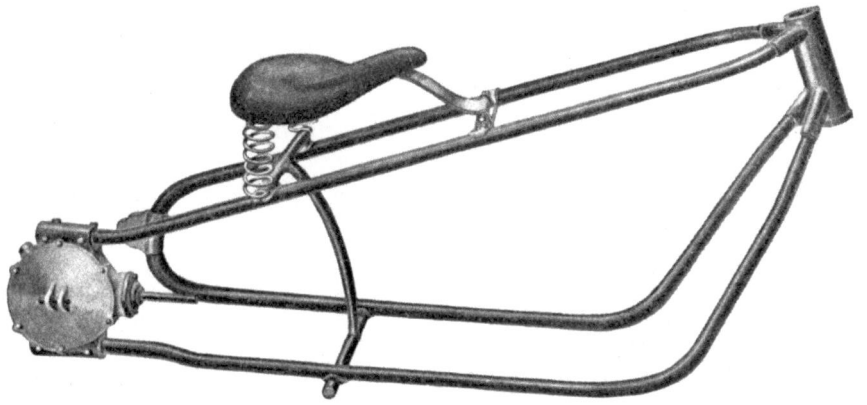

Abb. 54. Doppelrahmen (B M W)

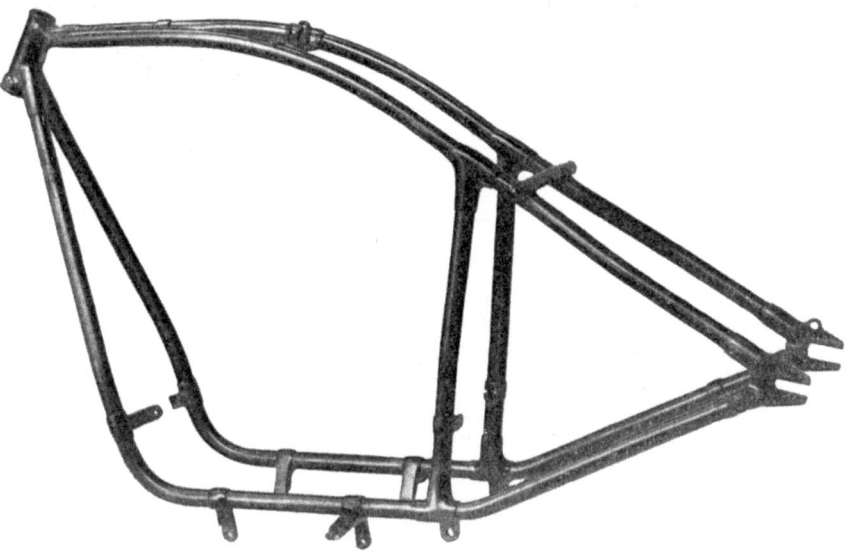

Abb. 55. Doppelrahmen (N S U)

Als Beispiel eines **Gußrahmens** diene die in Abb. 56 veranschaulichte Konstruktion. Nicht nur der eigentliche Rahmenkörper, sondern auch die Radverschalungen sind hier aus Leichtmetallguß hergestellt. Die hintere Verschalung erweitert sich in ihrem oberen Teile zu einem als Behälter dienenden Hohlraum, dessen Deckel zugleich die Auflagefläche für den Soziussattel bildet. Die ganze Konstruktion besteht aus sechs einzelnen Gußteilen, die mittels bearbeiteter Paßflächen aneinandergefügt und durch Verschraubung zusammengehalten werden. Diese gefällig aussehende, in ihren Einzelteilen sicherlich stabile Rahmenkonstruktion bietet die Möglichkeit, den Motor und seine Hilfsorgane solide, tief und gut geschützt zu lagern. Dem stehen indessen die Nachteile wesentlich höherer Herstellungskosten, geringerer Bruchfestigkeit des Rahmens, sowie sehr mangelhafter Zugänglichkeit des Motors und seiner Hilfsorgane gegenüber. Auch der Umstand, daß der Rahmen aus sechs Teilen besteht, die erst durch Verschraubung zu einem festen Ganzen vereinigt werden, muß zumindest im Vergleich mit einem

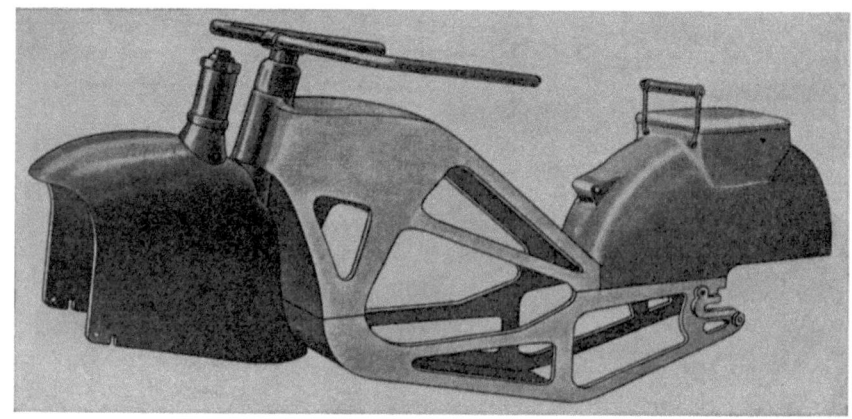

Abb. 56. Gußrahmen

geschlossenen Stahlrohrrahmen entschieden als Nachteil gewertet werden. Schließlich könnte bei der abgebildeten Rahmenform wohl nur ein wassergekühlter Motor verwendet werden, da der Luftzutritt sehr behindert ist. Aus all den genannten Gründen muß es begreiflich erscheinen, daß diese Konstruktion, die sicherlich interessant und ursprünglich ist, sich in der Praxis nicht durchzusetzen vermochte. Daraus folgt natürlich nicht, daß dem Gußrahmen überhaupt jede Zukunft abzusprechen wäre. Es ist nur vorläufig eine den technischen und wirtschaftlichen Erfordernissen der Praxis genügende Ausführungsform noch nicht gefunden worden.

Stahlblechrahmen finden sich in zwei grundsätzlich voneinander verschiedenen Ausführungen vor. Entweder folgt man bei ihrer Anwendung den üblichen Grundformen des geschlossenen Stahlrohrrahmens, wobei für das gepreßte Blech kreisrundes, ovales, U-förmiges oder anderes Profil gewählt werden kann. Oder man bildet den Blechrahmen als Kastenträger aus, in dessen Seitenwänden der

Antriebsmechanismus seine Lagerung findet. Der Vorzug gebührt, selbst wenn er etwas höheres Gewicht bedingt, dem Kastenrahmen, da er vielleicht mehr als irgend eine andere Rahmenkonstruktion klare schöne Linienführung und einfache, maschinenbaulich einwandfreie Gesamtanordnung ermöglicht. Eine folgerichtig durchgeführte Kastenrahmenkonstruktion weist das Mars-Motorrad (Abb. 57) auf. Der eigentliche Trägerkörper, aus zwei Blechen gebildet, die unten rechtwinklig abgekantet sind und sich vorne zu einem den Steuerkopf

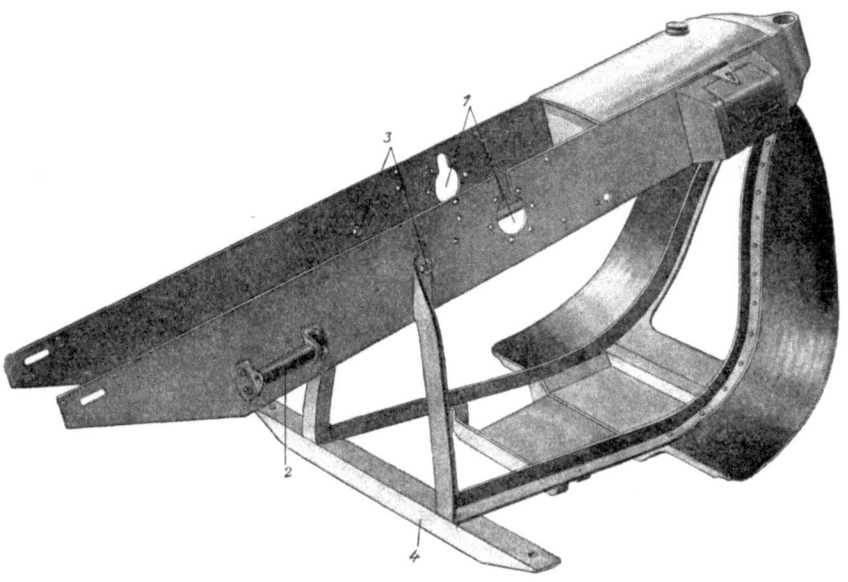

Abb. 57. Kastenrahmen (Mars)

bildenden Formstück vereinigen, verläuft völlig geradlinig von diesem bis zum Hinterende. Im vordersten Teile des Hohlraumes ruht der Benzinbehälter, dessen von selbst sich ergebende Schräglage den Benzinzufluß zum Vergaser begünstigt. Vorne außen ist ein geräumiger Werkzeugkasten angebracht. Die kreisrunden, nach oben hin geschlitzten Öffnungen 1 der Trägerseitenteile dienen zur Aufnahme der Getriebeflanschen, die mit Benützung der konzentrisch um die kreisrunden Ausschnitte angeordneten Bohrungen an die Träger geschraubt werden. Die übrigen in der Mittelpartie des Rahmens befindlichen Löcher dienen teils zur Befestigung der Sattelstützen, teils zur Aufhängung des Motors, der, als gegenläufiger Zweizylinder ausgebildet, eine besonders tiefe Lagerung findet. Die Handhabe 2 dient als Hebegriff. Die am Hinterende angeordneten Bohrungen sind zur Anbringung des

6*

Kettenspanners, Kotflügels und Kippständers bestimmt. An dem Hauptträger ist ein aus Winkeleisen zusammengesetzter Hilfsträger, vorne in zwei Lagern aufgehängt, hinten mittels der Bolzen 3 verschraubt. Er trägt an seinem Vorderteil angenietete ziemlich weitausladende gekrümmte Bleche, die dem Fahrer als Beinschutz gegen Kot, Regen und insbesondere gegen Wind dienen, ohne hiebei die Kühlung des Motors zu beeinträchtigen, da in der Mitte zwischen den Schutzblechen freier Raum gelassen ist, der dem Fahrwind Zutritt zum Motor gestattet. Das quer verlaufende Winkeleisen 4 dient als Auflager für die Hinterenden der Fußbretter, deren Vorderteile auf den

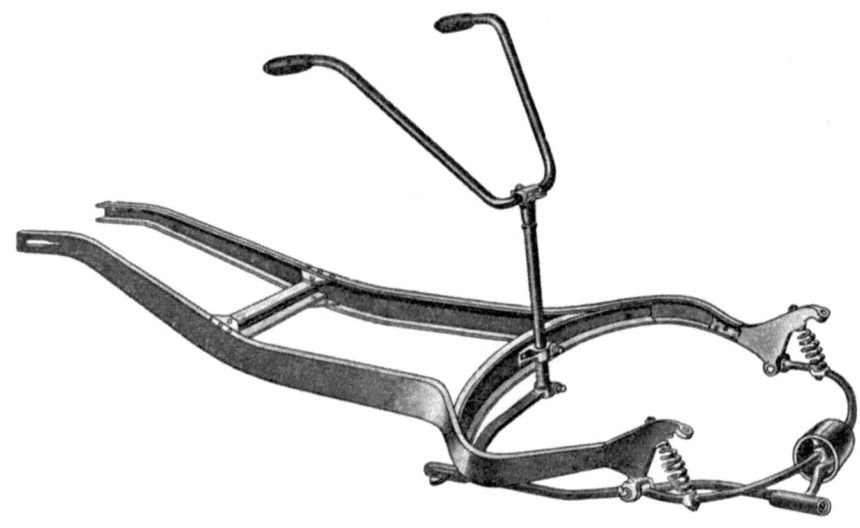

Abb. 58. Kastenrahmen (N e r a c a r)

flachen Enden der Windschutzbleche ruhen. Ein herausnehmbares Bodenblech schützt den Motor und die Ölpumpe gegen Verschmutzung von unten her.

Eine ganz eigenartige Konstruktion stellt der Rahmen des Neracar-Motorrades dar (Abb. 58). Er könnte wohl auch als Kastenrahmen klassifiziert werden, ist jedoch seiner ganzen Formgebung nach einem Automobilchassis viel ähnlicher als irgend einer der sonst vorfindlichen Ausführungsformen von Motorradrahmen. Die Hauptbestandteile bilden zwei U-Träger, die in der Mitte durch zwei Stege, vorne durch einen entsprechend gekrümmten, gleichfalls U-förmig profilierten Querträger versteift sind. An den Vorderenden der Längsträger sind klauenähnliche Formstücke angenietet, in welche gelenkig und mit Zwischenschaltung von Spiralfedern die Vorderradachse eingefügt ist. Die an den Achsträgern ganz vorne sichtbaren freien Öffnungen dienen zur Befestigung der Lampenstützen. Der Motor mit dem Getriebe und den Hilfsteilen wird an den Längsträgern aufgehängt. Der Schwerpunkt des Gesamtsystems kommt hier sehr tief zu liegen, wahrscheinlich verhältnismäßig tiefer als bei irgend einer anderen Konstruktion. Auch die Lenkung ist von dem sonst im Motorradbau allgemein üblichen System ganz verschieden und nähert sich vielmehr, wie aus der Abbildung ersichtlich, der bei Automobilen gebräuchlichen Lenkschenkelkonstruktion. Es ist leicht einzusehen, daß die Eigenart der Rahmenform und der Lenkung sich gegenseitig bedingen. Die Anwendung einer normalen Vorderrad-

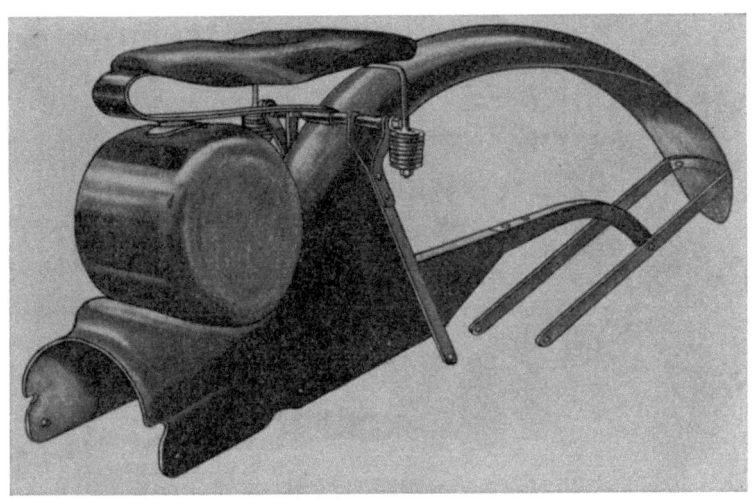

Abb. 59. Rahmenaufsatz mit Benzinbehälter, Sattel, Kotflügel und Kettenschutz (Neracar)

gabel wäre mit dieser Rahmenform eben nicht vereinbar. Der Rahmen wird durch den in Abb. 59 dargestellten Aufsatz ergänzt, der eine Schutzhülle des Triebwerkes bildet, zugleich als Auflager für den Benzinbehälter dient, sich rückwärts in den Kotflügel fortsetzt und unterhalb desselben den Kettenschutz trägt. Vermöge der gewählten Rahmenkonstruktion ist das Neracar-Motorrad ganz besonders stabil und bequem lenkbar. Die Baubreite fällt allerdings ein wenig größer aus, und die gegenseitige Lage von Sattel und Lenkstange bedingt eine etwas aufrechtere Haltung, als dem Motorradfahrer sonst gewohnt, die jedoch an sich durchaus nicht unbequem ist.

Eine von den gewohnten Formen ebenfalls weit abweichende Ausführung zeigt der in Abb. 60 dargestellte Rahmen des Megola-Motorrades. Die Besonderheit seiner Form erklärt sich sofort daraus, daß der

Motor nicht vom Rahmen getragen, sondern als umlaufender Nabenmotor im angetriebenen Vorderrad selbst untergebracht wird. Der Rahmen ist also hier von einer der schwierigsten Aufgaben, die ihm sonst obliegen, befreit und dient im wesentlichen nur noch zur Lagerung der Vorderradgabel und der Hinterradachse. Von der hiedurch bedingten größeren Freiheit in der Wahl der Formen wurde bei dieser Konstruktion recht geschickter Gebrauch gemacht. Der Stahlblechrahmen ist mit dem Kotflügel des Hinterrades, den Beinschützern und den Auflagern für die Fußrasten zu einer durchaus einheitlich wirkenden Gesamtkonstruktion verbunden. Die Lappen L dienen zur Anbringung

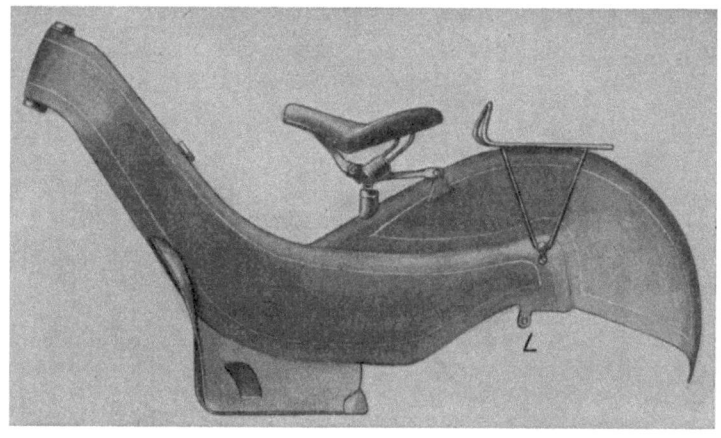

Abb. 60. Kastenrahmen (Megola)

des Hinterradständers. Der Brennstoffbehälter und alle Hilfsapparate, soweit sie nicht im Vorderrad angeordnet sind, liegen vollkommen geschützt und unsichtbar im Rahmenhohlraum, so daß die Stetigkeit der Linie an keiner Stelle gestört wird. Trotz diesen und manchen anderen Vorzügen hat sich das Megolarad — wahrscheinlich wegen seines hohen Preises — auf dem Markte nicht zu halten vermocht.

Die beiden zuletzt besprochenen Ausführungsformen zeigen — als Sonderfälle — besonders eindringlich, wie sehr die Rahmenkonstruktion von den übrigen Konstruktionseinzelheiten und von der Eigenart des Gesamtaufbaues abhängig ist, bzw. abhängig sein soll. Diese Erkenntnis hat sich nunmehr in der Praxis schon zu weitgehender Geltung gebracht und vielfach auch organisch gut durchgebildete formschöne Gestaltungen des Stahlrohrrahmens gezeitigt, der wohl (vermutlich zumeist als geschlossener Rahmen ausgeführt) zunächst noch vorherrschend bleiben wird.

2. Vorderradgabel und Federung

Die Vorderradgabel ergänzt den Rahmen zum Träger der Laufräder. Der Gabelschaft wird in den am Vorderende des Rahmens sitzenden Steuerkopf eingeführt, das untere Gabelende bietet die Lagerung für die Vorderradachse. Hieraus ergibt sich der prinzipielle Aufbau der Vorderradgabel (Abb. 61). Der Querschnitt des Gabelschaftes muß, da dieser im Steuerkopf drehbar zu lagern ist, kreisförmige Begrenzung aufweisen. Der Schaft wird stets als Rohr ausgebildet und mit dem Namen Gabelrohr bezeichnet. Am unteren Teile des Gabelrohres befindet sich eine Verstärkung — Gabelkopf genannt — welche als Anschlag für den Steuerkopf dient und selbstverständlich so anzuordnen ist, daß bei horizontaler Unterstützungsfläche des Motorrades Vorder- und Hinterachse genau in gleiche Höhe kommen. (Dies beruht auf der heute ausnahmslos erfüllten Voraussetzung, daß Vorder- und Hinterrad gleichen Außendurchmesser besitzen.) An dem über den Steuerkopf vorstehenden Teile des Gabelrohres wird mit Benützung entsprechend ausgebildeter Verbindungstücke die Lenkstange befestigt, mittels welcher die Ausschwenkung des Vorderrades bewirkt werden kann. An den unteren

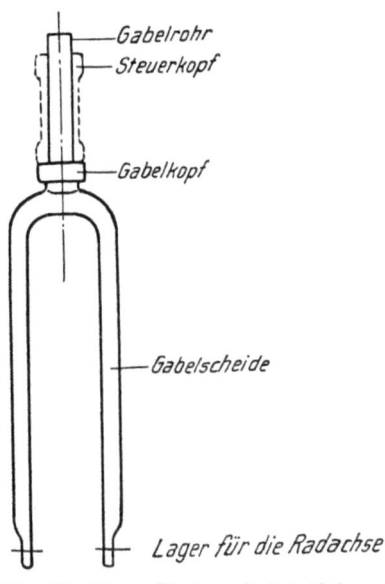

Abb. 61. Starre Vorderradgabel (Schema)

Teil des Gabelkopfes schließen sich die Gabelscheiden, die das Lager für die Vorderradachse aufnehmen.

Bei den ältesten Fahrrad- und Motorradkonstruktionen war der Steuerkopf, daher auch das Gabelrohr vertikal angeordnet, so daß seine Mittellinie senkrecht zur Fahrtrichtung stand. Diese Anordnung ist jedoch verlassen worden, da sie sich aus folgendem Grunde als unzweckmäßig erwies: Die durch Wegunebenheiten auf das Vorderrad einwirkenden Stoßkräfte werden durch den Gabelkopf auf den Steuerkopf und von diesem auf den Rahmen übertragen. Die ungünstigste Beanspruchung tritt hiebei auf, wenn sich eine auf Biegung wirkende, also in der Richtung T (Abb. 62) verlaufende Komponente ergibt. Beziehungsweise: Die Beanspruchung fällt um so ungünstiger aus, je größer die auf Biegung wirkende Kraft T wird. Eine lotrecht gestellte Vorderradgabel würde von Biegungsbeanspruchungen durch Fahrtstöße nur dann freibleiben, wenn diese in vertikaler Richtung wirkten. Das ist jedoch, wie aus der schematischen Darstellung der Abb. 62 anschaulich hervorgeht, in Wirklichkeit niemals der Fall. Die Stoßkraft S schließt vielmehr mit der Vertikalen einen Winkel α ein, ergibt demgemäß eine Normalkomponente N und eine auf Biegung wirkende Tangentialkomponente T. Würde dagegen die Vorderradgabel selbst unter dem Winkel α gegen die Vertikale geneigt sein, so hätte sie in dem durch Abb. 62 veranschaulichten Fall keine Biegungsbeanspruchung aufzunehmen. Es hat sich rein erfahrungsgemäß erwiesen, daß unter normalen Durchschnittsverhältnissen die weitestgehende Vermeidung von Biegungsbeanspruchungen der Vorderradgabel erzielt wird, indem man sie unter einem Winkel von rund 22 Grad gegen die Vertikale rückwärts geneigt anordnet. Die im vorangegangenen Abschnitt enthaltenen Rahmenabbildungen lassen erkennen, daß demgemäß der Steuerkopf die gleiche Schräglage aufweist.

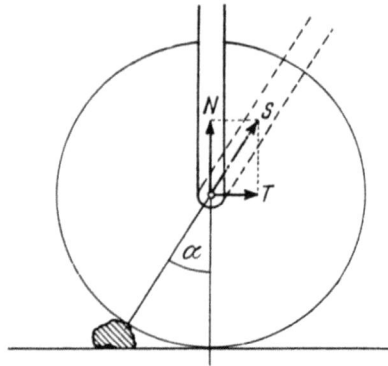

Abb. 62. Stoßwirkung auf die Vorderradgabel

Es leuchtet ein, daß eine völlige Entlastung der Gabel, bzw. des Steuerkopfes von Biegungsbeanspruchungen niemals erreicht werden kann, da ja die Fahrtstöße unter verschiedenen Winkeln wirksam werden. Die Neigung von 22⁰ ergibt bloß günstigste Durchschnittsverhältnisse. Überdies machen sich beim Auftreffen des Rades auf Fahrthindernisse nicht nur Stoßkräfte innerhalb der Spurmittelebene oder parallel zu dieser Ebene, sondern auch senkrecht zu ihr geltend. Diese seitlichen Stoßkräfte führen unter allen Umständen Biegungsbeanspruchungen herbei.

Mit Rücksicht auf die sehr schweren Beanspruchungen, denen die Vorderradgabel standzuhalten hat, muß sie äußerst sorgfältig und sehr kräftig konstruiert werden, weil Gabelbrüche zu den verhängnisvollsten Stürzen führen. Wollte man an der durch Abb. 61 skizzierten Grundform festhalten, so würde man durch die notwendige Verstärkung schon bei leichteren Rädern auf plump wirkende, bei schwereren auf praktisch unmögliche Dimensionierungen kommen. Man muß daher einen etwas anderen Weg einschlagen. In den meisten Fällen wird die Verstärkung

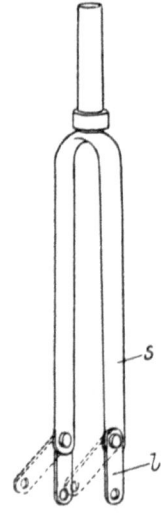

Abb. 63. Gelenkige Vorderradgabel (Schema)

Vorderradgabel und Federung

dadurch bewirkt, daß die Gabel als Doppelgabel ausgeführt ist, indem man an jeder Seite zwei Gabelscheiden anordnet. Der den Gabelkopf tragende Teil heißt Hauptgabel, der andere Hilfsgabel. Wenn nun aber auch die Gabel entsprechend verstärkt wird, kann man, solange sie einerseits mit der Vorderradachse, anderseits mit dem Steuerkopf starr verbunden ist, nicht verhindern, daß alle Fahrtstöße ungeschwächt — von der elastischen Wirkung des Luftreifens abgesehen — auf den Rahmen und somit auch auf die von ihm getragenen Triebwerksteile übergeleitet werden. Dies würde zu unzulässigen Beanspruchungen führen. Um diese zu vermeiden, muß eine gelenkige Verbindung zwischen Radachse und Gabelkopf in geeigneter Weise eingeschaltet werden. Am einfachsten könnte das in der durch Abb. 63 angedeuteten Weise geschehen, indem man an die Gabelscheiden s drehbare Laschen l hängt, deren freie Enden die Vorderradachse aufzunehmen haben. Eine solche Anordnung wäre aber schon aus folgendem Grunde unbrauchbar: Würde beispielsweise das Vorderrad durch einen Fahrtstoß rückwärts gehoben und dadurch die gestrichelt gezeichnete Lage der Traglaschen herbeigeführt werden, so könnte es geschehen, daß das Vorderrad auch nach Überfahren des Hindernisses in der verschobenen Lage verbleibt, was eine dauernde Schiefstellung des ganzen Fahrzeuges zur Folge hätte. Es muß also, wenn dem Vorderrad die Möglichkeit des Ausweichens aus seiner Normallage gegeben wird, auch Vorsorge dafür getroffen werden, daß es nach Überwindung des Hindernisses in seine richtige Lage selbsttätig zurückgeführt werde. Dies

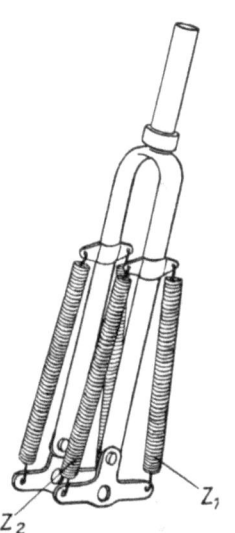

Abb. 64. Gefederte Vorderradgabel (Schema)

könnte beispielsweise durch die in Abb. 64 schematisch dargestellte Konstruktion erreicht werden. Die gelenkig an den Gabelscheiden angeordneten Laschen, die unten in der Mitte die Vorderradachse aufnehmen, sind als zweiarmige Hebel ausgebildet. Zwischen den Hebelenden und der zugehörigen Gabelscheide sind entsprechend dimensionierte Zugfedern Z_1 und Z_2 angeordnet. Wird das Rad vorwärts gehoben, so wird Z_1, wird es rückwärts gehoben, Z_2 gespannt. In jedem Falle wird das Rad nach Überfahren des Hindernisses durch die Wirkung der Federn in seine richtige Lage zurückgeführt. Hiebei ergibt sich die äußerst erwünschte Nebenwirkung, daß der Fahrtstoß, bzw. die durch ihn ausgelöste Lagenänderung des Vorderrades zunächst elastische Organe — eben die Federn — beansprucht. Durch die Federelastizität kann zumindest ein beträchtlicher Teil der Stoßkraft aufgefangen werden. Allerdings würde, falls die Zugfeder vollkommen elastisch wäre, durch ihr der Dehnung folgendes Zusammenschnellen ein Rückstoß von gleicher Größe und entgegengesetzter Richtung eintreten. Jedoch gestatten es zumeist die Bodenverhältnisse nicht, daß die Feder augenblicklich in ihre Gleichgewichtslage zurückkehre, auch kann durch Anordnung von Stoßdämpfern oder Gegenfedern der Federnrückstoß gebremst werden.

Eine Ausführung nach Abb. 64 würde für praktische Zwecke nicht entsprechend sein, schon darum, weil die notwendige Verstärkung der Vorderradgabel hiebei außer acht gelassen erscheint, aber auch aus anderen Konstruktionsgründen. Aus den vorstehenden Ausführungen soll in allererster Linie die zumeist nicht hinreichend klar erkannte Tatsache hervorgehen, daß die Federn **zwei unabhängige und gänzlich voneinander verschiedene Funktionen zu erfüllen haben. Es obliegt ihnen nicht nur, den Stoß, der sich trotz dem Ausweichen des Vorderrades unvermeidlich geltend macht, aufzunehmen, sondern auch die mit dem Rahmen irgendwie gelenkig verbundene Radachse nach Überwindung des Hindernisses in die Normalstellung zurückzuführen.**

Als elastische Organe werden gegenwärtig ausschließlich Stahlfedern, und zwar sowohl in der Form von Blattfedern, wie von Schraubenfedern, diese zumeist kreisrunden Querschnittes und zylindrisch gewickelt, verwendet. Doch finden sich zuweilen auch konische und spindelförmige Schraubenfedern und solche rechteckigen Drahtquerschnittes vor. Es wäre sehr verlockend, mit Luftfederung zu arbeiten, denn grundsätzlich könnte hiebei die vollkommenste und stetigste elastische Wirkung erzielt werden. Es hat auch nicht an vielfachen Bemühungen in dieser Richtung gefehlt, doch blieben sie bisher ohne praktisch brauchbares Ergebnis, da es noch nicht gelang, die Schwierigkeiten der Abdichtung (zumal bedeutende Pressungen angewendet werden müßten), der Temperaturabhängigkeit und des verhältnismäßig großen Raumbedarfes zu überwinden.

Die gelenkige Aufhängung der Vorderradachse kann so durchgeführt werden, daß dem Vorderrad entweder ein Ausweichen vorwärts oder rückwärts, allenfalls auch vor- und rückwärts möglich ist. Die letztgenannte Anordnung wäre grundsätzlich die vollkommenste, doch führt sie insbesondere bei Anwendung von Schraubenfedern zu verhältnismäßig komplizierten Konstruktionen. Man begnügt sich daher zumeist damit, dem Vorderrade Beweglichkeit nur in einer der beiden Richtungen zu gestatten und entscheidet sich mit Vorliebe für die Freiheit des Ausweichens vorwärts. Beide Anordnungen haben ihre Vor- und Nachteile. Fast jeder Fahrtstoß ergibt eine Komponente entgegen der Fahrtrichtung, also eine Kraft, die das Vorderrad rückwärts zu drücken sucht. Von diesem Gesichtspunkt aus erschiene es als das Natürlichste, dem Rade die Möglichkeit eines Ausweichens rückwärts zu geben. Bei dieser Anordnung kann jedoch der Federrückschlag, unterstützt von der durch das angetriebene Hinterrad übertragenen Schubkraft, gewissermaßen ein Scharren des Vorderrades am Boden (das sogenannte „Radieren") herbeiführen. Bei Vorwärtsausweichen des Rades wird sich diese Erscheinung seltener und in geringerem Maße zeigen, dagegen mancher Fahrtstoß härter fühlbar werden. Praktisch genommen, ist die Frage von keiner allzu großen Bedeutung, und die beiden Anordnungen können wohl als gleichwertig betrachtet werden.

Obwohl jede Feder bis zu einem gewissen Grade ihre Dämpfung schon in sich trägt und obwohl die Bodenverhältnisse es in den meisten Verhältnissen unmöglich machen, daß das angehobene Vorderrad nach Passieren des Hindernisses von der zurückschnellenden Feder mit voller Kraft gegen die Fahrbahn gewissermaßen abgeschossen werde, ist es doch zumindest bei schwereren Rädern unbedingt empfehlenswert, den Federrückstoß durch speziell hiefür vorzusehende Organe abzubremsen. Es handelt sich hiebei um Einrichtungen, welche verhindern, daß die Feder, die durch den Stoß in sehr kurzer Zeit gespannt wurde, nach Überwindung des Hindernisses ebenso rasch sich entspanne. Dies würde zu einem sehr harten Aufschlagen des Rades, allenfalls auch zu seinem neuerlichen Zurückschnellen, also

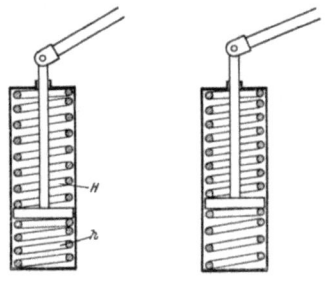

Abb. 65. Hauptfeder und Gegenfeder

zu einem Hüpfen und damit zu unruhiger, unsicherer Fahrt führen. Es ist also Vorsorge dafür zu treffen, daß die Feder nach oder allenfalls auch während der Aufnahme des Stoßes gebremst werde. Dies kann entweder durch Gegenfedern oder durch Stoßdämpfer bewirkt werden. Das Wesen der Gegenfeder besteht darin, daß der Hauptfeder eine unter entsprechender Spannung eingesetzte Hilfsfeder ständig entgegenwirkt. Ist beispielsweise die Hauptfeder H (Abb. 65) eine Druckfeder, so gibt sie bei ihrer durch den Stoß erfolgenden Zusammendrückung der Hilfsfeder h, die gleichfalls eine Druckfeder sei, die Ausdehnung frei. Die Hilfsfeder wirkt wie der Stoß selbst auf Zusammendrückung der Hauptfeder, unterstützt also die elastische Aufnahme des Stoßes. Beim Rückgange hingegen hat die Hauptfeder den Widerstand der Hilfsfeder zu überwinden, wodurch eine Dämpfung erzielt wird. Selbstverständlich muß die Einstellung derart vorgenommen werden, daß bei Normallage des Vorderrades (das ist jene, die gleiche Höhenlage der Vorder- und Hinterachse ergibt) die Drücke der Haupt- und der Hilfsfeder einander genau das Gleichgewicht halten. Die an Stelle von Gegenfedern vielfach verwendeten Stoßdämpfer beruhen auf Bremswirkung durch

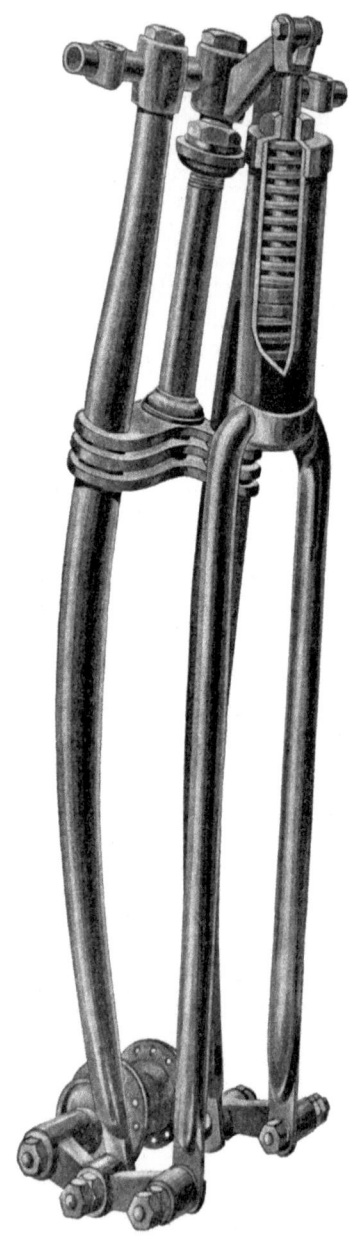

Abb. 66. Vorderradgabel mit Spiralfederung und Gegenfederung

gleitende Reibung. Das Wesen ihrer Funktion besteht darin, daß zwangläufig zugleich mit dem Federspiel zwei unter starkem Druck sich berührende Scheiben gegeneinander verdreht werden. Die hiebei auftretende gleitende Reibung muß sowohl bei der durch den Stoß bewirkten Spannung als auch bei der darauf folgenden Entspannung der Feder überwunden werden, wirkt also — zum Unterschiede von der Gegenfeder — in beiden Richtungen bremsend. Trotzdem ist die zuweilen aufgestellte und selbst in der Fachliteratur vorfindliche Behauptung nicht ganz richtig, daß die Wirkung des Stoßdämpfers keine andere sei als jene, die auch eintreten würde, wenn man von vorneherein eine entsprechend härtere Feder verwendete. Die Feder für sich betrachtet verhält sich allerdings infolge des im Stoßdämpfer erzeugten zusätzlichen Reibungswiderstandes ebenso wie eine entsprechend härtere Feder ohne Stoßdämpfer. Dagegen wird durch den Dämpfer sowohl ein Teil der Stoßwucht als ein Teil der Rückschlagwucht in Reibungsarbeit verwandelt, also vernichtet, Wirkungen, die durch Verwendung einer härteren Feder nie erzielt werden könnten. Häufig ist auch die Einrichtung getroffen, daß sich der Druck, mit dem die Stoßdämpferscheiben aufeinandersitzen, durch Verstellung einer Schraube regulieren läßt, so daß man es in der Hand hat, je nach der fallweise gegebenen Straßenbeschaffenheit eine stärkere oder minder starke Federbremsung anzuwenden. Anstatt der Reibungs-Stoßdämpfer kann man auch pneumatische Federbremsen verwenden, deren Wirkung auf dem Widerstande beruht, den eine Luftsäule der

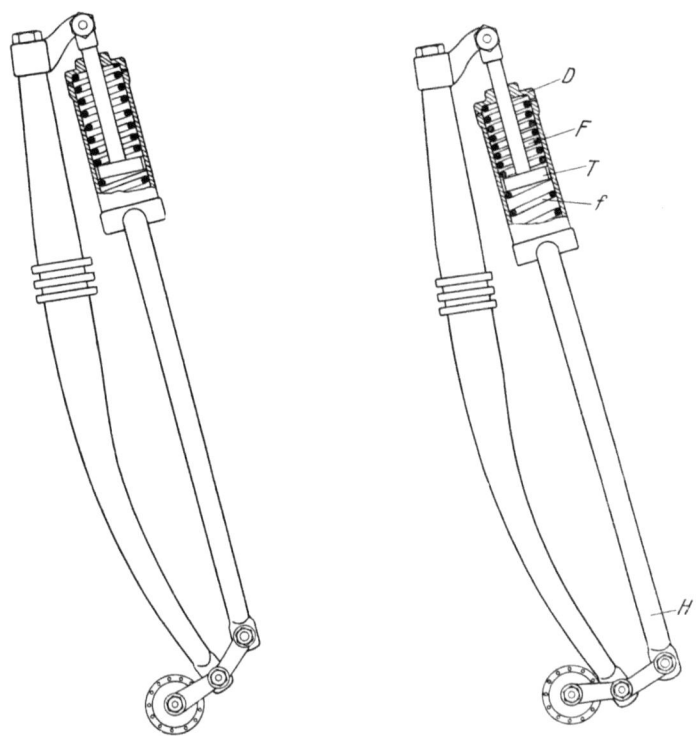

Abb. 67. Henderson Federung (Schema I) Abb. 68. Henderson Federung (Schema II)

Zusammendrückung durch einen Kolben oder dem Durchpressen durch einen Kanal sehr engen Querschnittes entgegensetzt. Im Automobilbau sind derartige Vorrichtungen stark verbreitet, für das Motorrad werden sie jedoch nur selten angewendet.

Eine außerordentlich stabile, dabei elegante Vordergabelkonstruktion zeigt Abb. 66 (Henderson). Die Hauptgabelscheiden, durch angeschweißte Platten gegeneinander versteift, reichen in der Höhe noch über den Gabelkopf hinaus, der zwischen ihnen auf der oberen Verbindungsplatte sitzt. Auf die oberen Enden der Gabelscheiden und des

Gabelrohres kommt ein gemeinsames, durch Verschraubungen fixiertes Verbindungsstück, dessen freie Seitenenden die Lenkstangenrohre aufnehmen, während das Mittelstück einen Arm trägt, der mit der Federstoßstange gelenkig verbunden ist. Die Hilfsgabel ist im oberen Teil als ein Zylinder ausgebildet, der Feder und Gegenfeder aufnimmt, die unteren Enden der Hilfsgabelscheiden sind durch Hebel gelenkig mit den Hauptgabelscheiden verbunden. Die Hinterenden dieser Hebel tragen die Vorderradachse. Die Wirkung der Federung geht aus den schematischen Zeichnungen der Abb. 67 und 68 hervor. Abb. 67 stellt die Normallage dar. Es ist ersichtlich, daß bei dieser Konstruktion vorwiegend ein Ausweichen des Rades rückwärts in Betracht gezogen ist. Wird das Rad rückwärts angehoben, so bewegt sich gleichzeitig durch die Hebelwirkung die Hilfsgabelscheide H abwärts, wodurch die Hauptfeder F zwischen dem Zylinderdeckel D und dem Federteller T zusammengedrückt wird. Gleichzeitig dehnt sich die nun entlastete Hilfsfeder f aus und setzt daher dem nachfolgenden Zurückschnellen der Hauptfeder einen dämpfenden Widerstand entgegen. In geringem Maße wäre jedoch auch ein Ausweichen des Rades vorwärts möglich, in diesem Falle würde die untere Feder f den Stoß auffangen, während die obere Feder F die Funktion der dämpfenden Hilfsfeder zu übernehmen hätte.

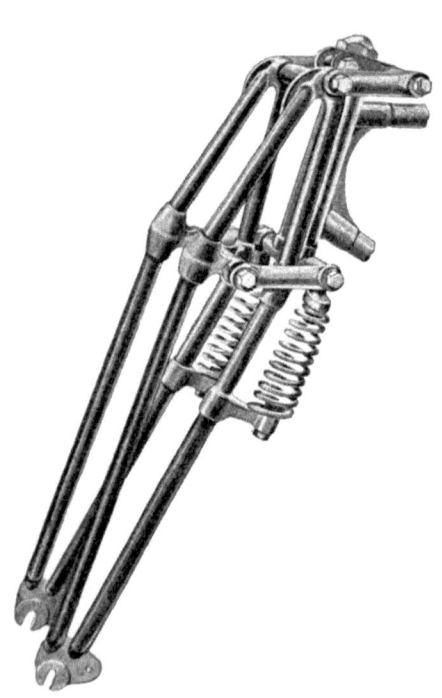

Abb. 69. Vorderradgabel (Saxon).

Besonders bemerkenswert ist bei dieser Konstruktion die trotz der sehr kräftigen Ausführung formschön gehaltene, fast zierlich anmutende Linienführung, die vollständige Einkapselung der Federungsorgane und die äußerst solide Verbindung der Lenkstange mit der Gabel. Eine andere, gleichfalls recht gut durchkonstruierte Vorderradgabel (Saxon) ist in Abb. 69 veranschaulicht. Hier weicht das Vorderrad vorwärts aus, der Stoß wird durch die freiliegenden, konisch ausgebildeten Druckfedern aufgenommen. Eine Gegenfederung ist bei dieser Konstruktion nicht vorgesehen. Haupt- und Hilfsgabel sind hier zu einem starren System verbunden, während der Gabelkopf und Gabelrohr einen

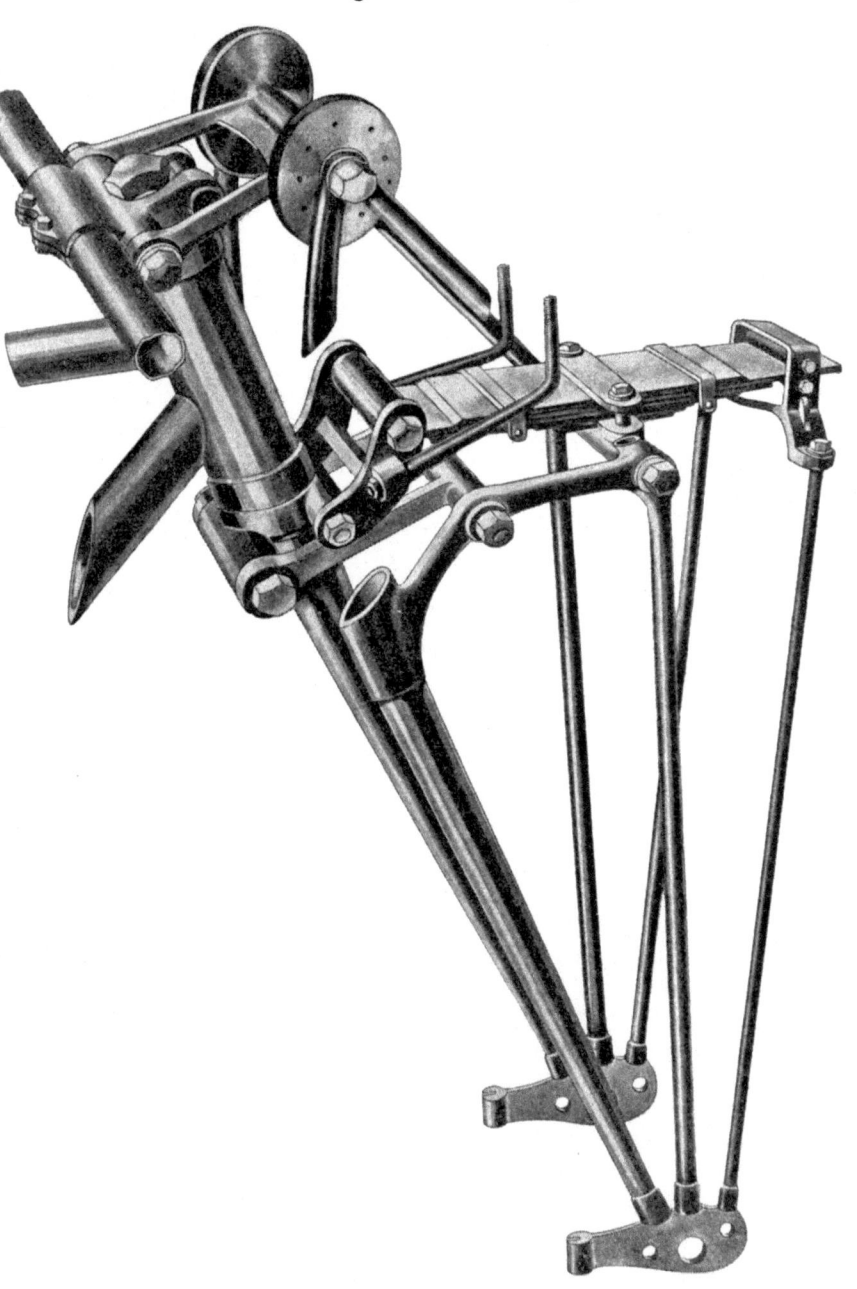

Abb. 70. Vorderradgabel mit Blattfederung (Montgomery)

gesonderten Teil für sich bilden und durch je zwei parallel geführte Hebel gelenkig mit der Gabel verbunden sind. Dies ist eine sehr häufig angewendete Bauart, die selbstverständlich in ihren Details und der gesamten Ausführungsform sehr mannigfache Abänderungen zuläßt. Alle Gelenkbolzenlager sind mit Schmiervorrichtungen (Staufferbüchsen) versehen, die jedoch der größeren Deutlichkeit halber in der Abbildung weggelassen wurden.

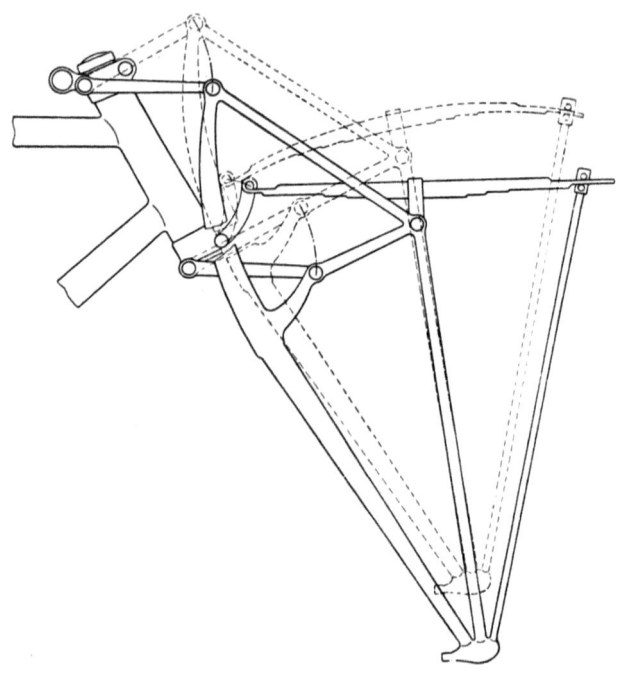

Abb. 71. Blattfederung (Montgomery) Schema

Eine Gabel mit Blattfederung (Montgomery) zeigt Abb. 70. Auch hier sind Haupt- und Hilfsgabel zu einem starren Stück vereinigt und mit dem Gabelkopfe gelenkig verbunden. (In der Abbildung erscheinen die Oberteile der vorne liegenden Gabelscheiden herausgebrochen, um die dahinterliegenden Teile deutlich erkennbar zu machen.) Das Vorderende der Blattfeder liegt beweglich zwischen zwei Rollen, die drehbar in einer mit der Gabel starr verbundenen Stütze gelagert sind. Das Hinterende der Feder ist um einen Bolzen gewickelt, der in zwei mit dem Gabelkopf gelenkig verbundenen Laschen seine Lagerung findet. Diese Laschen dienen gleichzeitig zur Befestigung der Scheinwerferträger. Die Federwirkung ist aus der schematischen Darstellung der

Vorderradgabel und Federung 97

Abb. 71 ersichtlich. Das Rad weicht vorwärts aus, wodurch die Feder gespannt wird. (Der Hub ist in Abb. 71, um größere Deutlichkeit zu erzielen, übertrieben dargestellt.) An den oberen Knotenpunkten der Gabelscheiden sind, wie aus Abb. 70 ersichtlich, Stoßdämpfer ange-

Abb. 72. Vorderradgabel mit Blattfederung (B M W)

bracht. Am äußeren Ende des Gabelrohres ist ein Formstück befestigt, welches das Lager für das obere Gelenk der Gabel enthält und sich rückwärts in eine Schelle fortsetzt, in welche die Lenkstange eingeklemmt wird. Eine zweite Vorderradgabel mit Blattfederung zeigt Abb. 72 (BMW). Diese Konstruktion zeichnet sich durch besondere Einfachheit, Übersichtlichkeit und gefällige Linienführung aus. Auf die Verdoppelung der Gabelscheiden in der sonst zumeist angewendeten

Meitner, Motorrad 7

Form wurde hier verzichtet. Die sehr kräftig gehaltenen Gabelscheiden sind durch zwei Querstege versteift, deren unterer zugleich das Hinterende der Blattfeder trägt. Das Vorderende der Feder wird von einem Bolzen gehalten, der in einer mit der Gabel gelenkig verbundenen, U-förmig gestalteten Stütze gelagert ist.

Auf eine Abfederung des Hinterrades wird fast ausnahmslos verzichtet, nicht so sehr aus den oft geltend gemachten Gründen der Verteuerung und Gewichtserhöhung, als vielmehr wegen der sehr erheblichen konstruktiven Schwierigkeiten. Es ist an diesem Problem viel gearbeitet, doch bisher seine wirklich völlig befriedigende Lösung

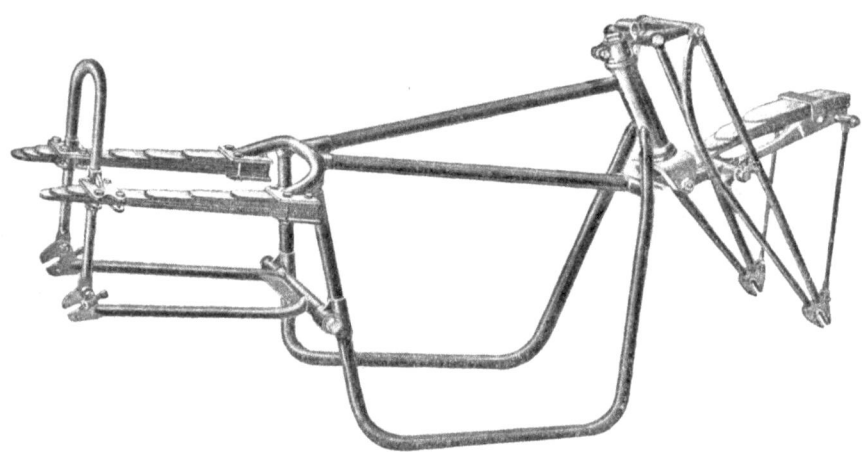

Abb. 73. Stahlrohrrahmen mit Blattfederung für Vorder- und Hinterachse

nicht gefunden worden. Auch hat es sich gezeigt, daß die Fahreigenschaften durch die Abfederung des Hinterrahmens unter Umständen sogar verschlechtert werden, da in vielen Fällen das Fahrzeug die Straße minder gut hielt und leichter ins Schleudern kam, als es bei starrem Hinterrahmen der Fall war. Die Praxis hat zumindest erwiesen, daß selbst für schwerste und schnellste Maschinen die Hinterradabfederung keine unabweisliche Notwendigkeit ist. Vollends gilt dies für den immer häufiger zutreffenden Fall, daß die Räder mit Ballonreifen ausgerüstet werden. Auf die wachsende Anwendung der Ballonreifen dürfte es wohl auch zurückzuführen sein, daß einige Fabriken, die ungeachtet aller Schwierigkeiten und Bedenken jahrelang an der Hinterachsabfederung festgehalten hatten, sie in jüngster Zeit doch vollständig aufgegeben haben. Das Beispiel einer Rahmenkonstruktion mit Hinterachsabfederung zeigt Abb. 73. Der Hinterrahmen hängt unten gelenkig am Vorderrahmen, oben ist er mit ihm durch zwei parallel liegende Blattfedern verbunden. Auch diese Konstruktion, grundsätzlich vielleicht eine der besten bisher gefundenen Lösungen, gehört bereits der Vergangenheit an. Die neuen Typen des gleichen Erzeugnisses werden nur noch mit starrem Hinterrahmen ausgeführt.

3. Räder, Bereifung, Naben, Achsen

Die Räder werden zumeist mit Drahtspeichen versehen. Das Wesentliche dieser Konstruktion liegt darin, daß der Radkörper in sich nicht starr, sondern die Versteifung zwischen Nabe und Felge durch Verspannung mit Stahldrähten, also nur auf Zug beanspruchbaren Organen, hergestellt ist. Die Mittellinien der Drahtspeichen liegen nicht in einer Ebene, sondern bilden zwei zur Spurmittelebene annähernd symmetrisch liegende Kegelflächen. Diese Anordnung wird dadurch erreicht, daß die Nabe zwei mit Löchern für die Speichenbefestigung versehene Kränze trägt. An der Felge werden die Speichen mittels Nippel befestigt, und zwar ebenfalls nicht in der Mittelebene, sondern gleichmäßig rechts und links von ihr verteilt (Abb. 74 und 75). Durch diese Anordnung entstehen zwei deutlich voneinander getrennte Speichengruppen, zu beiden Seiten der Spurmittelebene liegend. Hieraus leitet sich die zuweilen gebrauchte, jedoch etwas unglücklich gewählte Bezeichnung „Zweispeichenrad" her. Die Speichen verlaufen nicht radial zum Radmittelpunkte, sondern tangential zu den Lochkreisen der Nabenkränze. Die Felge wird ausnahmslos aus gepreßtem Stahlblech mit C-förmigem Querschnitt hergestellt.

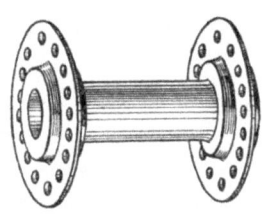

Abb. 74. Nabe für Speichenrad (Schema)

Außer den Speichenrädern kommen für das Motorrad noch Scheibenräder in Betracht. Bei diesen wird der eigentliche Radkörper aus Stahlblechscheiben gebildet, und zwar entweder so, daß die Scheiben, am Außenrande entsprechend aufgebogen, schon das Felgenprofil ergeben oder daß man sie mit einer Felge verbindet, die als selbständiges Stück vom gleichen Querschnitte wie bei der Anwendung von Speichenrädern ausgebildet wird. Scheibenräder bieten die Vorteile leichter Reinigung und des Entfallens der Speichennachspannung. Speichenräder ergeben jedoch, zumindest für leichtere Maschinen, bei denen man mit Speichenstärken von zirka 2 mm das Auslangen findet, geringeres Ge-

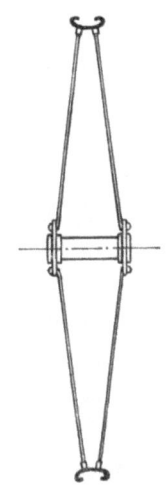

Abb. 75. Nabe mit Felge und Speichen (Schema)

wicht als Scheibenräder und verleihen auch dem Fahrzeug ein rassigeres Aussehen. Schließlich haben sie im Gegensatz zu Scheibenrädern den Vorteil, seitlichem Winde nur eine geringe Angriffsfläche zu bieten. Sie stehen in weit überwiegender Anwendung.

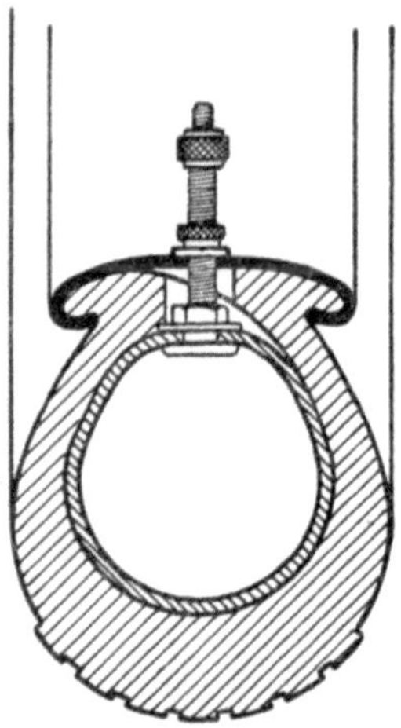

In die Felge wird der Pneumatikmantel eingesetzt, dessen Wulstflächen sich gegen die aufgebogenen Felgenränder abstützen, wodurch der Mantel nach rechts und links hin seitlichen Halt findet. Der Mantel umschließt den eigentlichen Luftreifen, einen ringförmig in sich selbst zurückkehrenden Gummischlauch, der mit komprimierter Luft gefüllt wird. Das Einpumpen der Luft erfolgt mittels eines durch eine entsprechende Öffnung der Felge vorstehenden Rückschlagventiles (Abb. 76). Gewöhnlich versteht man unter Pneumatik oder Luftreifen nicht bloß den innenliegenden, mit Preßluft gefüllten Schlauch, sondern diesen in Verbindung mit dem Mantel, der die Lauffläche des Rades bildet. Der Luftreifen

Abb. 76. Felge mit Laufmantel, Luftreifen und Ventil

hat die geradezu unschätzbare Eigenschaft, kleinere Stöße vollständig, größere wenigstens teilweise unmittelbar an der Aufnahmsstelle zu vernichten. Überrollt der Luftreifen ein kleineres Hindernis, so wird hiedurch zum Unterschiede von einem starren Reifen kein Heben des Rades bedingt, vielmehr kann ein weitgehendes Anschmiegen der Lauffläche an das Hindernis erfolgen (Abb. 77). Die hiedurch hervorgerufene Erhöhung des Luftdruckes im Luftreifen verteilt sich sofort über dessen ganzen Innenraum, so daß kein hartes Zurückschlagen, sondern eine allmähliche, stoßfrei nach außen wirkende Wiederherstellung des Gleichgewichtes erfolgt. Auf diesem Vorgange beruht das sogenannte „Einschlucken" kleinerer Hindernisse. („Le pneu boit l'obstacle.")

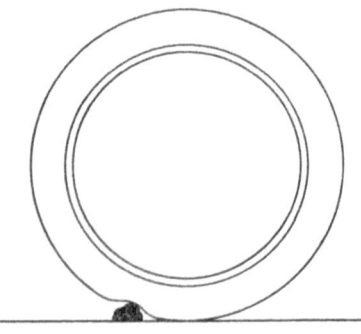

Abb. 77. Wirkung des Luftreifens (Schema)

Je stärker der Luftdruck im Reifeninnern ist, je härter also der Reifen aufgepumpt ist, desto mehr nähert sich naturgemäß sein Verhalten dem eines starren Reifens. Innerhalb gewisser Grenzen ergibt stärkeres Aufpumpen einerseits härtere Fahrt, anderseits geringere Beanspruchung der Bereifung. Dies gilt, wie erwähnt, nur innerhalb gewisser, und zwar ziemlich enger Grenzen. Wird der Druck zu groß, so erfolgt ungünstige Beanspruchung nicht nur durch ihn selbst, sondern auch durch die nun sehr hart wirkenden Stöße; wird der Druck zu klein, so ergibt sich gewissermaßen ein Zerreiben oder Zerschneiden des Luftreifens zwischen Felge und Fahrbahn. Allgemeine Regeln über das richtige Maß des Druckes im Luftreifen können nicht aufgestellt werden, da er von der Belastung und der Bauart der Maschine, von der Reifenkonstruktion, der Straßenbeschaffenheit, einigermaßen auch von der Außentemperatur abhängt. Am besten wird man immer fahren, wenn man sich möglichst genau an die Angaben der Reifenfabriken hält.

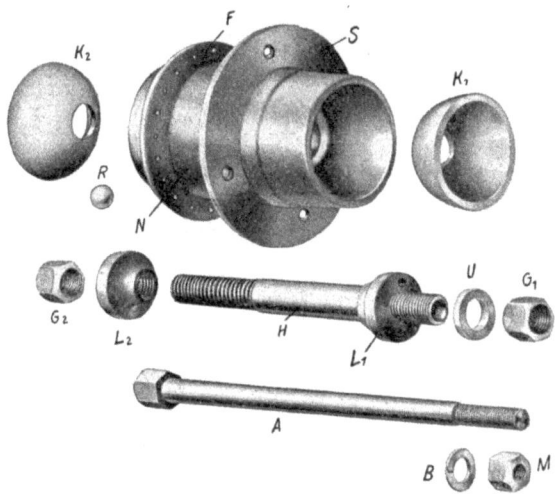

Abb. 78. Einzelteile einer als Ausfallnabe mit Steckachse ausgebildeten Vorderradnabe (Scott)

In den letzten Jahren haben die sogenannten Ballonreifen nicht nur im Automobil-, sondern auch im Motorradwesen sehr ausgedehnte Anwendung gefunden. Mag bei ihrer raschen Verbreitung die Mode mitgespielt haben, so kann doch nicht bezweifelt werden, daß sie auch in rein praktischer Beziehung gute Ergebnisse lieferten. Dies dürfte für das Motorrad sogar noch in höherem Maße zutreffen als für den Kraftwagen, weil jenes der Gefahr des Schleuderns mehr unterliegt und ein verhältnismäßig viel größeres unabgefedertes Gewicht besitzt als dieser. Das Wesen des Ballonreifens besteht darin, daß er im Vergleiche zum normalen Reifen eine sehr breite Lauffläche und geringen Innendruck — gewöhnlich zirka 1½ bis höchstens 2 Atmosphären — besitzt. Der geringere Innendruck ergibt ein weiches Fahren, insbesondere können auch seitliche Stöße besser aufgenommen werden, da der Reifen in sich größere Beweglichkeit hat und seitlich ausweichen kann. Zugleich wirkt die breitere Lauffläche der Neigung zum Schleudern entgegen. Um die Gefahr des Schleuderns zu vermindern, wird die Außenfläche des Mantels nicht glatt ausgeführt, sondern mit Riefen versehen. Diese werden in verschiedener Anordnung ausgeführt und ergeben die für die einzelnen Fabrikate charakteristischen Pneumatikmuster. Eigene Gleitschutzdecken sind für Zwecke des Motorrades wenig üblich.

Die Naben der Laufräder werden zur Verminderung des Rollwiderstandes stets mit Kugellagerung ausgeführt. Die Anordnung wird unter Benützung sogenannter Steckachsen zumeist in der Weise getroffen, daß nach Lösung einer Schraube und Herausziehens eines Bolzens das Rad samt seiner Nabe frei wird und sich ohneweiters aus der Gabel entfernen läßt.

Das Beispiel einer derartigen Naben- und Achsenkonstruktion zeigt Abb. 78 (Vorderradnabe Scott). Den eigentlichen Nabenkörper bildet N. Er ist aus einem Stück mit dem Flansch F, in dessen Löchern die Innenenden der einen Speichengruppe befestigt werden, während ein zweiter ähnlich gestalteter, jedoch größerer Speichenflansch (der zugleich die Bremstrommel aufnimmt, siehe auch Zusammenstellungszeichnung Abb. 191) durch Verschraubung mit der Scheibe S verbunden wird. An beiden Enden ist der Nabenkörper halbkugelig ausgenommen. In diese Ausnehmungen passen die Kugelschalen K_1 und K_2, zwischen deren Innenflächen einerseits und den Laufflächen der Gegenstützen L_1 und L_2 anderseits die Kugeln R in entsprechender Anzahl angeordnet werden. Durch die kugelige Ausbildung der Nabenenden und der in sie passenden Außenflächen von K_1 und K_2 wird eine gewisse Einstellbarkeit der Nabe gegen ihre Achse und damit die Möglichkeit des Ausgleiches kleiner Montageungenauigkeiten erzielt. Die Montage geht in folgender Weise vor sich: Die Nabe, die mit der Felge durch die Speichen bereits verbunden sei, wird (auf die Achsrichtung bezogen) vertikal gestellt und die Kugelschale K_1 in die entsprechende Ausnehmung eingesetzt. Nun wird in den Hohlraum von K_1 die erforderliche Anzahl von Rollkugeln R kreisförmig angeordnet eingelegt, sodann die Hohlachse H, auf welche das Stück L_1 in ungefähr richtiger Stellung schon aufgeschraubt sei, durchgeschoben. Hierauf wird unter Festhaltung der Hohlachse H die Nabe um 180° gedreht, die Kugelschale K_2 eingesetzt, in ihren Hohlraum die entsprechende Zahl von Rollkugeln R eingefüllt und das Stück L_2 auf das vorstehende Ende der Hohlachse H geschraubt. Kleine Änderungen der gegenseitigen Stellung von L_1 und L_2 können nun leicht vorgenommen werden. Die richtige Stellung ist erreicht, wenn keine achsiale Verschiebung der Hohlachse mehr möglich ist, aber auch keine Klemmung der Rollkugeln stattfindet, diese vielmehr ganz leicht auf ihren Bahnen laufen. Ist diese Stellung gefunden, so werden L_1 und L_2 durch die Gegenmuttern G_1 und G_2 auf der Hohlachse gesichert. Damit sind Achse, Kugellagerung,

Nabe und Rad zu einem festen Ganzen verbunden. Um das Rad in die Gabel einzubauen, wird die Nabe so zwischen die Gabelenden geschoben, daß ihre Mittellinie mit jener der Gabellöcher in gleicher Höhe liegt, hierauf die Achse A, die genau in die Bohrung von H paßt, von außen durchgesteckt und unter Beilage der federnden Scheibe B auf der anderen Seite mit der Mutter M festgezogen. Die Achse A darf weder achsiales Spiel, noch die Möglichkeit einer Höhenverstellung, noch Drehbarkeit haben. Will man das Rad demontieren, so muß nur die Mutter M gelöst und die Achse A entfernt werden, worauf das Rad samt der Nabe zwischen den Gabelscheiden herausgezogen werden kann. Ist jedoch, wie bei der gezeigten Konstruktion tatsächlich der Fall, die Nabe mit der Bremstrommel zusammengebaut (siehe Abb. 191), so muß zur Demontage des Rades noch das Bremsgestänge gelöst werden. Die Unterlagsscheibe U dient zur Abdichtung des Bremsgehäuses. Eine dem Grundsatze nach ähnliche, in der Anordnung aber etwas abweichende Konstruktion einer Ausfallachse zeigt Abb. 192, die im Zusammenhange mit dem Gelenkwellenantrieb ihre Erläuterung findet.

Die Kugellagerfabriken liefern vollkommen montagefertige Naben, die nur mit den Felgen entsprechend zu verbinden sind, worauf das Rad

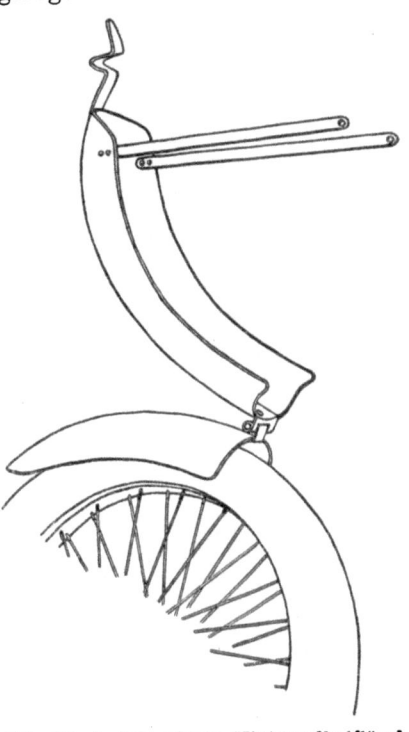

Abb. 79. Aufklappbarer Hinterradkotflügel

ohneweiters eingebaut werden kann. Soferne die Nabe nicht unmittelbar mit einer Bremsvorrichtung zusammenzubauen ist, steht der Anwendung fertig samt Kugellagern bezogener Naben, insbesondere für das Vorderrad, keine nennenswerte Schwierigkeit entgegen.

4. Kotflügel und Beinschützer

Um den Fahrer und die Maschine gegen den durch die Fahrt aufgewirbelten Staub und Schmutz zu schützen, müssen die Räder mit Kotflügeln überdeckt werden. Diese werden gewöhnlich als ungefähr konzentrisch zum Rade verlaufende Bleche von annähernd halbkreisförmigem Querschnitte ausgeführt. Im allgemeinen kann gesagt werden, daß der Ausbildung der Kotflügel häufig nicht die gehörige Beachtung zugewendet wird. Die Kotflügel sind durchaus kein ganz nebensächlicher Bestandteil des Fahrzeuges, sondern haben gerade beim Motorrad eine überaus wichtige Funktion zu erfüllen. Man kann sich beim heutigen Stande der Dinge nicht mehr damit begnügen, daß das Motorrad als Schönwettermaschine gute Dienste leistet. Es muß vielmehr sowohl als Nutzfahrzeug im städtischen Verkehre, wie als reisetüchtige Tourenmaschine auch bei ungünstigen Witterungs- und Straßenverhältnissen benützbar sein, ohne daß hiebei das Fahrzeug übermäßiger Verschmutzung und der Fahrer argen Unbequemlichkeiten ausgesetzt wird. Anderseits haben alle bisherigen Versuche, das Motorrad mit einem karosserieartigen Aufbau zu versehen, zu keinem brauchbaren Ergebnisse geführt. Ein solches ist auch weiterhin kaum zu erwarten, da eine derartige Kombination sowohl in konstruktiver Hinsicht, wie auch wegen der unvermeidlichen beträchtlichen Preiserhöhung dem eigentlichen Charakter des Motorrades zuwiderläuft. Die Aufgabe, den Fahrer und die Maschine gegen Verschmutzung durch aufgewirbelten Staub und Straßenkot möglichst weitgehend zu schützen, muß also von den Kotflügeln und allenfalls anschließenden Beinschützern erfüllt werden. Es empfiehlt sich daher, die Kotflügel mit möglichst tief herabreichenden seitlichen Flanschen zu versehen und in eine etwas verbreiterte, schräg abwärts gerichtete Fläche auslaufen zu lassen. Besonders wirksamer Schutz wird erzielt, wenn das Hinterrad nicht nur nach oben hin, sondern in seinem oberen Teile auch seitlich vollkommen abgedeckt wird. Diese Anordnung findet sich zumeist bei Anwendung von Kastenrahmen vor, sie ergibt sich dort gewissermaßen von selbst (siehe Abb. 60). Auch das Marsmotorrad weist ganz ähnlich gestaltete und in gleicher Weise unmittelbar an den Rahmen anschließende Hinterradkotflügel auf. Bei dieser Konstruktion finden sich überdies entsprechend geformte Beinschilder vor (Abb. 57), die in

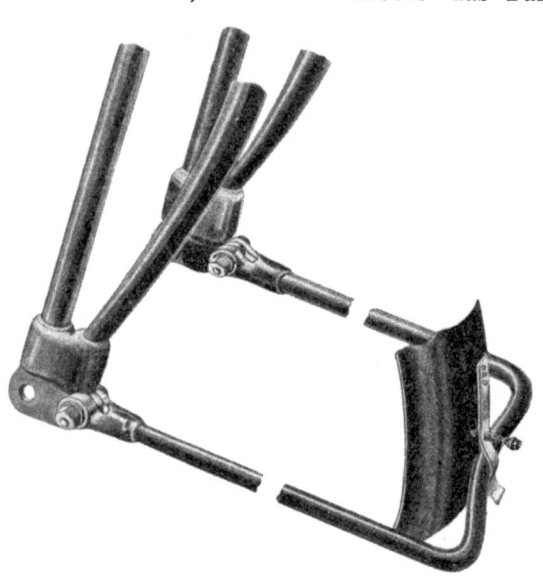

Abb. 80. Vorderradständer, aufgeklappt

recht wirksamer Weise die Beine des Fahrers gegen Schmutz, Regen und Fahrtwind schützen. Besonders ist auch darauf zu achten, daß der Kotflügel weder zu nahe dem Rade, noch zu weit von ihm entfernt angebracht werde. In beiden Fällen verfehlt er seinen Zweck, im ersten Falle ergibt sich überdies die Gefahr, daß der Raum zwischen Kotflügel und Rad verlegt und das Rad hiedurch gebremst wird.

Die Befestigung der Kotflügel erfolgt zumeist mittels Streben an den unteren Gabelenden. Bei Kastenrahmen pflegt man die hinteren Kotflügel unmittelbar mit den Kastenträgern zu verbinden. Um die Demontage des Hinterrades zu erleichtern, wird sein Kotflügel zuweilen aufklappbar ausgeführt. Eine solche Anordnung ist in Abb. 79 wiedergegeben.

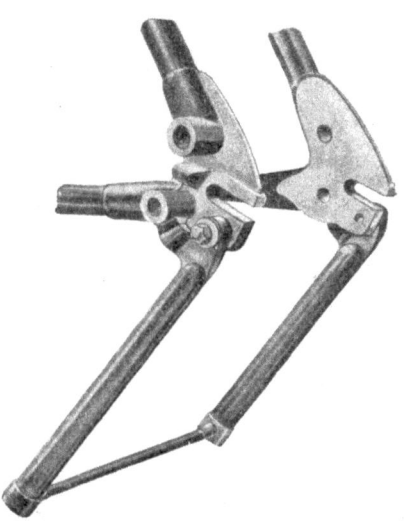

5. Kippständer

Um bei längerem Stillstande die Lufttreifen (zumindest den des Hinterrades) von der Belastung durch das Maschinengewicht befreien zu können und um die Möglichkeit zu gewinnen, Untersuchungen und Reparaturen des Fahrzeuges vorzunehmen, ohne daß es hiebei festgehalten oder angelehnt werden muß, wird das Motorrad mit Kippständern versehen. Sie werden zumeist als gabelförmige Stützen ausgebildet, die, das Rad umgreifend, klappbar an den die Achslager tragenden unteren Gabelenden befestigt sind. In der aufgeklappten Stellung, also während der Fahrt, werden sie durch federnde Klammern, die an geeigneten Stellen der Kotflügel angebracht sind, festgehalten. Bei leichteren Motorrädern begnügt man sich zumeist damit, das Hinterrad mit einem Kippständer auszurüsten, da dieses den größeren Teil des Maschinengewichtes zu tragen hat. Bei schweren Maschinen werden häufig Vorder- und Hinterradständer eingebaut. Abb. 80 zeigt die Konstruktion eines Vorderradständers, Abb. 81 die eines Hinterradständers, Abb. 82 jene einer federnden Klammer zur Fixierung des Ständers während der Fahrt. Das Einknicken des Ständers wird durch

Abb. 81. Hinterradständer, niedergeklappt (F N)

Abb. 82. Federnde Klammer zur Fixierung d. Kippständers während der Fahrt

Anschläge verhindert. Eine etwas abweichende Anordnung findet sich beim BMW-Motorrade vor. Hier wird der Hinterradständer an einer die Unterrohre verbindenden Querstütze befestigt (ähnlich auch bei Viktoria). Während bei den vorher gezeigten Ausführungen die Bauhöhe des Kippständers naturgemäß größer sein muß als der Laufradhalbmesser, ergibt sich hier eine viel kleinere Ständerhöhe und demgemäß auch ein geringeres Gewicht. Diese vorteilhafte Anordnung ist aber naturgemäß nur anwendbar, wenn die Partie des Unterrahmens hiezu geeignet und ganz frei zugänglich ist.

6. Sattel und Fußstützen

Die richtige Ausbildung und Anbringung des Sattels ist von allergrößter Wichtigkeit. Daß bis vor verhältnismäßig kurzer Zeit das Motorradfahren eine sehr mühselige Sache war, lag nicht zum geringsten Teile daran, daß die Konstruktion des Sattels mangelhaft und seine Lage verfehlt war. Vor allem muß der Sattel an der richtigen Stelle

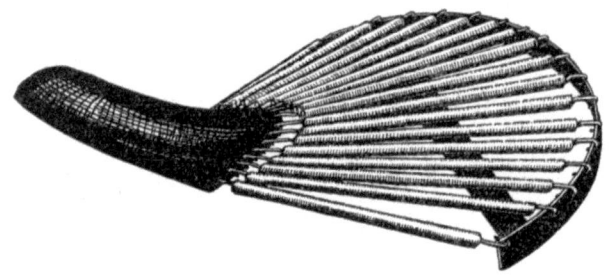

Abb. 83. Federndes Sattelgerüst

sitzen. Er muß, wie schon dargelegt wurde, so angeordnet sein, daß der Fahrer mit beiden Fußsohlen mühelos den Boden erreichen und in leicht vorgebeugter Haltung sicher und bequem die Lenkstangenenden erfassen kann. Diese Forderungen können bei den gegenwärtig üblichen Rahmenformen ohne Schwierigkeit erfüllt werden. Überdies aber muß der Sattel so konstruiert und gelagert sein, daß er einen bequemen, auch bei langer Fahrtdauer nicht ermüdenden Sitz bietet. Dementsprechend ist die Formgebung des Sattels auszuführen und für seine ausgiebige Abfederung gegen das Fahrgestell Sorge zu tragen. Die endgültige, beste Sattelform scheint noch nicht gefunden zu sein. Auch hier wirkt immer noch der Einfluß des Kurbelzweirades hemmend nach. Zumeist wird der Sattel bzw. das Sattelgerüst als eine in sich federnde Konstruktion ausgeführt. Das Beispiel einer derartigen Bauweise zeigt Abb. 83. Die Unterlagsfläche des Sattels wird hier durch eine Reihe von Spiralfedern gebildet. Es können ebensowohl Blattfedern angewendet werden. Es genügt aber nicht, daß der Sattel selbst federnd sei, er muß, damit stärkere Fahrtstöße nicht in unangenehmster Weise fühlbar werden, auch elastisch gegen das Fahrgestell abgestützt sein. Eine der vielen möglichen Ausführungsformen zeigt Abb. 84. Das Vorderende des Sattels ist gelenkig mit dem Oberrohre verbunden, das Hinterende wird unter Zwischenschaltung kräftiger Federn von den Hinterrohren getragen. Die Spannung dieser Federn kann durch Verstellung von Muttern, gegen welche sich die unteren Federenden abstützen, reguliert

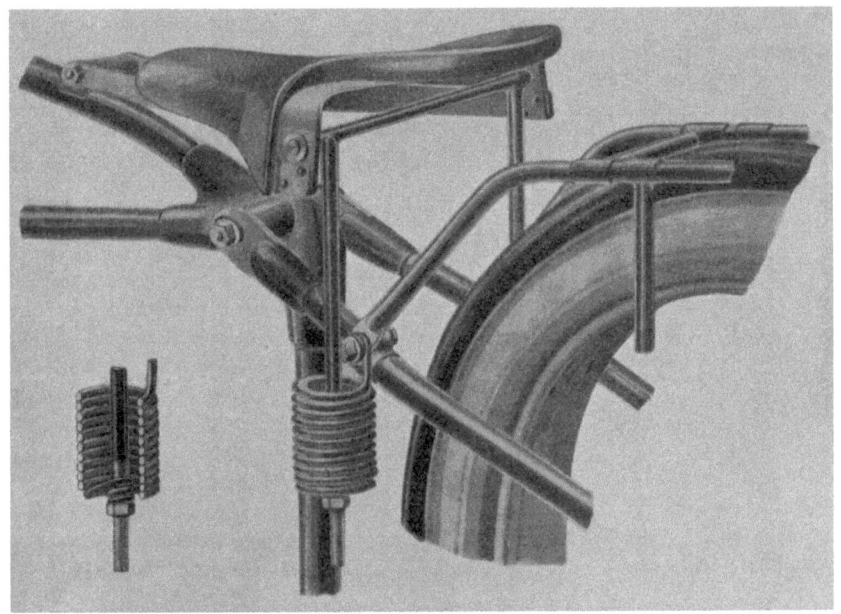

Abb. 84. Befestigung und Federung des Sattels (F N)

werden. Die Abbildung läßt zugleich die Anordnung des Gepäckträgers erkennen, der allenfalls auch zur Auflage eines Soziussattels benützt werden kann. Einige andere Sattelbefestigungen sind aus den Abb. 54, 59 und 60 ersichtlich.

Während der Fahrt stützt der Lenker seine Füße gegen Fußrasten oder Fußbretter ab. Fußbretter bieten eine Auflagefläche für die ganze Fußsohle, während Fußrasten nur als schmale, Fahrradpedalen ähnlich geformte, jedoch fest gelagerte Stützen ausgebildet sind. Größere Bequemlichkeit gewähren im allgemeinen die Fußbretter. Fußrasten haben jedoch den Vorteil, daß sie eine Lageveränderung des Fußes durch Heben oder Senken der Fußspitze ermöglichen. Um auch hiefür Vorsorge zu treffen, kann man die Fußbretter so ausbilden, daß sie sich vorne und hinten in schräg ansteigende Flächen fortsetzen. Die Befestigung der Fußstützen erfolgt zumeist an den Unterrohren, bzw. an Querstreben, die zwischen den Unterrohren angeordnet sind. Bei Kastenrahmen sind zur Auflage der Fußbretter eigene Querträger angeordnet (siehe Abb. 57). Es finden sich auch Konstruktionen vor, bei denen die Fußstützen am Motorgehäuse durch Verschraubung befestigt werden. Eine Abfederung der Fußstützen wird selten angewendet und ist auch nicht empfehlenswert. Ist die Federung weich, so kann sie leicht zu andauernden, überaus lästig wirkenden Vibrationen führen. Ist sie sehr hart, so bleibt sie praktisch wirkungslos, denn im Falle schwerer Stöße, bei denen sie erst zur Geltung gelangen könnte, kommt es auf die Abfederung der verhältnismäßig gering belasteten Fußstützen ganz gewiß nicht an. Wird ein Soziussattel benützt, so müssen auch für den Mitfahrer Fußstützen vorgesehen sein. Diese werden meist klappbar angeordnet, so daß sie bei Alleinfahrt vertikal gestellt werden können.

7. Lenkstange

Die Lenkstange dient zur Verschwenkung der Vorderradgabel. Sie muß daher mit dem Gabelrohr ganz starr verbunden sein. In den allermeisten Fällen wird die Lenkstange aus Stahlrohr hergestellt, an dessen Enden Griffe aus Holz, Fiber oder sonstigem geeigneten Material angebracht werden. Sehr häufig werden über die Griffe Gummihülsen geschoben, die den Vorteil bieten, daß sie gut gegen Wärme isolieren, elastisch sind, sich angenehm anfassen und ein Abgleiten der Hände verhüten. Vereinzelt finden sich an Stelle von Rohrlenkstangen auch aus Stahllamellen zusammengesetzte, also in sich federnde Lenkstangen vor. Manche Fahrer berichten günstig über diese Konstruktion. Für den Rennfahrer, der das Motorrad mit überlegenster Sicherheit beherrscht, mag diese Anordnung tatsächlich vorteilhaft sein. Im allgemeinen soll aber die Lenkstange — wie es ja allermeist der Fall ist — in sich starr sein, weil sonst die Sicherheit der Lenkung beeinträchtigt wird. Eine theoretisch einwandfreie Federung müßte gewährleisten, daß die Lenkstange beim Auffangen eines Stoßes stets vollkommen parallel zur Ruhelage bleibt. Eine ganz befriedigende praktische Lösung ist bisher nicht bekannt geworden.

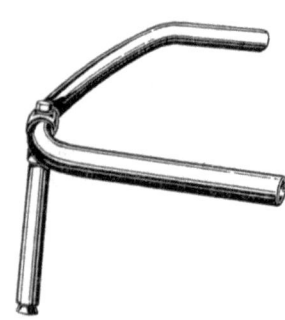

Abb. 85. Lenkstange

Die Länge der Lenkstange ist so zu bemessen, daß sich einerseits eine hinreichend große Hebelwirkung zur mühelosen Betätigung der Lenkung ergibt, anderseits aber kein unbequemes Abspreizen der Arme vom Oberkörper erforderlich wird. Die Formgebung der Lenkstange weist große Mannigfaltigkeit auf. Man findet ebensowohl fast geradlinig gehaltene wie auch ausgeprägt U-förmig gebogene Lenkstangen und nebstdem eine Unzahl von Zwischenformen vor. Wenn bei schweren Maschinen stark gekrümmte Lenkstangen Anwendung finden, versteift man sie durch Querrohre. Eine allgemeine Aussage über die zweckmäßigste Lenkstangenform ist nicht gut möglich. Im wesentlichen handelt es sich hier um eine Angelegenheit des persönlichen Geschmacks, der Gewöhnung und vielfach auch der Mode. Selbstverständlich paßt nicht jede Lenkstangenform zu jedem Rahmen und zu jedem Gesamtaufbau. Hiefür die richtige Übereinstimmung zu finden ist Sache des konstruktiven Gefühles. Einige gebräuchliche Grundformen sind in den Abb. 85, 86 und 87 dargestellt.

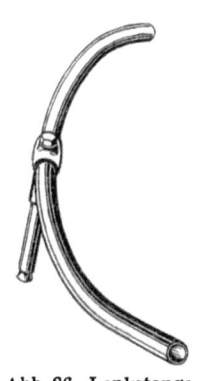

Abb. 86. Lenkstange

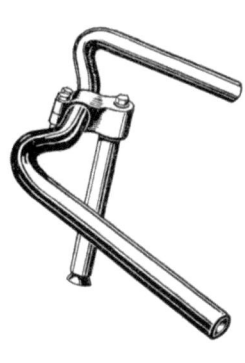

Abb. 87. Lenkstange

Die Befestigung der Lenkstange erfolgt zumeist durch Klemmung in einem auf oder in dem Gabelrohr sitzenden Endstück, dem sogenannten Lenkstangenschaft. Eine derartige Ausführung ist aus Abb. 70 ersichtlich. Eine etwas abweichende, überaus solide Anbringung der Lenkstange zeigt das Henderson-Motorrad Abb. 66.

Die Lenkstange dient zugleich zur Anbringung von Hebeln, die zur Betätigung der Hilfsorgane, wie Vergaser, Dekompressor, Bremse, usw., erforderlich sind. Die Ausbildung und Anordnung dieser Hebel wird gesondert besprochen.

VI. Der Motor

1. Prinzip der Krafterzeugung und Kraftübertragung — Massenausgleich — Desaxierung

Für das Motorrad kommen ausschließlich Explosionsmotoren in Betracht. Diese können nach zwei verschiedenen Methoden arbeiten, deren jede unzählige Möglichkeiten für die konstruktive Ausbildung der Details bietet. Allen Ausführungen ist jedoch das Grundprinzip der Funktion gemeinsam, das auf folgendem Vorgang beruht: In einem Zylinder, in welchem ein dicht abschließender Kolben achsial beweglich ist, wird ein gasförmiger Brennstoff zu rascher Entzündung gebracht. Die hiebei auftretende sehr beträchtliche Temperatursteigerung, die bei annähernd konstantem Volumen erfolgt, bedingt zugleich einen starken Überdruck ($PV = RT$). Das Gas dehnt sich infolgedessen aus und schiebt, da es zwischen Zylinderwand und Kolben nicht entweichen kann, diesen vor sich her. Durch den Explosionsdruck wird also zunächst eine geradlinige Bewegung erzeugt. Zum Betriebe unseres Fahrzeuges benötigen wir aber eine Drehbewegung, die in geeigneter Weise auf das Hinterrad zu übertragen ist. Es gilt also, die geradlinig fortschreitende Bewegung des Kolbens in eine Rotationsbewegung umzusetzen.

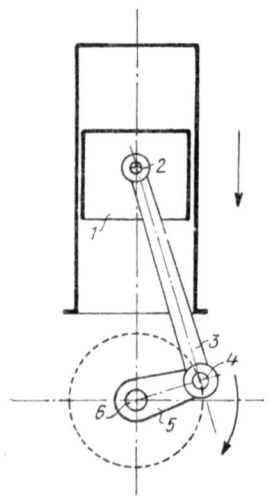

Abb. 88. Kurbeltrieb Schema I

Dies geschieht mit Hilfe eines Kurbelgetriebes (Abb. 88). Im Kolben 1 ist eine Querstange kreisrunden Profils, der Kolbenbolzen 2, gelagert, an dem drehbar die Stange 3 — Kolbenstange, Schubstange, Flügelstange, am häufigsten Pleuelstange genannt — hängt. Das andere Ende der Pleuelstange umgreift den Kurbelzapfen 4, der durch den Kurbelarm 5 mit der Kurbelwelle 6 verbunden ist. Die Kurbelwelle selbst ist an ihren Enden drehbar gelagert, jedoch weder

Prinzip der Krafterzeugung und Kraftübertragung 111

achsial noch radial verschiebbar. Wie aus der Abb. 83 unmittelbar ersichtlich, wird bei der geradlinigen Kolbenbewegung der Kurbelzapfen durch die Pleuelstange in einem Kreise — dem Kurbelkreis — herumgeführt, wodurch auch die Kurbelwelle in Drehung versetzt wird, und zwar dreht sie sich, von vorne gesehen, im Uhrzeigersinne, wenn in der gezeichneten Stellung der Kolben abwärts geht.

Die hiebei wirksamen Kräfte sind in Abb. 89 dargestellt. Auf dem Kolben lastet der Explosionsdruck P. In Wirklichkeit verhält es sich natürlich nicht so, daß im Mittelpunkt des Kolbenbodens eine Einzelkraft der Größe P angreift. Vielmehr verteilt sich der Gasdruck gleichmäßig über die ganze Außenfläche des Kolbenbodens. Es sind also eigentlich unendlich viele Druckkräfte vorhanden. Aber alle diese Kräfte wirken auf eine Auswärtsbewegung des Kolbens, sind also in gleicher Richtung — bei der gezeichneten Zylinderstellung vertikal abwärts — wirksam. Daher hat auch die Resultierende aller dieser Kräfte die gleiche Richtung und ihre Größe ist der Summe aller Einzelkräfte

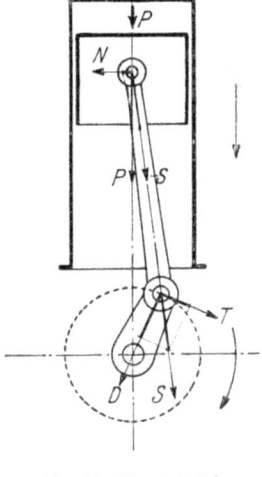

Abb. 89. Kurbeltrieb Schema II (Kräfteverteilung)

gleich. Somit ist der Effekt tatsächlich so, als ob der gesamte Explosionsdruck P auf den Mittelpunkt des Kolbenbodens wirkte. Da der Kolbenbolzen mit dem Kolben unverschiebbar verbunden ist, können wir die Kraft P auch im Mittelpunkt der Kolbenbolzenachse angreifend denken. Hier zerlegt sich die Kraft P in zwei Komponenten, die Kraft S, in der Richtung der Pleuelstangenachse wirkend, und die Kraft N, die als Druck auf die Zylinderwand zur Geltung kommt. Die Kraft S wird auf den Kurbelzapfen übertragen und kann abermals in zwei Komponenten zerlegt werden, die Kraft D, die als Druck auf die Kurbelwellenlager wirkt und die Kraft T, die tangential zum Kurbelkreis gerichtet ist. Auf Drehung der Kurbelwelle, also dem angestrebten Zwecke unmittelbar nutzbar, wirkt lediglich die Kraft T. Es ist ersichtlich, daß die Kraft T im Verlaufe der Abwärtsbewegung des Kolbens sich nicht gleich bleibt, sondern — selbst konstantes P angenommen — ihre Größe mit der wechselnden Winkelstellung der Pleuelstange fortwährend ändert. Sie er-

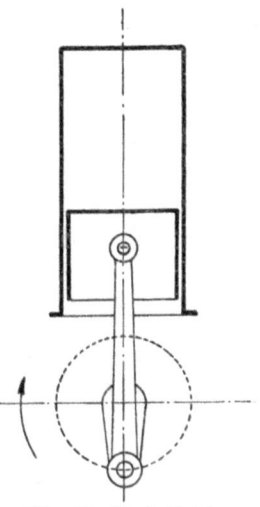

Abb. 90. Kurbeltrieb Schema III (unterer Totpunkt)

reicht ihr Maximum, wenn die Pleuelstangenachse tangential zum Kurbelkreis steht (in Abb. 88 dargestellt), und wird zu Null, wenn jene eine radiale Stellung zum Kurbelkreis erreicht hat (Abb. 90).

In dieser durch Abb. 90 gekennzeichneten Stellung — sie heißt untere Totpunktstellung — ist keine auf Drehung der Kurbelwelle wirkende Kraft vorhanden. Das gleiche gilt für die diametral entgegengesetzte Pleuelstangen- bzw. Kolbenstellung, die obere Totpunktlage genannt wird (Abb. 92). Die Bezeichnungen oberer und unterer Totpunkt sind von der Lage des Zylinders unabhängig. Auch wenn dieser horizontal liegend oder abwärts hängend (die letztgenannte Ausführung kommt im Motorradbau allerdings nicht vor) angeordnet ist, wird die Stellung, in der der Kolben seine größte Annäherung an den Zylinderkopf erreicht hat, oberer Totpunkt, jene, in der er sich am weitesten von ihm entfernt hat, unterer Totpunkt genannt. Die Bezeichnungen innerer und äußerer Totpunkt wären vorzuziehen, da sie für jede Zylinderlage zutreffend sind, haben sich jedoch im allgemeinen technischen Sprachgebrauch nicht durchzusetzen vermocht.

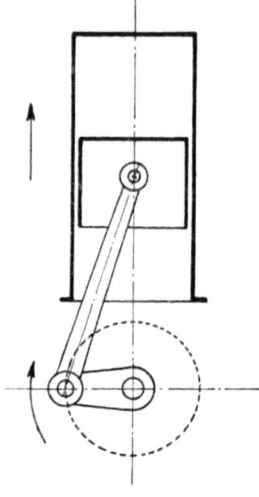

Abb. 91. Kurbeltrieb Schema IV

Ist die untere Totpunktlage des Kolbens erreicht (Abb. 91), so empfängt die Kurbelwelle keinen Antrieb mehr zu weiterer Drehung. Sie würde daher stehen bleiben müssen, wenn nicht Trägheitskräfte auf die Fortsetzung der Drehung hinwirkten. Um diese Trägheitskräfte hinreichend groß zu gestalten, werden mit der Kurbelwelle Schwungmassen (Schwungräder) verbunden, die, einmal in Drehung versetzt, genügendes Beharrungsvermögen besitzen, um dem Kurbeltrieb über die Totpunkte hinwegzuhelfen. Durch die Massenträgheit des Schwungrades wird also der Kolben aus seinem unteren Totpunkt wieder aufwärtsgedrückt. Hat er den oberen Totpunkt erreicht, so kann abermals eine Explosion eingeleitet werden und das Kräftespiel von neuem beginnen. Es sei darauf

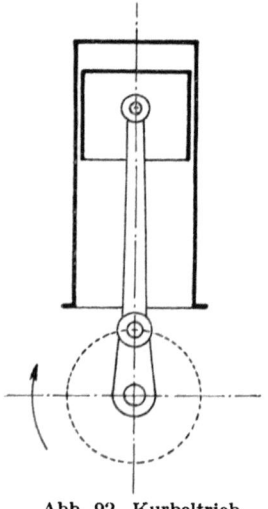

Abb. 92. Kurbeltrieb Schema V (oberer Totpunkt)

hingewiesen, daß auch in der oberen Totpunktstellung die Weiterbewegung nur durch Mitwirkung der Schwungkraft erzielt werden kann, da eine noch so große von oben her auf den Kolben wirkende Kraft wegen der radialen Stellung der Pleuelstange (Abb. 92) sich nur als Druck auf den Kurbelzapfen übertragen, der Kurbelwelle aber keinen Antrieb zur Drehung geben könnte. Wir werden später sehen, daß die im Schwungrad aufgespeicherte Trägheitsenergie zumeist nicht nur den einmaligen Rückgang, sondern einen nochmaligen Hin- und Hergang des Kolbens zu bewirken hat, da bei den am häufigsten angewendeten Motoren erst in jeder zweiten oberen Totpunktlage eine Explosion, also ein äußerer Bewegungsimpuls auf den Kolben erfolgt.

Das Schwungrad erfüllt indessen nicht nur den Zweck, die Kurbelwelle während jener Perioden, innerhalb deren sie keinen äußeren Antrieb zu weiterer Drehung empfängt, überhaupt in Bewegung zu erhalten, sondern auch die Aufgabe, diese Bewegung zu einer möglichst gleichförmigen zu machen. Auch während der Einwirkung des treibenden Gasdruckes auf den Kolben ist die der Kurbelwelle mitgeteilte Tangentialkraft keineswegs konstant. Sie wäre es, wie schon dargelegt, auch dann nicht, wenn die auf den Kolben wirkende Kraft P vom oberen bis zum unteren Totpunkt anhaltend gleich bliebe. Tatsächlich ist die Kraft P nicht konstant, erreicht vielmehr nach erfolgter Zündung in fast unendlich kurzer Zeit ihren Höchstwert und nimmt sodann — da die Expansion der Verbrennungsgase annähernd isothermisch erfolgt — im gleichen Maße ab, wie das Volumen zunimmt, also proportional dem Kolbenweg. Im oberen Teile der Kolbenabwärtsbewegung können sich die durch das Sinken von P einerseits und die zunehmende Schrägstellung der Pleuelstange anderseits bedingten Änderungen der Tangentialkraft T teilweise ausgleichen, da der erste Umstand auf Verkleinerung, der zweite auf Vergrößerung der Kraft T wirkt. (Insgesamt ergibt sich in dieser Phase ein rasches Ansteigen der Kraft T.) Ist aber die Tangentialstellung der Pleuelstange überschritten (Abb. 88), wird sowohl durch das weitere Abnehmen von P als auch die immer steiler werdende Stellung der Pleuelstange auf Verminderung der Tangentialkraft T hingewirkt. Wenn der untere Totpunkt erreicht ist, kann die Kurbelwelle einen Antrieb zu weiterer Drehung nur noch von der Trägheitsenergie der eigenen Masse und der des Schwungrades erhalten. Würde das Schwungrad nicht hinreichend schwer bemessen, so könnte es geschehen, daß die Kurbelwelle im Augenblick der Explosion in rasche Drehung versetzt wird, dann ihre Bewegung immer mehr verlangsamt, sich mühselig gerade noch über den oberen Totpunkt hinwegschleppt, um nun mit plötzlichem harten Ruck wieder angetrieben zu werden. Eine derartige Bewegung wäre selbstverständlich für die Zwecke der Praxis gänzlich unbrauchbar. Die Schwungmasse muß daher so groß gewählt werden, daß der Kurbelzapfen trotz der fortwährend wechselnden Größe der auf ihn wirkenden Tangentialkraft mit stets gleichbleibender Geschwindigkeit seinen Kreis durchläuft. Kann man durch Anordnung hinreichend großer Schwungmassen die Kurbelwellendrehung wenigstens mit großer Annäherung gleichförmig gestalten, so bleibt es doch unvermeidlich, daß die Kolbenbewegung eine stets wechselnde Geschwindigkeit aufweist. Dies läßt sich an Hand der Abb. 88 bis 92 sehr leicht erkennen. Die Kurbelgeschwindigkeit ist im oberen Totpunkt gleich Null, wächst dann bis zu einem ungefähr — nicht genau — in der Mitte des Abwärtsganges erreichten Maximum an, nimmt hierauf bis zum unteren Totpunkt stetig ab, wird im Totpunkt selbst wieder zu Null und mit Überschreitung des Totpunktes negativ, womit das Spiel — nun in entgegengesetzter Richtung — von neuem beginnt. Die Kolbenbewegung erfolgt nicht etwa so, daß die Geschwindigkeit vom oberen Totpunkt an bis zur Kolbenbahnmitte stetig zunimmt und von dort angefangen, symmetrisch zur oberen Weghälfte, sich stetig vermindert. Daß dies nicht der Fall ist, geht aus Abb. 93 unmittelbar hervor. Wenn der Kurbelzapfen, der, wie wir wissen, mit gleichbleibender Geschwindigkeit umläuft, einen Ausschlagwinkel von 90° erreicht, also gerade die Hälfte seines Weges vom oberen zum unteren Totpunkt zurückgelegt hat, ist der Kolbenbolzenmittelpunkt

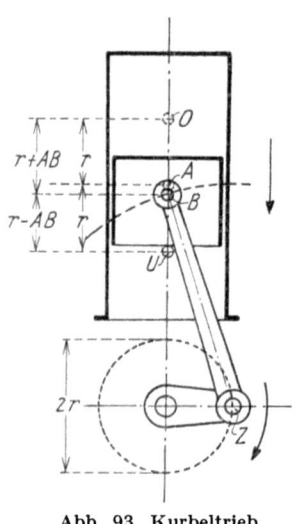

Abb. 93. Kurbeltrieb
Schema VI

über die Mitte seiner Bahn A hinaus schon nach B gelangt. (Der Punkt B wird gefunden, indem man vom Kurbelzapfenmittelpunkt Z mit der Pleuelstangenlänge in die Kolbenmittellinie einschneidet.) Der Kolben legt daher das größere Bahnstück $\overline{OB}$ in derselben Zeit zurück wie das kleinere $\overline{BU}$, die Geschwindigkeitszu- und -abnahmen erfolgen somit nicht symmetrisch bezüglich des Kolbenbahnmittelpunktes A.

Jeder volle Kolbenweg, gleichgültig ob er vom oberen zum unteren Totpunkt oder in umgekehrter Richtung durchlaufen wird, heißt Kolbenhub oder kurzweg Hub. Der Innendurchmesser d des Zylinders wird Bohrung, das Produkt $\pi d^2 \cdot 2r$, das ist Zylindergrundfläche mal Hublänge, Hubvolumen genannt, da dieser Wert den Rauminhalt jener Gasmenge darstellt, die vom Kolben bei einem Hub angesaugt, bzw. ausgeschoben werden kann.

Die Beziehung zwischen der Länge des Kolbenhubes und der des

Kurbelkreisdurchmessers ist höchst einfach. Wie sich aus den Abb. 88 bis 93 anschaulich ergibt, sind diese beiden Größen einander gleich. Ist der Kurbelhalbmesser (die Entfernung des Kurbelwellenmittelpunktes vom Kurbelzapfenmittelpunkt) r, so ist der Kolbenhub $s = 2r$. Hieraus läßt sich auch die mittlere Kolbengeschwindigkeit leicht bestimmen. Beschreibt der Kurbelzapfenmittelpunkt einen vollen Kreis, so ist sein hiebei zurückgelegter Weg gleich $2\pi r$. Läuft der Kurbelzapfen in einer Minute n-mal um, so ist die Länge seines Weges pro Minute $2\pi r n$ und pro Sekunde $\frac{2\pi r n}{60} = \frac{\pi r n}{30}$. Somit ergibt sich die mittlere Kolbengeschwindigkeit $c_m = \frac{s n}{30}$. (Denn innerhalb der Zeit während der der Kurbelzapfenmittelpunkt einmal seinen Kreis vollendet, also eine Bahn der Länge $2\pi r$ beschreibt, macht der Kolben zwei Hübe, legt daher den Weg $4r = 2s$ zurück.) Das Verhältnis der maximalen Kolbengeschwindigkeit zur mittleren Kolbengeschwindigkeit hängt von dem der Kurbelarmlänge zur Pleuelstangenlänge ab. Ist die Pleuelstange etwa 3,5mal so lang wie der Kurbelarm, so ergibt sich $c_{max} \sim 1,6 c_m$, ein für unsere Motoren im Durchschnitt zutreffender Wert.

Alle Punkte des Kolbens beschreiben bei seiner Bewegung geradlinige Bahnen, alle Punkte des Kurbelarmes, also auch der Kurbelzapfenmittelpunkt, Kreisbahnen. Etwas weniger einfach liegen die Bewegungsverhältnisse der Pleuelstange. Der Mittelpunkt ihres oberen Auges beschreibt — mit dem Kolbenbolzenmittelpunkt zusammenfallend — eine geradlinige Bahn; der Mittelpunkt des unteren Auges — in der Mittellinie des Kurbelzapfens liegend — eine kreisförmige Bahn. Alle zwischenliegenden Punkte der Pleuelstange beschreiben elliptische Bahnen. Je näher ein Punkt der Pleuelstange dem Kolbenbolzen liegt, desto flacher ist seine Ellipsenbahn, je näher ein Punkt dem Kurbelzapfen liegt, desto mehr nähert sich seine Bahn der Kreisform. Diese Einsicht ist durchaus nicht bloß von theoretischem Werte, sondern von großer praktischer Wichtigkeit für den richtigen Massenausgleich des Motors.

Die Theorie des Massenausgleiches ist in ihren Einzelheiten recht schwierig und verwickelt, das aufs einfachste reduzierte Prinzip der Sache ist aber nicht allzu schwer verständlich. Der Explosionsdruck wird durch Kolben, Pleuelstange und Kurbelarm in eine Drehung der Kurbelwelle umgesetzt. Die genannten Übertragungsorgane sind aber natürlich selbst nicht gewichtslos, sondern jedes von ihnen vereinigt in sich eine gewisse Masse. Es ist daher unvermeidlich, daß bei der Bewegung, bzw. Beschleunigung und Verzögerung von Kolben, Pleuelstange und Kurbelarm freie Massenkräfte auftreten, die einseitige Belastungen und Erschütterungen des Motors zur Folge haben. Diese Erscheinungen zu beseitigen oder zumindest auf tunlichst geringes Maß herabzudrücken, ist die Aufgabe des Massenausgleiches.

Am leichtesten eingängig ist die Erkenntnis, daß bei der raschen Rotation des Kurbelarmes einseitig wirkende Fliehkräfte auftreten, die als Druck auf die Kurbelwellenlager zur Geltung kommen. Der Größe nach bleibt dieser Druck stets gleich, seine Richtung ändert sich jedoch fortwährend je nach der Stellung des Kurbelarmes. Die von der Drehung des Kurbelarmes herrührende einseitige Fliehkraft kann sehr leicht beseitigt werden, indem man den Kurbelarm mit einem ihm ganz symmetrisch ausgebildeten, diametral gegenüberstehenden Gegengewicht versieht (Abb. 94). Der Gegenarm A_2 erzeugt nun eine Fliehkraft, die gleich groß, jedoch entgegengesetzt gerichtet ist der vom Kurbelarm A_1 herrührenden Fliehkraft. Die beiden Kräfte heben somit einander auf und der einseitige Lagerdruck ist also zum Verschwinden gebracht. In Wirklichkeit ist es nicht nötig, das Gegengewicht ganz symmetrisch zum Kurbelarm auszubilden. Es genügt, wenn die vom Kurbelarm und Gegengewicht erzeugten Fliehkräfte einander gleich sind. Die Bedingungsgleichung hiefür ist $m_1 r_1 w_1^2 = m_2 r_2 w_2^2$, worin m die Masse, r den Abstand des Schwerpunktes von der Drehachse und w die Winkelgeschwindigkeit, der Index 1 die Zugehörigkeit zum Kurbelarm, der Index 2 jene zum Gegengewicht bezeichnet. Da Kurbelarm und Gegengewicht starr miteinander verbunden sind, müssen ihre Winkelgeschwindigkeiten stets einander gleich sein. Die Gleichung vereinfacht sich somit auf $m_1 r_1 = m_2 r_2$. Unter Einhaltung dieser Bedingung kann man dem Gegengewicht jede beliebige Form, beispielsweise die in Abb. 94 gestrichelt angedeutete Ausbildung geben.

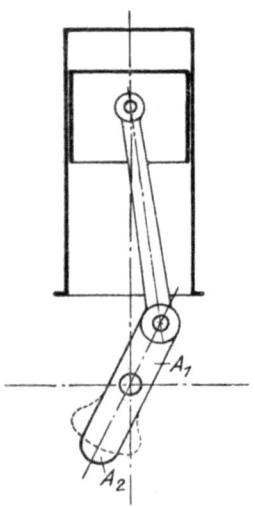

Abb. 94. Kurbelarm mit Gegengewicht

Etwas weniger einfach gestaltet sich der Ausgleich der freien Kräfte, die von den hin- und hergehenden Massen herrühren. Wir müssen uns zunächst darüber klar werden, auf welchen Erscheinungen das Auftreten dieser Kräfte beruht. Betrachten wir die obere Totpunktstellung des Kolbens Abb. 92. Unmittelbar vor Erreichung dieser Stellung hat der Kolben noch eine gewisse vertikal aufwärts gerichtete Geschwindigkeit; er würde vermöge der Trägheit seine Bewegung in dieser Richtung fortsetzen, wenn ihn nicht der Zwanglauf des Kurbelgetriebes daran hinderte. Im Augenblick der Bewegungsumkehr hat also der Kolben die Tendenz, die Kurbelwelle, somit auch das Lager und die mit diesem fest verbundenen Teile (Motorgehäuse und Zylinder) vertikal aufwärts zu reißen.

Die vertikal aufwärts gerichtete Massenkraft, die in dem Augenblick besteht, da der Kolben seine obere Totpunktstellung

Prinzip der Krafterzeugung und Kraftübertragung 117

erreicht hat, könnte dadurch ausgeglichen werden, daß wir dem zur Aufhebung der Kurbelarm-Fliehkraft bestimmten Gegengewicht G ein zusätzliches Gewicht Z beigeben (Abb. 95). Wird dieses entsprechend gewählt, so erzeugt es in der gegebenen Stellung eine vertikal abwärts gerichtete Fliehkraft, die ebenso groß ist wie die von der Verzögerung der Kolbenbewegung herrührende vertikal aufwärts gerichtete freie Massenkraft, so daß gegenseitige Aufhebung erfolgt. Es wird sich aber gleich zeigen, daß diese Anordnung keineswegs zweckentsprechend wäre. In der durch Abb. 96 gekennzeichneten Stellung hat der Kolben seine Höchstgeschwindigkeit erreicht, er unterliegt also in diesem Augenblick weder einer Beschleunigung noch einer Verzögerung und übt daher keine freie Massenkraft aus. Die Fliehkräfte des Kurbelarmes und des Gegengewichtes G heben sich in dieser wie in jeder anderen Stellung wechselseitig auf, die Fliehkraft des Zusatzgewichtes Z bleibt jedoch nun als unausgeglichene freie Kraft, in der Richtung F wirkend, übrig. Das Gewicht Z würde also

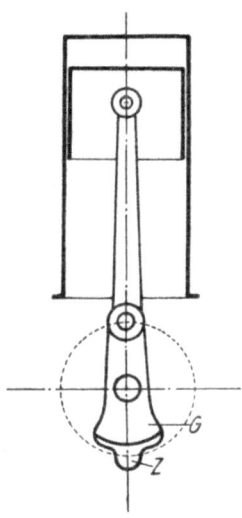

Abb. 95. Massenausgleich

jetzt eine einseitige freie Kraft erzeugen, die ebenso groß ist wie jene, zu deren Ausgleich es bestimmt war. Der beste Ausweg, der sich finden läßt, besteht offenbar darin, die von den hin- und hergehenden Teilen ausgeübten Massenkräfte nur zur Hälfte auszugleichen. Die größte freie Kraft, die dann bei irgend einer Kolbenstellung auftreten kann, ist der Hälfte des Höchstwertes gleich, der sich ohne Massenausgleich ergeben würde. Eine günstigere Ausbalancierung kann — für Einzylindermotoren — nicht erzielt werden. Wenn nun der Grundsatz zu gelten hat, daß rotierende Massen voll, hin- und hergehende Massen halb auszugleichen sind, bedarf es noch der Feststellung, was unter rotierenden und was unter hin- und hergehenden Massen zu verstehen ist. Rotierend ist zweifellos der Kurbelarm samt dem Kurbelzapfen, hin- und hergehend der Kolben samt dem Kolbenbolzen. Nicht ohne weiteres läßt sich aber diese Unterscheidung für die Pleuelstange treffen, da

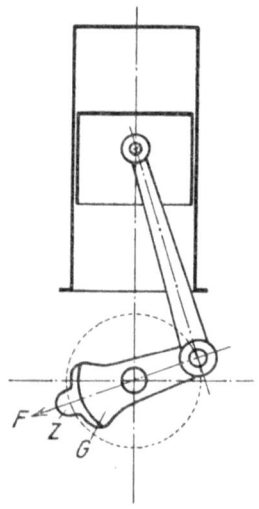

Abb. 96. Massenausgleich

ihre Bewegung, wie schon dargelegt wurde, gewissermaßen ein Mittelding zwischen Rotation und Hin- und Hergang bildet. Wieviel von der Masse der Pleuelstange als rotierend und wieviel als schwingend zu gelten hat, hängt vom Verhältnis ihrer Länge zu der des Kurbelarmes, von ihrem absoluten Gewichte, der Verteilung dieses Gewichtes über die Stangenlänge, schließlich auch von der Umlaufgeschwindigkeit ab. (Bemerkt sei, daß die in den vorstehenden Ausführungen gebrauchten Bezeichnungen „vertikal", „horizontal", „aufwärts", „abwärts" usw. unter der auch in den Abbildungen zum Ausdruck kommenden Voraussetzung gebraucht wurden, daß der Zylinder vertikal steht. Die sinngemäße Anwendung auf den Fall, daß der Zylinder schräg oder horizontal liegt, ergibt sich von selbst.)

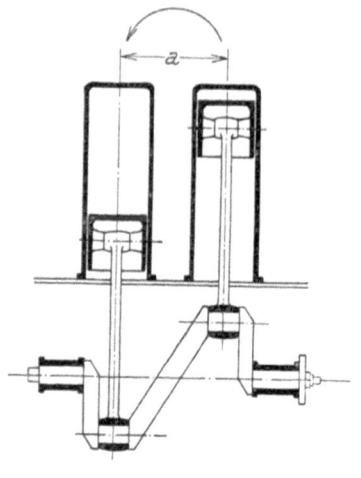

Abb. 97. Zweizylinder mit gegenläufigen Kolben (Schema)

Wesentlich anders gestalten sich die Verhältnisse, wenn der Motor nicht nur einen, sondern mehrere Zylinder besitzt, deren Kolben auf eine gemeinsame Kurbelwelle arbeiten. Betrachten wir einen Motor (Abb. 97), der zwei parallel gestellte Zylinder hat und bei dem die Kurbelwellenkröpfungen um 180° gegeneinander versetzt sind. Befindet sich der Kolben des Zylinders I in der oberen Totpunktstellung, so steht der des Zylinders II in der unteren Totpunktstellung. Es treten daher zwei gleich große, jedoch entgegengesetzt gerichtete und nicht in eine Linie fallende, sondern um die Entfernung der Zylindermitten a voneinander abstehende Kräfte auf. Diese bilden somit ein Kräftepaar, welches den ganzen

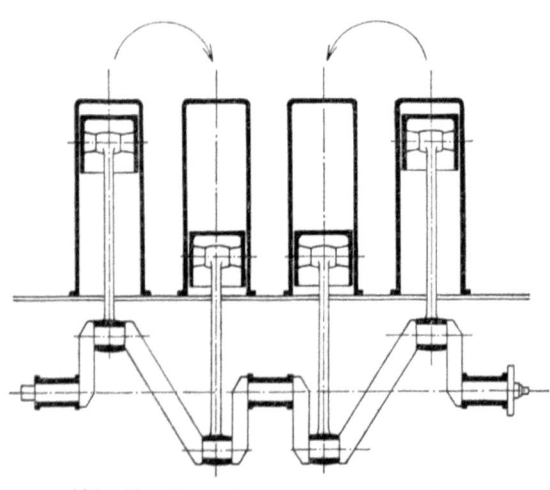

Abb. 98. Vierzylinder-Reihenmotor (Schema)

Motor in der Pfeilrichtung zu drehen bestrebt ist. Würden sich die Kolbenbeschleunigungen bzw. Verzögerungen symmetrisch zur Kolbenwegmitte verteilen, so wären in jeder Kolbenstellung die Massenkräfte I und II gleich und entgegensetzt gerichtet, so daß wir es stets nur mit Kräftepaaren zu tun hätten. Tatsächlich ist aber, wie gezeigt wurde (Abb. 93), der Bewegungsverlauf in der oberen Kolbenhälfte nicht ganz symmetrisch zu dem der unteren Hälfte, daher bleiben beim Motor mit zwei parallelen Zylindern nebst dem Kräftepaar noch freie Einzelkräfte übrig, die, wie wir wissen, höchstens zur Hälfte ausgeglichen werden können. Das vom Kräftepaar herrührende Kippmoment selbst kann beim Zweizylindermotor nicht ausgeglichen werden. Wohl aber kann dies bei einem Vierzylindermotor geschehen, dessen Kurbelwellenkröpfungen nach Abb. 98 angeordnet sind. Hier ergeben sich zwei gleich große, jedoch entgegengesetzte und symmetrisch zur Motormitte wirkende Kippmomente, die sich daher gegenseitig ausgleichen. Freie Kräfte als Folge der in der oberen und unteren Kolbenhälfte nicht symmetrisch verteilten Beschleunigungen bleiben jedoch auch beim Vierzylinder übrig. Ein vollständiger Ausgleich sowohl der freien Momente wie der freien Kräfte kann erst bei Sechszylindermotoren erreicht werden, die jedoch — mit Recht — im Motorradbau fast niemals angewendet werden.

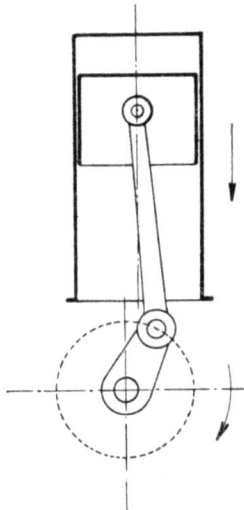

Abb. 99. Desaxierter Zylinder

Einen sehr guten Massenausgleich ermöglichen Zweizylindermotoren, deren Zylinder V-förmig unter einem Winkel bis zu 90° zueinander gestellt sind. Hier kann man im Gegensatz zum Einzylindermotor die hin- und hergehenden Massen nicht bloß zur Hälfte, sondern fast vollständig ausgleichen. Die Begründung ergibt sich von selbst aus der sinngemäßen Anwendung der für den Massenausgleich des Einzylindermotors entwickelten Überlegungen. (Beim V-Motor sind die in Betracht kommenden Phasenwinkel nur ungefähr halb so groß wie beim Einzylindermotor.)

Da die Massenkräfte mit dem Gewicht der zu

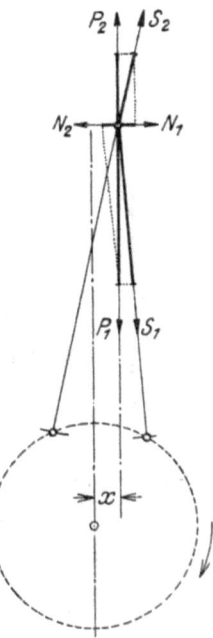

Abb. 100. Desaxierter Zylinder (Kraftverteilung)

beschleunigenden bzw. zu verzögernden Teile wachsen und ein vollständiger Ausgleich bei den für das Motorrad in Betracht kommenden Motoren niemals möglich ist, leuchtet es ein, daß schon aus diesen Gründen so leicht wie möglich gebaut werden muß. Die großen Fortschritte, die in der Erzeugung sehr hoch beanspruchbarer Edelstähle und Leichtmetalllegierungen erzielt wurden, haben es mit sich gebracht, daß diese Forderung in einem sehr weitgehenden Maße erfüllt werden kann.

Wie aus Abb. 89 hervorgeht, erzeugt der auf dem Kolben lastende Druck P infolge der Schiefstellung der Pleuelstange eine normal zur Zylinderwand gerichtete Druckkraft N. Je größer N wird, desto größer wird die bei der Verschiebung des Kolbens längs der Zylinderwand zu leistende Reibungsarbeit, desto größer wird auch die durch Reibung erfolgende Abnützung des Zylinders. Bei der angenommenen Drehrichtung des Motors ist die Normalkraft N beim Abwärtsgang des Kolbens nach links, beim Aufwärtsgang nach rechts gerichtet. Wären die auf den Kolben wirkenden Drücke beim Auf- und Abwärtsgang einander gleich, so würden auch die abwechselnd nach links und rechts auf die Zylinderwand drückenden Normalkräfte N gleich groß sein und es würde nach allen Seiten hin eine gleichmäßige Abnützung des Zylinders stattfinden. Tatsächlich ist jedoch der beim Explosionshub auf dem Kolben lastende Druck P größer als jener, der von der Energie des Schwungrades beim Rückgang des Kolbens auf diesen übertragen wird, infolgedessen auch die links gerichtete Normalkraft N im gleichen Maße größer als die ihr entsprechende (bei symmetrischer Pleuelstangenstellung im Aufwärtsgang des Kolbens) nach rechts wirkende Kraft. Die Folge davon ist eine ungleichmäßige Abnützung des Zylinders, das sogenannte Unrund- oder Ovallaufen. Diese höchst unerwünschte Erscheinung kann durch Desaxierung des Zylinders vermieden oder zumindest auf ein stark verringertes Maß herabgesetzt werden. Unter Desaxierung des Zylinders versteht man seine im Sinne der Drehrichtung vorzunehmende

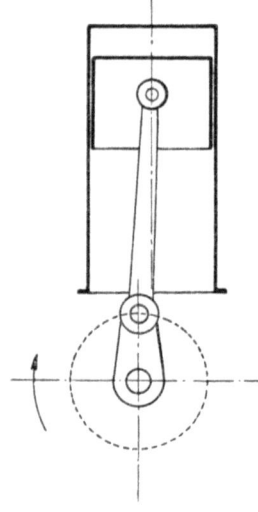

Abb. 101. Desaxierter Zylinder. Obere Totpunktstellung

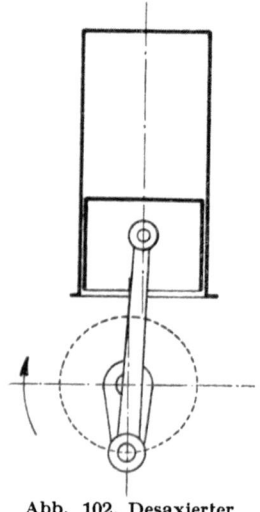

Abb. 102. Desaxierter Zylinder. Untere Totpunkt-Stellung

Parallelverschiebung (Abb. 99). Hiedurch erreicht man, daß der gleichen Kolbenstellung des Ab- und Aufwärtsganges nicht mehr symmetrische Pleuelstangenstellungen zugehören, sondern daß die Pleuelstange im Abwärtsgang steiler, im Aufwärtsgang schräger steht (Abb. 100). Der Erfolg dieser Anordnung gegenüber der achsialen Zylinderstellung besteht darin, daß die seitlichen Kräfte N im Abwärtsgang, also bei größtem Kolbendruck verringert, im Aufwärtsgang (bei kleinerem Kolbendruck) vergrößert werden. Man erzielt also nicht nur eine Herabsetzung des Höchstwertes von N, sondern bei richtiger Wahl der Desaxierung auch annähernde Gleichheit zwischen den abwechselnd links und rechts gerichteten Normaldrücken N und damit gleichmäßige Abnützung der Zylinderwand. Das Maß x der Desaxierung (auch „Schränkung" genannt) hängt von der Arbeitsweise des Motors und dem Verhältnis zwischen Pleuelstangenlänge und Kurbelarmlänge ab. Bemerkenswert ist, daß bei desaxierter Zylinderstellung der Hub nicht mehr genau gleich dem Kurbelkreisdurchmesser, sondern etwas größer ist und die Pleuelstangenstellung in beiden Totpunktlagen des Kolbens nicht radial steht (Abb. 101 und 102). Beides ist grundsätzlich als Vorteil zu werten, praktisch jedoch von geringer Bedeutung, da diese Abweichungen gegenüber der axialen Anordnung sehr klein sind. Ausschlaggebend für die fast ganz allgemein gewordene Anwendung der Desaxierung ist lediglich die Erzielung eines gleichmäßigeren und im Höchstwert niedrigeren Kolbendruckes auf die Zylinderwand.

2. Arbeitsverfahren

Das nächstliegende Arbeitsverfahren für einen Explosionsmotor bestünde zweifellos in folgendem Vorgange: Der Kolben saugt vom oberen Totpunkt abwärtsgehend ein Gemisch von Brennstoff und Luft an, welches etwa in der Mitte des Hubes zur Entzündung gebracht wird. Der Explosionsdruck treibt den Kolben vor sich her; wenn dieser im unteren Totpunkt angelangt ist, wird er durch die Schwungradenergie wieder zurückgedrückt, schiebt dabei die verbrannten Gase aus, und wenn er den oberen Totpunkt erreicht hat, beginnt das Spiel von neuem. Tatsächlich sind auch in den Anfängen der Explosionsmotorentechnik Maschinen nach diesem Grundsatze gebaut worden, und zwar zumeist als **doppelt wirkende Motoren**, das heißt: der Zylinder war beiderseits dicht abgeschlossen, die Explosionen wirkten abwechselnd auf die eine und andere Seite des Kolbens, so daß auf diesen bei jedem Hub ein Kraftantrieb erfolgte. Dieser Arbeitsvorgang ergibt jedoch einen schlechten thermischen Wirkungsgrad. Wie bereits bei der Erläuterung der wärmetechnischen Grundbegriffe auseinandergesetzt wurde, ist die Ausbeute an Nutzarbeit um so größer, je niedriger die Anfangs- und je höher die Endtemperatur ist. Ein sehr wirksames

Mittel, diese zu erhöhen, liegt in der Vorkompression des Brennstoff-Luftgemisches. Der Brennstoff wird nicht unmittelbar nachdem er in entsprechender Menge in den Zylinder gesaugt wurde entzündet, sondern vorher im Zylinder selbst verdichtet, so daß er schon vor der Explosion einen beträchtlichen Überdruck besitzt. Hiedurch wird erreicht, daß der Explosionsenddruck auf ein viel höheres Maß ansteigt, als es ohne Vorkompression der Fall wäre. Die Höchstdrücke, die solcherart bei unseren Motoren erzielt werden, betragen in der Regel etwa 30 Atmosphären, nicht selten gehen sie beträchtlich noch darüber hinaus. Die Kompression gewährt indessen auch noch andere Vorteile. Sie bewirkt eine innigere Vermengung des Brennstoffes mit der Verbrennungsluft, daher vollkommenere Verbrennung. Ferner kann der Zündungsprozeß, da er nach erfolgter Kompression nur noch ein viel kleineres Volumen zu erfassen hat, wesentlich rascher und gleichmäßiger ablaufen.

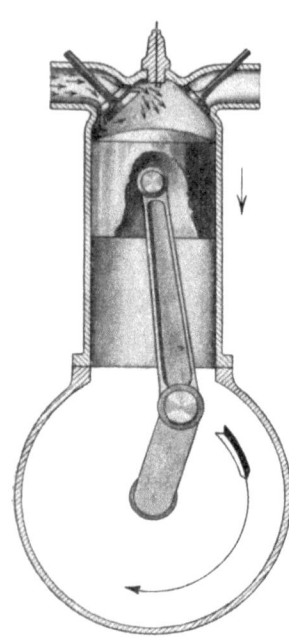

Abb. 103. Viertaktmotor-Schema. Erster Takt: Ansaugen

A. Viertakt

Der Arbeitsvorgang, den wir zunächst ins Auge fassen wollen, ist das sogenannte Viertaktverfahren, gewöhnlich kurz Viertakt genannt. Der oberhalb der Höchststellung des Kolbenbodens liegende Teil des Zylinders ist mit zwei Kanälen in Verbindung, deren einer dem Zustrom des Brennstoffluftgemisches, deren anderer dem Abzug der verbrannten Gase dient. Jeder dieser beiden Kanäle kann durch ein Ventil gegen das Zylinderinnere dicht abgeschlossen werden. Der Vorgang spielt sich nun in folgender Weise ab:

Erster Takt (Ansaugen), Abb. 103

Der Kolben befindet sich im oberen Totpunkte, das Einströmventil (links) ist geöffnet, das Auslaßventil geschlossen. Beim Abwärtsgang des Kolbens strömen die Frischgase durch das geöffnete Ansaugventil ein.

Zweiter Takt (Kompression), Abb. 104

Der Kolben bewegt sich wieder aufwärts, beide Ventile sind geschlossen. Das Gasgemisch wird daher, da es nirgends entweichen kann, allmählich auf jenen Raum des Zylinders zusammengedrückt, der bei der oberen Totpunktstellung des Kolbens von diesem noch freigelassen wird. Dieser Raum heißt Kompressionsraum. (Zuweilen wird auch noch die ältere Bezeichnung „schädlicher Raum" angewendet, die jedoch eigentlich unzutreffend und daher mit Recht ungebräuchlich geworden ist.)

Dritter Takt (Expansion), Abb. 105

Der Kolben steht im oberen Totpunkte. Beide Ventile sind geschlossen. Im Augenblicke der Kolbenumkehr springt im Zylinderinneren zwischen zwei Elektroden ein sehr heißer Funken über, der das Gasgemisch zu äußerst schneller Verbrennung bringt. Durch die darauf folgende Ausdehnung der Verbrennungsgase wird der Kolben abwärtsgedrückt.

Vierter Takt (Auspuff), Abb. 106

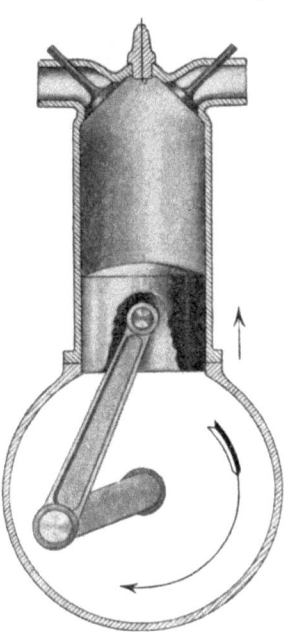

Abb. 104. Viertaktmotor-Schema. Zweiter Takt: Kompression

Der Kolben bewegt sich aufwärts, das Auspuffventil ist geöffnet, das Einlaßventil geschlossen. Der Kolben drängt die verbrannten Gase aus dem Zylinder in die Auspuffleitung. Wenn er den oberen Totpunkt erreicht hat, ist der einmalige Ablauf des Viertaktes abgeschlossen, das Auspuffventil schließt sich, das Einlaßventil öffnet sich und das Spiel beginnt von neuem.

Der Name Viertakt findet also seine Begründung darin, daß zur Vollendung eines Arbeitsganges vier Kolbenhübe erforderlich sind. Nur während eines dieser Hübe wirkt auf den Kolben von außen her treibende Kraft (dritter Takt, Explosion), es entfällt daher auf je zwei Umdrehungen der Kurbelwelle nur ein Bewegungsimpuls. Würde man die Motoren so bauen, daß sich die eben geschilderten Arbeitsvorgänge nicht nur auf der einen Kolbenseite, sondern entsprechend abwechselnd auf beiden Kolbenseiten abspielen — eine Anordnung, die zwar im Fahrzeugbau nicht vorkommt, aber durchaus möglich ist — so würde die Kurbelwelle nicht erst bei jeder zweiten, sondern bei jeder Umdrehung einen neuen Bewegungsantrieb erhalten. Dies könnte jedoch gar nichts an der Tatsache ändern, daß der Motor im Viertakt arbeitet, nur ist er nun doppeltwirkend. Es mag bei dieser Gelegenheit darauf verwiesen werden, daß es zum Beispiel grundfalsch ist, einen doppeltwirkenden Zweitaktmotor mit dem Namen „Eintaktmotor" zu bezeichnen. Die Taktzahl ist einzig und allein davon abhängig, nach wieviel Hüben die gleiche

Arbeitsphase auf derselben Kolbenseite wiederkehrt. Ob einfach oder doppeltwirkend, ist hiefür gleichgültig.

Wärmetechnisch sind die Einzeltakte folgendermaßen gekennzeichnet:

1. Einströmen des Gasgemisches bei konstantem Druck (Atmosphärendruck). Dies ergibt im Diagramm Abb. 107 die horizontale Linie AB.

2. Adiabatische Kompression, Drucklinie BC.

3. Verbrennung bei konstantem Volumen CD und adiabatische Expansion DE.

4. Druckabfall bei konstantem Volumen EB und Ausschieben bei konstantem Druck (Atmosphärendruck) BA.

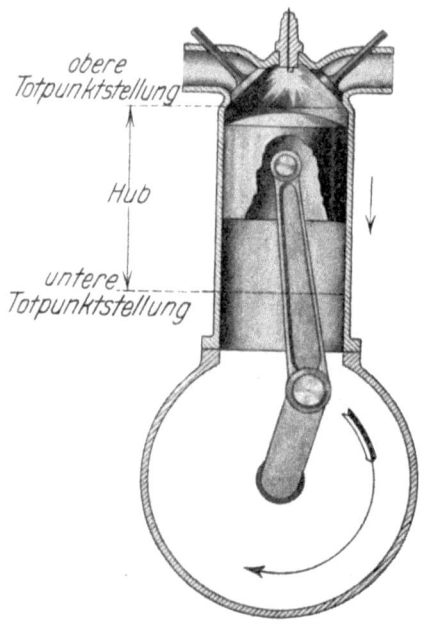

Abb. 105. Viertaktmotor-Schema. Dritter Takt: Expansion

In der Praxis kann dieses Idealdiagramm nicht erzielt werden. Die einströmenden Gase müssen Leitungswiderstände überwinden, daher muß während der Einströmperiode im Zylinder ein geringerer Druck als jener der Außenluft herrschen, die Ansauglinie kann also nicht mit der Atmosphärenlinie zusammenfallen, sondern muß unterhalb dieser liegen. Die Kompressionslinie pflegt wohl in ihrem unteren Teile einer Adiabate recht nahezukommen, entfernt sich jedoch von dieser im weiteren Verlaufe um so mehr, je höher der Verdichtungsgrad wird. Die Explosion erfolgt zwar in einer äußerst kurzen, aber doch nicht unendlich kurzen Zeit, so daß während ihres Verlaufes der Kolben immerhin schon ein kleines Wegstück zurücklegt, das Volumen also nicht konstant bleibt. Infolgedessen stellt sich die Explosionslinie nicht als Vertikale, sondern als eine allerdings sehr steil ansteigende Kurve dar. Ist der Höchstdruck erreicht, so tritt nicht augenblicklich Expansion ein (was im Diagramm die scharfe Spitze D zwischen Explosions- und Expansionslinie ergeben würde), sondern der Druck bleibt während eines kurzen Zeitabschnittes annähernd konstant und erst nachher setzt der Druckfall ein. Diese selbst erfolgt nicht adiabatisch, sondern annähernd nach einer Isotherme, also einer unter der Adiabate liegenden Kurve. Beim Ausschieben der Gase müssen abermals Leitungswiderstände überwunden werden, die Auspufflinie liegt daher nicht in der Atmosphärenlinie, sondern darüber. Überdies kann, da die Erhebung des Auspuffventils nicht mit einem Schlage, sondern wohl rasch, aber doch allmählich erfolgt, nach Beendigung der Expansion kein Druckabfall bei konstantem Volumen stattfinden, so daß die scharfe Ecke des Diagramms bei *E* durch eine Rundung abgeschnitten wird. All diese Umstände bringen es mit sich, daß die Diagrammfläche kleiner wird, als dem Idealdiagramm entspricht, das heißt die Ausbeute an nutzbarer Arbeit wird geringer. Wir erhalten an Stelle des Idealdiagramms das in Abb. 107 gestrichelt eingezeichnete Diagramm. Die zwischen Anspuff- und Ansauglinie sich ergebende Schleife stellt eine negative, also in Abzug zu bringende Arbeit dar.

Aber auch der in Abb. 107 gestrichelt eingezeichnete Kurvenzug gibt die tatsächlichen Arbeitsvorgänge im Zylinder noch nicht genau wieder. Vor allem beginnt in Wirklichkeit die Öffnung des Ansaugventils nicht genau im oberen Totpunkte des Kolbens, sondern zumeist erst etwas später, und zwar aus folgendem Grunde: Im Augenblicke der Kolbenumkehr ist im Zylinder noch kein Unterdruck vorhanden und es würde sich bei dem zunächst noch ganz wenig geöffneten Einlaßventil ein verhältnismäßig hoher Strömungswiderstand für die Frischgase ergeben. Es erweist sich daher zumeist als vorteilhaft, das Einlaßventil erst zu öffnen, wenn der Kolben bereits einen kleinen Teil seines Abwärtsweges zurückgelegt hat.

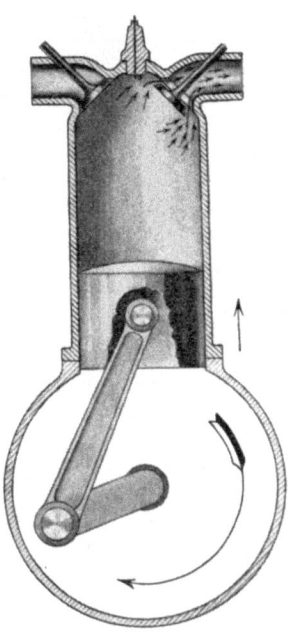

Abb. 106. Viertaktmotor-Schema. Vierter Takt: Auspuff

Es herrscht dann im Augenblicke der Ventilöffnung im Zylinderraum schon ein wirksamer Unterdruck, somit eine Saugwirkung, die mit der Beschleunigung der Kolbenbewegung rasch ansteigt. Die Frischgase stürzen daher mit beträchtlicher Energie in den Zylinder ein, wodurch ein höherer Füllungsgrad erzielt wird, während im anderen Falle der Gaseintritt anfangs nur schleichend erfolgt. Ob ein Nachöffnen zweckmäßig und in welchem Maße es anzuwenden ist, hängt von der Tourenzahl, dem Kolbenhube, dem freien Ventilquerschnitte, sowie der Größe und Geschwindigkeit der Ventilerhebung ab. Der Schluß des Saugventils erfolgt immer erst, wenn der Kolben den unteren Totpunkt schon überschritten, also einen Teil des Kompressionshubes bereits zurückgelegt hat. Die Strömungsenergie der eintretenden Gase ist nämlich in dieser Phase schon groß genug, um auch noch den beginnenden Gegendruck des Kolbens überwinden zu können, wodurch eine weitere Vergrößerung des Füllungsgrades erzielt wird.

Die Öffnung des Auspuffventils beginnt vor Erreichung des unteren Totpunktes, also noch während des Expansionshubes. Erfolgte die Öffnung des Auspuffventils erst im unteren Totpunkte, so würde der Kolben durch den im Zylinder noch herrschenden Überdruck eine Bewegungshemmung erleiden. Durch das Voröffnen des Auspuffventils wird ein entsprechender Druckabfall noch vor der Kolbenumkehr erzielt. Der Schluß des Auspuffventils erfolgt gleichfalls nicht im oberen Totpunkte, sondern erst etwas später, also wenn der Saughub bereits begonnen hat. Die Bewegungsenergie der Auspuffgase ist hinreichend groß, daß die Ausströmung durch die beginnende Saugwirkung des abwärtsgehenden Kolbens nicht gestört wird. Man erreicht also durch den Nachschluß des Auspuffventils eine vollständigere Säuberung des Zylinderraumes von verbrannten Gasen.

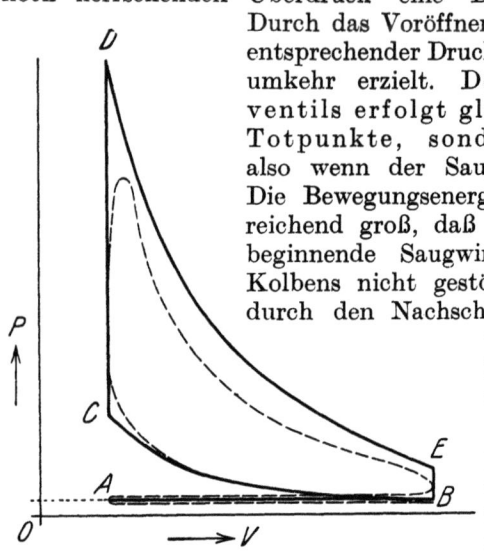

Abb. 107. Arbeitsdiagramm

Auch der Zündzeitpunkt darf zumeist mit dem oberen Totpunkte nicht genau zusammenfallen. Fände die Zündung erst im Augenblicke der Bewegungsumkehr des Kolbens statt, so würde, da die Verbrennung immerhin eine gewisse, wenn auch nur kurze Zeit in Anspruch nimmt, der Höchstdruck erst erreicht werden, wenn der Kolben bereits einen Teil seines Abwärtsganges zurückgelegt hat. Dieser Teil des Hubes wäre für die Nutzarbeit verloren. Um zu bewirken, daß im Augenblicke der Kolbenumkehr der Explosionshöchstdruck bereits erreicht sei, muß also die Zündung etwas vor dem oberen Totpunkte, somit noch während des Kompressionshubes eingeleitet werden. Hieraus folgt allerdings, daß am Schlusse des Kompressionshubes infolge der bereits beginnenden Verbrennung der Gegendruck auf den noch aufwärtsgehenden Kolben erhöht wird, doch ist der damit verbundene Nachteil geringer als jener, der sich aus einem verspäteten Auftreten des Verbrennungshöchstdruckes ergibt.

Die Verschiebungen der Zeitpunkte von Ventilöffnung, Ventilschluß und Zündung gegen die betreffenden Totpunkte werden entweder in Prozenten oder Millimetern des Kolbenweges oder in Winkelgraden, die sich auf die Kurbelarmstellung beziehen, ausgedrückt. Heißt es beispielsweise, daß bei einem Motor der Saugschluß 45⁰ nach Totpunktstellung stattfinde, so will damit ausgedrückt werden, daß das Schließen des Ansaugventils erst erfolgt, wenn der Kurbelarm um 45 Winkelgrade über seine der unteren Totpunktstellung entsprechende Lage hinausgelangt ist. Heißt es in einem anderen Falle, ein Motor arbeite mit 3 Prozent Vorzündung, so bedeutet dies, daß die Zündung erfolgt, wenn der Kolben noch drei Hundertstel seines Aufwärtsganges im Kompressionshube zurückzulegen hat. Wie groß die zeitlichen Verschiebungen der Ventil- und Zündungsbetätigung zu wählen sind, hängt ganz von den speziellen Arbeitsverhältnissen des Motors, insbesondere der Kolbengeschwindigkeit, dem Kompressionsgrade und den Ventilquerschnitten ab. Es wird beispielsweise der Schluß des Ansaugventils um so später zu erfolgen haben, je schneller sich der Kolben bewegt, denn um so größer wird auch die Strömungsenergie der eintretenden Gase und um so mehr überwiegt sie den Gegendruck des Kolbens am Beginne des Kompressionshubes. Läuft aber nun derselbe Motor mit niedrigerer Tourenzahl, also mit kleinerer Kolbengeschwindigkeit, so wird auch die Strömungsenergie der Gase geringer und es kann geschehen, daß der aufwärtsgehende Kolben nun einen Teil der Ladung durch das noch geöffnete Saugventil wieder zurückschiebt. Dadurch werden Füllungsgrad und Kompression kleiner und die Leistung sinkt. Bei Motoren, die normal sehr rasch laufen und demgemäß auf einen großen Ansaug-Nachströmwinkel eingestellt sind, hat schon darum eine Verringerung der Tourenzahl einen sehr empfindlichen Leistungsabfall zur Folge.

Die Zeitpunkte der Ventilbetätigungen sind bei einem gegebenen Motor unveränderlich, das heißt Öffnung und Schluß beider Ventile finden stets bei denselben Kurbelstellungen statt, gleichgültig, ob der Motor mit höherer oder niedrigerer Tourenzahl läuft. Dagegen kann der Zündzeitpunkt während der Funktion des Motors beliebig verstellt werden. Es leuchtet ein, daß man um so mehr Vorzündung geben muß, je schneller der Motor läuft, da die Verbrennungsdauer annähernd immer gleich bleibt, ein und derselbe Kolbenweg jedoch um so rascher zurückgelegt wird, je höher die Tourenzahl ist.

B. Zweitakt

Das theoretische Diagramm des Zweitaktes stimmt mit jenem des Viertaktes vollständig überein. Auch hier setzt sich der Kreisprozeß aus der Aufeinanderfolge von Ansaugen, Kompression, Explosion und Expansion—Auspuff zusammen. Der wesentliche Unterschied liegt bloß darin, daß sich diese Arbeitsvorgänge nicht auf vier Kolbenhübe, sondern bloß deren zwei verteilen, was an Hand der Abb. 108 bis 110 erläutert werden soll. Der Zylinder (Abb. 108) bildet mit dem Kurbelgehäuse einen gemeinsamen, nach außen hin dicht abgeschlossenen Raum. In den Zylinder münden drei Kanäle (daher der Name „Dreikanalsystem", deren einer U mit dem Kurbelkasten in Verbindung steht, während E dem Einströmen der Frischgase, A dem Abzuge der verbrannten Gase dient. Die Funktion des Motors geht nun folgendermaßen vor sich: Im Aufwärtsgange des Kolbens wird im Kurbelkasten und dem mit ihm verbundenen Zylinderteile ein Unterdruck erzeugt. Sobald die Unterkante des Kolbens den Kanal E freigibt, findet Einströmen der Frischgase statt. Die Kanäle A und U bleiben geschlossen. Zugleich werden die oberhalb des Kolbens bereits befindlichen Frischgase komprimiert und in der Nähe des oberen Tot-

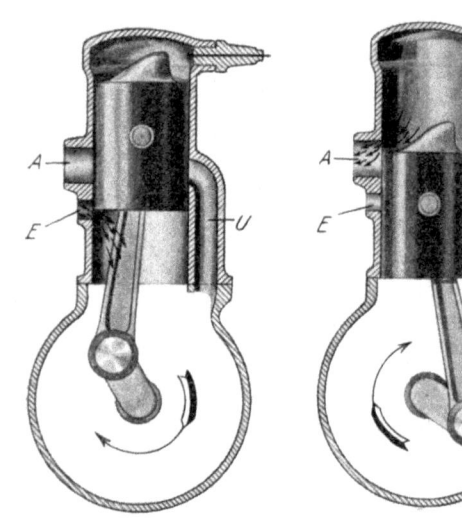
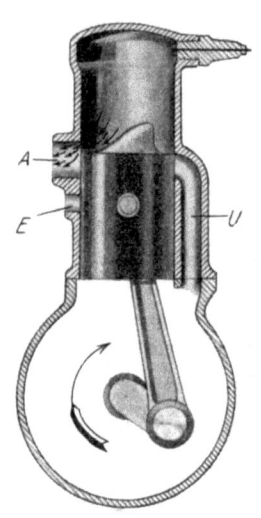
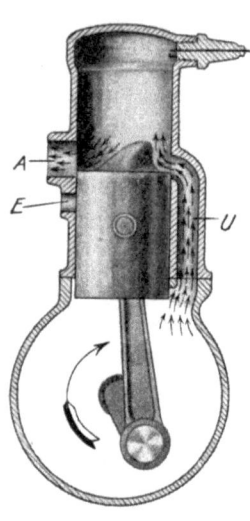

Abb. 108. Zweitaktschema. Erster Takt.   Abb. 109. Zweitaktschema. Zweiter Takt (a).   Abb. 110. Zweitaktschema. Zweiter Takt (b).

punktes entzündet. Der hiedurch entstehende Expansionsdruck treibt den Kolben abwärts. Sobald seine Oberkante den Kanal A freigibt (Abb. 109), beginnt das Ausströmen der Auspuffgase. Die Kanäle E und U sind in dieser Stellung noch überdeckt und die im Kurbelkasten eingeschlossenen Frischgase werden durch den abwärtsgehenden Kolben vorkomprimiert. Beim weiteren Abwärtsgange des Kolbens legt seine Oberkante den Kanal U frei (Abb. 110), so daß die im Kurbelgehäuse vorkomprimierten Frischgase nun durch den Verbindungskanal U in den Zylinderraum oberhalb des Kolbens einströmen, während gleichzeitig das Abziehen der verbrannten Gase durch die Auslaßöffnung A fortdauert. Um zu verhindern, daß sich Frischgase und Auspuffgase miteinander mischen, bzw. daß Frischgase durch den Kanal A verlorengehen oder Auspuffgase durch U in den Kurbelkasten gelangen, ist der Kolben mit einem nasenförmigen Aufsatze, dem sogenannten Abweiser versehen. Der Abweiser bewirkt eine Trennung der beiden Gasströme, die übrigens der Hauptsache nach schon durch ihre Bewegungsenergie bedingt wird. Die Verteilung der Arbeitsvorgänge auf die beiden Takte geht also folgendermaßen vor sich:

Erster Takt:

Der Kolben geht aufwärts, saugt durch E Frischgas in den Vorkompressionsraum, komprimiert zugleich die im oberen Zylinderteile eingeschlossenen Frischgase. Am Ende dieses Hubes erfolgt Zündung.

Zweiter Takt:

Der Kolben geht, von den expandierenden Gasen gedrückt, abwärts, komprimiert das in der Kurbelkammer eingeschlossene Brennstoffluftgemisch, sodann erfolgt Auspuff durch A und schließlich Überströmen der Frischgase durch U. Mit Erreichung des unteren Totpunktes ist der Arbeitsgang vollendet und das Spiel beginnt von neuem.

Es sei besonders darauf verwiesen, daß die hier beschriebene Zweitaktmaschine eine Verbindung von Pumpe und Motor darstellt. Daß die Kurbelkammer als Pumpenraum und der Motorkolben zugleich auch als Pumpenkolben dient, ist eine konstruktive Eigenheit, die an dem grundsätzlichen Wesen der Sache nicht beteiligt ist. Tatsächlich sind auch Motoren gebaut worden, bei denen ein eigener Pumpenkolben vorgesehen war. Man darf sich auch nicht etwa zu dem Trugschlusse verleiten lassen, daß der Dreikanalmotor doppelt wirkend sei, weil sich ein Teil des geschilderten Arbeitsvorganges an der unteren Kolbenseite abspielt. Doppeltwirkend ist ein Motor nur dann, wenn abwechselnd auf beide Kolbenseiten von außen her Kraftwirkung erfolgt, in unserem Falle also, wenn abwechselnd auf beiden Kolbenseiten Explosionen stattfinden. Übrigens gehört die Funktion der unteren Kolbenseite nicht unmittelbar zum Arbeitsgange des Motors, sondern zu jenem der Pumpe. Der Motor für sich betrachtet, besitzt geradeso wie jeder Viertaktmotor eine Einlaßöffnung (U) und eine Auslaßöffnung (A). Daß Abschluß und Freilegung dieser Öffnungen nicht durch Ventile, sondern durch den Motorkolben selbst erfolgt, ist für das Wesen des Zweitaktes nicht oder höchstens in sekundärer Beziehung charakteristisch. Tatsächlich gibt es auch Zweitaktmotoren, die mit Ventilsteuerung, und Viertaktmotoren, die wenigstens teilweise mit Kolbensteuerung (Schiebermotoren) arbeiten. Kennzeichnend für das Zweitaktprinzip ist vielmehr die Tatsache, daß Expansion und Auspuff in einem Hube vereinigt sind. Zeitlich gehört auch das Einströmen der Frischgase diesem selben Hube an, doch kann man eigentlich von einem Ansaughube nicht sprechen, da, wie dargelegt, der Brennstoff eingepumpt wird. Die Kompression bildet ebenso wie beim Viertakt einen Hub für sich, dessen Anfang allerdings noch einen Teil der Ausströmperiode mit umfaßt. Es sei noch bemerkt, daß in Übereinstimmung mit diesen Ausführungen die Kolbenoberkante an der Steuerung des Kanales E keinen Teil hat.

In wärmetheoretischer Hinsicht besteht zwischen Viertakt- und Zweitaktsystem überhaupt kein Unterschied, da der Kreisprozeß für beide der gleiche ist. Wohl aber ergeben sich sehr bedeutende Verschiedenheiten in baulicher, betriebstechnischer und damit auch wirtschaftlicher Beziehung. Beim Viertakt findet erst bei jeder zweiten, beim Zweitakt bei jeder Umdrehung eine Kraftabgabe an die Kurbelwelle statt. Würden Viertakt- und Zweitaktmotoren mit gleichem effektiven Wirkungsgrade arbeiten, so müßte bei gleicher Zylinderbohrung, gleichem Hube, gleicher Tourenzahl und Verwendung gleichen Brennstoffes die Leistung des Zweitaktmotors doppelt so groß sein wie die des Viertaktmotors. Dies ist nun aus Gründen, die noch zu besprechen sein werden, in Wirklichkeit nicht der Fall. Immerhin läßt sich mit einem Zweitaktmotor eine sehr erheblich höhere Leistung erzielen als mit einem Viertaktmotor gleichen Hubvolumens und gleicher Tourenzahl, bzw. es ist zur Erreichung derselben Effektivleistung bei gleicher Tourenzahl für den Zweitaktmotor ein beträchtlich geringeres Hubvolumen erforderlich. Daraus ergibt sich für den Zweitaktmotor unter sonst gleichen Umständen ein geringeres Gewicht der hin- und hergehenden Teile. Überdies erfordert der Zweitaktmotor, da er nicht erst bei jeder zweiten, sondern bei jeder Kurbelumdrehung einen Bewegungsimpuls erhält, ein kleineres Schwungradgewicht als der Viertaktmotor. Ein weiterer theoretischer Vorteil des Zweitaktmotors liegt darin, daß bei diesem das Brennstoffluftgemisch nicht unmittelbar in den heißen Zylinder, sondern in einen Raum niedrigerer Temperatur eingesaugt und aus diesem unter Druck in den Motorzylinder befördert wird. Beide Umstände wirken auf eine Verbesserung des Füllungsgrades und somit auf eine Leistungserhöhung hin. Die niedrigere Eintrittstemperatur ist von großer Wichtigkeit. Da sich alle Körper (und Gase ganz besonders stark) mit wachsender Temperatur ausdehnen, muß naturgemäß unter sonst gleichen Umständen das Gewicht einer Gasmenge, die einen bestimmten Raum vollständig erfüllt, um so größer sein, je niedriger ihre Temperatur ist. Da beim Viertaktmotor das Einströmen der Frischgase mehr als eine volle Hubdauer, beim Zweitaktmotor hingegen nur den Bruchteil einer Hubzeit in Anspruch nimmt, ist es klar, daß im ersten Falle eine stärkere Erwärmung der Gase erfolgen muß als im zweiten. Theoretisch ist also der Füllungsgrad des Zweitaktmotors wesentlich besser. Die niedrigere Eintrittstemperatur gestattet überdies stärkere Kompression, deren Grenze ja eben durch die Endtemperatur bedingt wird, welche um so kleiner ausfällt, je geringer die Anfangstemperatur war.

Diese theoretischen Vorteile können indessen bei der Dreikanalbauart keineswegs voll verwirklicht werden. Da die Kurbelkammer als Pumpenraum benützt wird, stehen die Frischgase mit dem heißen

Kolben in unausgesetzter Berührung. Die Anzahl der Explosionen in der Zeiteinheit ist beim Zweitakt doppelt so groß wie beim Viertakt, die Wärmeabfuhr müßte also zur Erzielung gleicher durchschnittlicher Zylinder- und Kolbentemperatur bei jenem zweimal so schnell erfolgen als bei diesem. Da dies kaum erreichbar ist,[1] kann die Eintrittstemperatur der Gase beim Zweitakt sogar höher ausfallen als beim Viertakt, sein Füllungsgrad also schlechter werden. Von ausschlaggebender Bedeutung für die spezifische Leistung des Motors ist die Tatsache, daß beim Dreikanalsystem eine radikale Trennung der Frischgase von den Auspuffgasen unmöglich ist und daß diese nur unvollständig aus dem Zylinder entfernt werden können. In seinem grundlegenden Werk über Verbrennungskraftmaschinen sagt Güldner hierüber folgendes: ,,Der Zweitakt steht und fällt mit der Austreibung der Abgase aus dem Verbrennungszylinder; von der Gründlichkeit der Zylinderreinigung hängt die Leistungsfähigkeit, Betriebssicherheit, Wirtschaftlichkeit — kurz alles ab." Die Betriebssicherheit moderner Zweitakt-Motorradmotoren konnte allerdings trotz der unvollständigen Austreibung der Abgase aus dem Zylinder zu hoher Vollendung gebracht werden, die Wirtschaftlichkeit dieser Motoren erleidet jedoch eine beträchtliche Einbuße, die nur darum nicht als wesentlicher Nachteil empfunden wird, weil der Brennstoffverbrauch der in Betracht kommenden Maschinen an und für sich gering ist.

Die hauptsächlichsten prinzipiellen Vorteile des Zweitaktes können nur zur Geltung kommen, wenn die Ladepumpe als ein selbständiges, vom Motor baulich ganz getrenntes Organ ausgebildet wird. Diese

---

[1] In theoretrischer Hinsicht gestaltet sich die Kühlung des Zweitaktmotors allerdings günstiger als jene des Viertaktmotors. Man vergleiche einen Viertaktmotor mit einem Zweitaktmotor theoretisch gleicher Leistung. Dann hat das Hubvolumen des Zweitaktmotors nur halb so groß zu sein wie das des Viertaktmotors. Sei für beide Motoren der Hub gleich der Bohrung und bezeichne der Index 2 die Zugehörigkeit zum Zweitakt, der Index 4 jene zum Viertakt, so ergibt sich $\frac{\pi d^3{}_4}{2} = \pi d^3{}_2$, somit $d_2 = \frac{d_4}{\sqrt[3]{2}}$. Der Flächeninhalt der Zylindermäntel — von den Kompressionsräumen abgesehen — ergibt sich zu $F_4 = \pi d^2{}_4$, bzw. $F_2 = \frac{\pi d^2{}_4}{\sqrt[3]{4}} = \frac{\pi d^2{}_4}{1{,}59}$. Während also das Hubvolumen des Zweitaktmotors halb so groß ist wie das des Viertaktmotors, ist die Umfläche seines Zylinders weit mehr als halb so groß wie die des Viertaktzylinders. Die Hinzurechnung der Kompressionsraum-Umflächen, sowie der Flächen des Zylinderbodens und des unten über die Bahn der Kolbenoberkante hinausreichenden Teiles verbessert das Verhältnis noch mehr zugunsten des Zweitaktes. Infolge der verhältnismäßig größeren Ableitungsflächen kann also beim Zweitaktmotor rascher Wärmeabfuhr erfolgen. Doppelt so schnell wie beim Viertaktmotor kann sie aber wohl nicht stattfinden.

Anordnung kommt jedoch für die Motorradtechnik schon wegen des mit ihr verbundenen Raumbedarfes kaum in Betracht. Zweitaktmaschinen für Motorradbetrieb arbeiten mit ganz vereinzelten Ausnahmen nach dem Dreikanalsystem mit Benützung des Kurbelkastens als Pumpenraum. Diese Ausführung bringt nebst der erhöhten Erwärmung der Frischgase Brennstoffverluste durch Undichtheiten des Kurbelkastens und einen schlechten Wirkungsgrad der Pumpe mit sich. Da die Anwendung von Kugellagern für die Kurbelwellenlagerung erhöhte Schwierigkeiten der Kurbelkastenabdichtung bedingt, werden bei Zweitaktmotoren zumeist Gleitlager für die Kurbelwelle gewählt, wodurch der mechanische Wirkungsgrad des Motors herabgesetzt wird.

All diese Umstände führen dazu, daß die Leistung eines Zweitaktmotors der für Motorräder gebräuchlichen Bauart nicht doppelt so groß ist wie jene eines Viertaktmotors gleicher Abmessung und gleicher Tourenzahl, sondern bloß das 1,5 bis 1,6fache hievon beträgt. Die spezifische Leistung des Zweitaktes ist also wesentlich schlechter. Wenn er trotzdem in der Motorradtechnik, insbesondere für Motoren kleiner Leistung sehr ausgedehnte Anwendung findet, so begründet sich dies durch die immer bestehen bleibenden Vorteile äußerst einfacher Bauart, geringen Raumbedarfes, geringen Gewichtes, ruhigeren Ganges und niedriger Herstellungskosten. Daß im Motorradbau für mittlere und große Leistungen nach wie vor fast ausschließlich Viertaktmotoren verwendet werden, ist nicht, wie manche Kritiker annehmen, bloße Modesache, sondern vielmehr technisch ganz gerechtfertigt, was aus vorstehenden Ausführungen wohl auch dem Laien verständlich geworden sein dürfte.

3. Wärmeverluste

Wir wissen bereits, daß nur ein verhältnismäßig geringer Teil der durch die Verbrennung erzeugten Wärme in nutzbare Arbeit umgesetzt werden kann. Die Hauptursache der eintretenden Wärmeverluste sind folgende: Es ist technisch unmöglich, die Wärmeausnützung so weit zu treiben, daß die Auspuffgase beim Verlassen des Zylinders eine Temperatur haben, die jener der eintretenden Frischgase gleichkommt. Vielmehr ist es unvermeidlich, daß die Auspuffgase sehr heiß abziehen und damit einen beträchtlichen Wärmebetrag an die Auspuffleitung und Außenluft abführen, der unwiderbringlich verloren ist. Ein weiterer sehr erheblicher Verlust wird durch die Kühlung des Motors bedingt. Die zur Verfügung stehenden Baustoffe und Schmiermittel könnten auf die Dauer die durch die Explosionstemperatur bedingte Erhitzung nicht vertragen. Wir müssen daher, um eine Funktion des Motors überhaupt zu ermöglichen, für seine ausgiebige Kühlung Sorge tragen, indem wir Einrichtungen treffen, durch welche ein Teil der Verbrennungswärme sofort nach außen hin abgeleitet wird, um eine allzu große Erhitzung des Zylinders und des Kolbens zu verhüten. Die Auspuff- und Kühlungsverluste können zusammen auf etwa 70 Prozent der ganzen zugeführten Wärme veranschlagt werden. Weitere kleinere Verluste entstehen durch Wärmestrahlung, Undichtheiten der Ansaugleitung, Abzug unverbrannter Gase und Dissoziationserscheinungen des Brennstoffes. An Nutzarbeit verbleiben schließlich bei den für uns in Betracht kommenden Motoren höchstens etwa 25 Prozent, gewöhnlich aber nur ungefähr 21 bis 22 Prozent der zugeführten Wärme. Auch dieser Betrag stellt im Endeffekt noch keine reine Nutzarbeit dar, denn ein gewisser Teil muß noch zur Überwindung der mechanischen Widerstände des Motors aufgewendet werden.

Über den mechanischen Wirkungsgrad und zugleich über die im Zylinder tatsächlich sich abspielenden Arbeitsvorgänge gibt uns das Indikatordiagramm Aufschluß. Das Indikatordiagramm ist eine PV-Kurve, die von einem Registrierapparat — Indikator genannt — selbsttätig aufgezeichnet wird. Dem Wesen nach besteht der Indikator aus einem Zylinder, in welchem ein durch Federdruck belasteter, dicht abschließender Kolben beweglich ist. Der Indikatorzylinder wird mit dem Motorzylinder dichtschließend in Verbindung gebracht, so daß der im Arbeitszylinder herrschende Druck auch auf den Indikatorkolben wirkt. Dieser wird also entgegen der Federwirkung um so stärker emporgedrückt, je größer der jeweilige Druck im Motorzylinder ist. Die Bewegung des Indikatorkolbens wird durch ein Hebelwerk auf einen Schreibstift übertragen, der hiedurch den Druckverlauf im Motorzylinder völlig genau wiedergibt. Das Papier, worauf der Schreibstift zeichnet, wird automatisch in Bewegung entsprechender Richtung und Geschwindigkeit gesetzt, so daß für jede Kolbenstellung der zugehörige Druck abgelesen werden kann. (Zum Verständnis des Prinzips mag diese flüchtig umrissene Darstellung genügen, in Wirklichkeit sind moderne Indikatoren, insbesondere jene für sehr schnellaufende Maschinen, recht komplizierte Präzisionsinstrumente.) Aus der Fläche des Indikatordiagramms, die sich ebenfalls auf mechanischem Wege (Planimetrierung) mit vollster Genauigkeit ermitteln läßt, kann man die während eines Arbeitsganges im Motorzylinder erzeugte Nutzarbeit feststellen. Wird nun außerdem die Tourenzahl des Motors gemessen, wofür gleichfalls völlig genau und verläßlich arbeitende Instrumente zur Verfügung stehen, so kann hieraus leicht berechnet werden, welche PS-Leistung im Motorzylinder erzeugt wird. Ihr nach der eben dargestellten Methode zu ermittelnder Betrag wird indizierte Leistung genannt. Die auf die Kurbelwelle tatsächlich übertragene Leistung — effektive Leistung — können wir durch geeignete Apparate messen. Da die Funktion dieser Apparate auf einer Art Bremswirkung beruht, wird das Messungsergebnis häufig auch Bremsleistung des Motors genannt. Die Bremsleistung ist stets geringer als die indizierte Leistung, da von dieser noch ein Teil zur Überwindung der Reibungswiderstände des Motors und zum Antrieb seiner Hilfsapparate (Zündung, Schmierung) aufgebraucht werden muß. Das Verhältnis zwischen der effektiven und der indizierten Leistung gibt den mechanischen Wirkungsgrad des Motors an. Er beträgt für Maschinen der hier in Betracht kommenden Bauart etwa 80 bis 85%, allenfalls auch etwas darüber.

Das Indikatordiagramm dient indessen nicht nur dazu, die Motorleistung zu ermitteln, sondern auch etwaige Fehler des Arbeitsganges festzustellen. Bei einiger Übung ist es gar nicht schwer, ein Indikatordiagramm richtig zu lesen. Jeder wesentliche Fehler, wie beispielsweise zu frühzeitige oder zu späte Zündung, Undichtheit des Kolbens, zu großer Widerstand in der Auspuffleitung usw., drückt sich im Indikatordiagramm ganz charakteristisch aus und kann daher mit seiner Hilfe leicht festgestellt werden.

Auch die Wärmeverluste lassen sich auf Grund des Indikatordiagramms genau ermitteln. Es werde z. B. ein Viertaktmotor mit einem Brennstoff von 10539 W. E. (unterer Heizwert) gespeist und verbrauche hievon 0,6 kg pro Stunde. Bei verlustloser Ausnützung des Betriebsmittels müßte dies eine Leistung von 10 PS ergeben. Die Fläche des Indikatordiagramms entspreche einem Arbeitswert von 7,5 Meterkilogramm, der Motor laufe mit 3000 Umdrehungen in der Minute. Da die Diagrammarbeit zwei Kurbelumdrehungen umfaßt, wird in jeder Sekunde eine Arbeit von 25 mal 7,5 Meterkilogramm im Zylinder erzeugt, das entspricht einer Leistung von 2,5 PS. Es sind somit 75% der zugeführten Wärme verlorengegangen oder, was dasselbe sagt, der indizierte Wirkungsgrad $\eta_i = 25\%$.

4. Zahl und Anordnung der Zylinder

Die für den Betrieb von Motorrädern dienenden Motoren werden als Ein-, Zwei- oder Vierzylinder ausgeführt. Vereinzelt ist auch die Anwendung von Sechszylindermotoren versucht worden, konnte sich jedoch schon wegen der für ein Motorrad unverhältnismäßig hohen Erzeugungskosten begreiflicherweise nicht durchsetzen. Fünfzylindermotoren kommen nur als rotierende Nabenmotoren in Betracht. Eine sehr interessante Konstruktion dieser Art wies das Megola-Motorrad auf, das sich jedoch trotz mancher Vorzüge nicht zu behaupten vermochte. Dreizylindermotoren, die entweder fächerförmig oder als Reihenmotoren ausgebildet werden könnten, finden sich in der Motorradtechnik nicht vor.

Weitaus am häufigsten sind Ein- und Zweizylindermotoren vertreten. Die Frage Ein- oder Zweizylinder ist hauptsächlich mit Bedachtnahme auf die gewünschte Gesamtleistung zu entscheiden. Eine scharfe und allgemeine Fixierung der Grenze, bis zu welcher der Einzylinder vorteilhaft oder doch zulässig ist, kann selbstverständlich nicht vorgenommen werden. Dies hängt ja vielfach von der speziellen Konstruktionsausbildung ab. Im allgemeinen hat sich aber die Praxis entwickelt, Einzylinder bis höchstens 500 Kubikzentimeter Hubvolumen zu bauen.

Daß der Einzylinder bei irgend einer Größe die Grenze praktischer Anwendbarkeit erreicht, ist leicht einzusehen. Vor allem ist der Gang des Einzylinders ungleichmäßiger als der des Zweizylinders. Bei diesem erhält die gemeinsame Kurbelwelle durch die in regelmäßigen Abständen abwechselnd in dem einen und anderen Zylinder stattfindenden Explosionen in der Zeiteinheit doppelt so viele Bewegungsantriebe wie beim Einzylinder, wodurch naturgemäß gleichförmiger, ruhigerer Gang bewirkt wird. Bei größeren Leistungen müßte der Einzylinder schon ein sehr schweres Schwungrad bekommen, damit der Ungleichförmigkeitsgrad nicht zu groß werde. Das bringt unerwünschte Gewichtserhöhung, Verschlechterung des Wirkungsgrades, schwierigere Ingangsetzung und ungünstigere Beanspruchung des Rahmens mit sich. Auch der Massenausgleich bleibt, wie wir wissen, beim Einzylinder immer wesentlich unvollkommener als beim Mehrzylinder. Bei kleinen Leistungen hat dieser Umstand wenig zu bedeuten. Je mehr aber die Leistung, mit ihr das Gewicht der hin- und hergehenden Teile und die Größe der freien Kräfte wächst, desto mehr kommt der mangelhafte Massenausgleich zu unangenehmer und schädlicher Geltung. Auch Rücksichten auf die Kühlung gestatten es nicht, mit Einzylindermotoren über ein gewisses Maß der Leistung, bzw. der Größe hinauszugehen. Die Aufteilung schafft einleuchtenderweise bessere Kühlungsverhältnisse, da zwei Zylinder mit beispielsweise je 300 Kubikzentimeter Hubvolumen unter allen Umständen zusammen eine größere Oberfläche und daher bessere Wärmeableitung besitzen, als ein Zylinder mit 600 Kubikzentimeter Hubvolumen.

Der Einzylinder kann vertikal stehend, schräg oder horizontal liegend angeordnet werden. Die erstgenannte Stellung ist die natürlichste und weitaus häufigste. Der liegende Zylinder ergibt geringe Bauhöhe und tiefe Schwerpunktlage, jedoch etwas erschwerte Zugänglichkeit und vielleicht auch minder günstige Kühlung. Dagegen ist die immer noch anzutreffende Meinung, daß der liegende Zylinder an seiner Unterseite durch das Kolbengewicht stärker abgenützt werden könnte, völlig unrichtig. Das Kolbengewicht kommt neben den durch die Pleuelstange übertragenen seitlichen Druckkräften, die von der Stellung des Zylinders im Raume unabhängig sind, überhaupt nicht in Betracht. Ebenso unzutreffend ist daher auch die Befürchtung, daß durch das Gewicht des liegenden Kolbens hinreichender Ölzutritt an die untere Zylinderpartie beeinträchtigt werden könnte. Es wäre im Gegenteil eher noch möglich, daß in der unteren Zylinderhälfte eine Ölansammlung stattfände, doch tritt auch dies bei den in Anwendung stehenden modernen Schmiereinrichtungen in irgend einem praktisch fühlbaren Maße nicht ein.

136 Der Motor

Für Zweizylinder wird zumeist V-förmige Anordnung gewählt, wobei die Zylinder in bezug auf die Fahrtrichtung hintereinander ge-

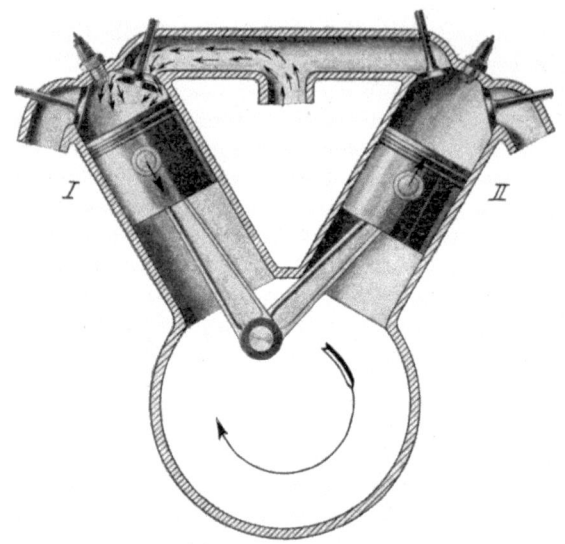

Abb. 111. V-Motor. Schema A

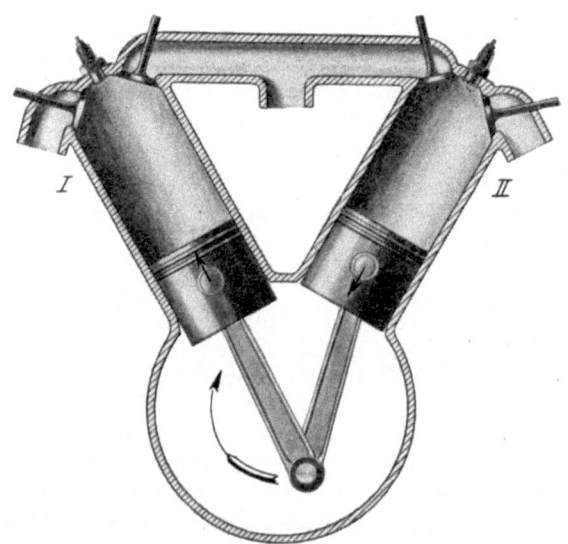

Abb. 112. V-Motor. Schema B

stellt werden. Die V-Form fügt sich den üblichen Ausführungen des Stahlrohrrahmens in zwangloser Weise ein, sie ergibt die Möglichkeit sehr günstigen Massenausgleiches, gute Zugänglichkeit und einfachen Aufbau. Diese Umstände haben den V-Motor zur beliebtesten und ver-

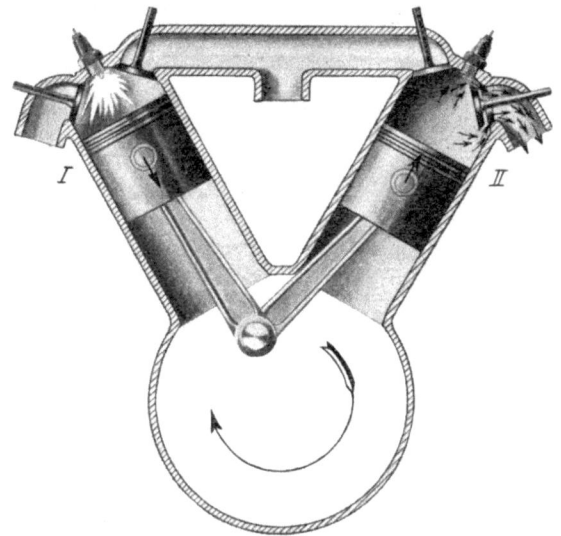

Abb. 113. V-Motor. Schema C

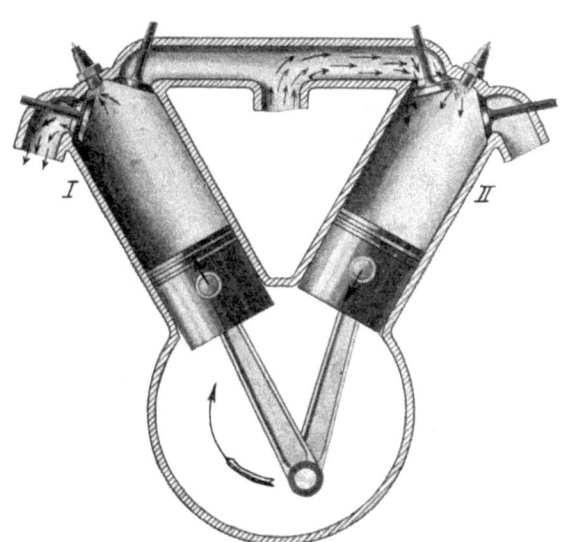

Abb. 114. V-Motor. Schema D

breitetsten Ausführungsform des Zweizylinders werden lassen, doch zeigen auch andere, später zu besprechende Anordnungen manche spezifische Vorteile. Die beiden Pleuelstangen des V-Motors wirken auf einen gemeinsamen Kurbelzapfen, die Kurbelwelle kann daher in grundsätzlich gleicher Weise ausgebildet werden wie beim Einzylinder. Das Schema der Arbeitsvorgänge ist in den Abb. 111 bis 114 dargestellt. Die Zusammenarbeit der beiden Zylinder geht, wie ersichtlich, nach folgender Aufstellung vor sich. (Die Kurbelarme sind größerer Deutlichkeit halber in den Abbildungen weggelassen worden.)

Zylinder I:	Zylinder II:
Ansaugen	Kompression
Kompression	Expansion
Expansion	Auspuff
Auspuff	Ansaugen
Ansaugen	Kompression
Kompression	Expansion
Expansion	Auspuff
Auspuff	Ansaugen

Hieraus geht folgendes hervor: Es entfallen wohl auf je zwei Kurbelumdrehungen zwei Explosionen, jedoch finden diese nicht in immer gleichbleibenden Zeitabständen statt. Vielmehr erfolgen einmal innerhalb einer Kurbelumdrehung zwei um je einen Hub gegeneinander versetzte Explosionen, hieran schließt sich eine Kurbelumdrehung ohne Explosion, während der nächsten finden wieder in Hubfolge zwei Explosionen statt usw. Die Gleichförmigkeit des Ganges ist daher bei dieser Anordnung wohl besser, jedoch nicht doppelt so groß als beim Einzylinder. Zu bemerken ist noch, daß, wie die Abb. 111 bis 114 anschaulich zeigen, die Totpunktlagen der beiden Kolben nicht ganz gleichzeitig eintreten, sondern zeitlich voneinander abweichen. Hieraus resultieren innerhalb der gegebenen Aufstellung noch Verschiebungen, derart, daß Anfang und Ende der nebeneinander gestellten Arbeitsvorgänge zeitlich nicht genau zusammenfallen, sondern sich wechselseitig übergreifen.

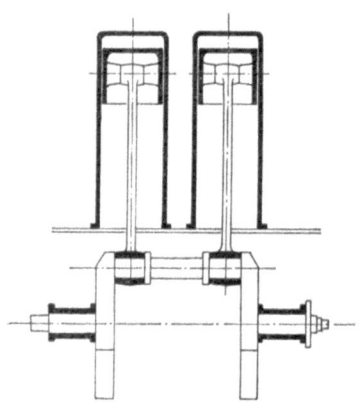

Abb. 115. Zweizylindermotor mit gleichläufigen Kolben

Weitere Möglichkeiten für die Zylinderanordnung der Zweizylindermotoren sind folgende:
1. Die Zylinder stehen parallel (vertikal oder schräg) nebeneinander bzw. hintereinander. Die Kolben der beiden Zylinder arbeiten gegenläufig, was durch eine Versetzung der Kurbelwellenkröpfungen um 180° erzielt wird (Abb. 97). Würde man die Kolben gleichläufig arbeiten

lassen (Abb. 115), so hätte, wie ohne weiteres aus der Abbildung einleuchtet, dieser Zweizylinder infolge der einfachen Kurbelwellenkröpfung bezüglich des Massenausgleiches keinen Vorteil gegenüber dem Einzylinder gleicher Leistung und würde diesen höchstens in der Kühlwirkung übertreffen. Für die Praxis kommt daher wohl nur die Anordnung mit gegenläufigen Kolben in Betracht. Wie es sich mit dem Massenausgleich dieser Bauart verhält, wurde an Hand der Abb. 97 bereits dargelegt. Das zeitliche Verhältnis der Arbeitsvorgänge in beiden Zylindern ist — dies ergibt eine ganz einfache Überlegung — genau so wie beim V-Motor. Ein kleiner Unterschied liegt nur darin, daß bei Reihenmotoren mit 180⁰ Versetzung der Kurbelkröpfungen der obere Totpunkt des einen mit dem unteren Totpunkt des anderen Kolbens zeitlich stets vollständig zusammenfällt, so daß hier die für den V-Motor gegebene Auf-

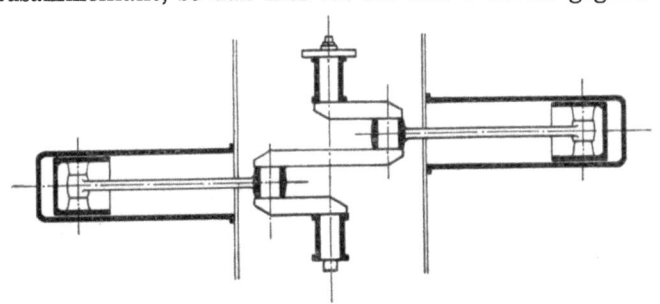

Abb. 116. Zweizylindermotor mit gegenläufigen Kolben

stellung ohne Verschiebungen und ohne Übergreifen der Arbeitsvorgänge gilt. Von dieser unbedeutenden Differenz abgesehen, ist daher der Gleichförmigkeitsgrad des Zweizylinder-Reihenmotors dem des V-Motors unter sonst gleichen Umständen gleich.

2. Die Zylinder liegen einander gegenüber, die Kurbelkröpfungen sind um 180⁰ gegeneinander versetzt (Abb. 116). Die obere bzw. untere Totpunktstellung wird von beiden Kolben stets ganz gleichzeitig erreicht. Die Arbeitsvorgänge spielen sich, wie man leicht verfolgen kann, gemäß nachstehender Tabelle ab.

Zylinder I:	Zylinder II:
Ansaugen	Expansion
Kompression	Auspuff
Expansion	Ansaugen
Auspuff	Kompression
Ansaugen	Expansion
Kompression	Auspuff
Expansion	Ansaugen
Auspuff	Kompression

Die Explosionen erfolgen somit in stets gleichbleibenden Zeitabständen, auf jede Kurbelwellenumdrehung entfällt im relativ gleichen

Augenblick ein Bewegungsimpuls. Außer der höheren Gleichförmigkeit des Ganges bei dieser Bauart, gestaltet sich hier auch der Massenausgleich sehr günstig. Nahezu vollständig können die freien Kräfte und Momente aufgehoben werden, wenn beide Zylinderachsen in eine Linie verlegt werden, was sich durch eine seitliche Versetzung der Pleuelstangenfüße gegen die Pleuelstangenköpfe ermöglichen läßt (Abb. 117). Von dieser Konstruktion wird beispielsweise beim Marsmotor Gebrauch gemacht.

Ein weiterer Vorteil der liegenden Bauart mit gegenläufigen Kolben besteht darin, daß sie Verringerung der Bauhöhe und Tieflage des Schwerpunktes begünstigt. Etwas weniger vorteilhaft gestaltet sich jedoch bei dieser Anordnung die Zugänglichkeit und vielleicht auch die Kühlung. Immerhin bietet diese Ausführungsform sehr beträchtliche

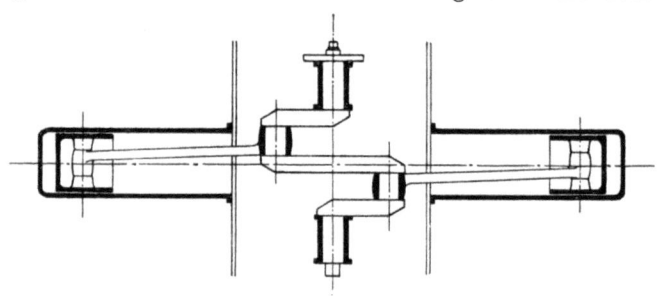

Abb. 117. Zweizylindermotor, gegenläufig, mit gemeinsamer Achse beider Zylinder

Vorteile und dürfte, da sie sich an einigen stark verbreiteten Typen (Douglas, Mars, Viktoria) gut bewährt hat, erweiterte Anwendung finden.

Bei den genannten Typen liegen die Zylinderachsen in der Fahrtrichtung. Abweichend hievon ist die Bauweise des BMW-Motorrades, bei dem die liegenden, mit gegenläufigen Kolben arbeitenden Zylinder quer zur Fahrtrichtung angeordnet sind. Bei dieser Ausführungsform entfällt jedes Bedenken hinsichtlich der Kühlung. Diese gestaltet sich sogar ganz besonders wirksam, da beide Zylinder dem vollen Fahrwind ausgesetzt sind. Die Baubreite wird allerdings etwas größer und ein Anschlagen der seitlich vorstehenden Zylinderköpfe gegen Hindernisse liegt im Bereich der Möglichkeit. Die Praxis hat jedoch gezeigt, daß zu Befürchtungen in diesem Sinne kein Anlaß vorliegt. Es sei darauf hingewiesen, daß der beim BMW-Motorrad mittels Gelenkwelle auf das Hinterrad erfolgende Antrieb durch Querlegung der Zylinder am einfachsten durchgeführt werden kann. Wird jedoch, wie sonst zumeist der Fall, Kettenantrieb angewendet, so ergibt sich bei liegenden Zylindern einfacherer Aufbau, wenn ihre Achse in die Fahrtrichtung fällt.

Vierzylindermotoren kommen wegen des größeren Raumbedarfes und der wesentlich erhöhten Herstellungskosten nur für schwere Reisemotorräder, die gewissermaßen den Charakter von Luxusmaschinen tragen, in Betracht. Die für die Praxis einzig mögliche Anordnung ist die Reihenstellung der Zylinder (Abb. 98), und zwar in der Fahrtrichtung hintereinander. (Es erscheint daher vorteilhaft, für Vierzylindermotoren Gelenkwellenantrieb zu wählen, was jedoch nicht immer geschieht.) Beim Vierzylinder erfolgen die Explosionen in stets gleichbleibenden Zeitabständen, und zwar entweder in der Reihenfolge I — II — IV — III oder I — III — IV — II. (Die Ableitung ergibt sich bei aufmerksamer Betrachtung der Kurbel- bzw. Kolbenstellungen von selbst.) Da die Kurbelwelle des Vierzylindermotors während jeder Umdrehung zwei in immer gleichen Zeitabständen erfolgende Bewegungsantriebe erhält, wird ein sehr gleichförmiger Gang erzielt. Daß sich der Massenausgleich des Vierzylinders verhältnismäßig sehr günstig gestaltet, ist bereits dargelegt worden. Auch hinsichtlich der Gewichtsverteilung und der Kühlung hat der Vierzylinder gegenüber Motoren mit gleicher Leistung und weniger Zylindern manches voraus. Trotz diesen vielen unleugbaren Vorteilen ist es wohl begreiflich, daß der Vierzylinder in der Motorradtechnik nur vereinzelte Anwendung findet. Sein hoher Preis läuft der hauptsächlichen Bestimmung des Motorrades, ein wohlfeiles Nutzfahrzeug zu sein, einigermaßen zuwider. Man kann wohl annehmen, daß auch künftighin Ein- und Zweizylinder die weitaus größte Rolle im Motorradbau spielen werden.

5. Berechnung und Bezeichnung der Motorleistung

Motorräder werden — mit Ausnahme ausgesprochener Rennmaschinen — im allgemeinen nicht für vorbestimmte Spezialzwecke gebaut. Das Fahrzeug soll vielmehr, wie es nun eben ist, für Stadtverkehr und Überlandfahrten, auf guten und schlechten Straßen, bei heißem und kaltem, trockenem und nassem Wetter, in der Ebene und im bergigen Gelände tauglich sein. Selbstverständlich werden sich hiebei je nach der Stärke des Motors sehr verschiedene Werte für die erreichbaren Höchstgeschwindigkeiten ergeben. Ganz besonders in der Bergfahrt werden die Leistungsunterschiede sehr fühlbar werden und auf einer starken Steigung wird ein kleiner Motor vielleicht gänzlich versagen. Immerhin ist von einem modernen Motorrad zu verlangen, daß es innerhalb vernünftiger Grenzen universell verwendbar sei. Der Konstrukteur kann übrigens auch nicht vorher wissen, ob der künftige Lenker des Motorrades ein Körpergewicht von 60 oder 90 kg besitzt, was aber für die Leistung kleinerer Maschinen schon erheblich in Betracht kommt. Aus all diesen Gründen ist es praktisch nicht gut möglich, der zu konstruierenden Maschine vorweg eine bestimmte Aufgabe zu stellen und nun auszurechnen, welche Motorleistung zur Bewältigung dieser Aufgabe nötig sei. Vielmehr muß man im allgemeinen — selbstverständlich auf praktische Erfahrungen gestützt — den umgekehrten

Weg einschlagen. Man legt von vornherein verschiedene, entsprechend abgestufte Motorleistungen fest, und jede von ihnen wird dann einem bestimmten Zweckbereich entsprechen. Beispielsweise wird ein Motorrad von 80 kg Eigengewicht und 7 PS effektiver Motorleistung mit einem mittelschweren Fahrer im Sattel auf sehr guter Straße eine Geschwindigkeit von etwa 70 km pro Stunde, auf minder guter Straße immerhin noch 40 km pro Stunde erreichen und eine Steigung von 20% bei nicht zu schlechten Straßenverhältnissen mit 20 bis 25 km pro Stunde befahren können. Wem diese Leistungen nicht genügen, sei es weil er schneller fahren, sei es weil er eine zweite Person mitnehmen oder besonders starke Steigungen bewältigen will, der muß eben zu einer stärkeren Maschine greifen. Da heute Motorräder mit Effektivleistungen von etwa 2 PS bis 30 PS und selbst darüber gebaut werden, kann jedermann das Rad bekommen, das der von ihm gewünschten Leistung entspricht.

Um immerhin den Zusammenhang zwischen den zu überwindenden Widerständen und der erforderlichen Motorleistung klarzulegen, werde ein einfaches Beispiel durchgerechnet: Ein Motorrad von 85 kg Eigengewicht soll, von einem 65 kg schweren Fahrer gelenkt, auf einer guten, völlig ebenen Straße, für die sich ein Rollwiderstandskoeffizient 0,02 ergeben möge, eine Stundengeschwindigkeit von 72 km erreichen. Es ist somit

das Gesamtgewicht .... $G = 150$ kg
der Rollwiderstandskoeffizient ..... $f_r = 0{,}02$
die Geschwindigkeit in m/sek ..... $v = 20$

Der Rollwiderstand $R = f_r \cdot G = 0{,}02 \cdot 150 = 3$ kg. Bei einer Geschwindigkeit von 20 m wird in der Sekunde eine Arbeit von $3 \cdot 20 = 60$ mkg geleistet. Da 1 PS gleich 75 mkg pro Sekunde ist, berechnet sich in unserem Falle die zur Überwindung des Rollwiderstandes erforderliche Leistung aus

$$N_1 = \frac{60}{75} = 0{,}8 \text{ PS.}$$

Nun kommt der Luftwiderstand hinzu. Seine Größe L beläuft sich, falls

die wirksame Widerstandsfläche............ $F = 0{,}7$ qm
der Gesamtkoeffizient des Luftwiderstandes $a = 0{,}005$
die Geschwindigkeit in Kilometer/Stunden .. $V = 72$

auf $L = a \cdot F \cdot V^2 = 0{,}005 \cdot 0{,}7 \cdot 72^2 = 18{,}144$ kg. Die Arbeit in der Sekunde beträgt daher $18\,144 \cdot 20$ mkg, somit die zur Überwindung des Luftwiderstandes nötige Leistung

$$N_2 = \frac{18\,144 \cdot 20}{75} = 4{,}84 \text{ PS.}$$

Die erforderliche Gesamtleistung ergibt sich aus der Summe von N_1 und N_2. Wir dürfen aber nicht vergessen, daß auch im Übertragungsmechanismus zwischen Motor und Hinterrad Widerstände zu überwinden sind. Wird der Wirkungsgrad der Übertragung mit $\eta = 75\%$ angenommen, so ergibt sich

$$N = \frac{N_1 + N_2}{\eta} = \frac{5{,}64}{0{,}75} = 7{,}52 \text{ PS}.$$

Um also dem Fahrzeug auf der gegebenen Straße die verlangte Geschwindigkeit zu erteilen, ist eine effektive Motorleistung von rund $7\frac{1}{2}$ PS erforderlich. Der weitaus größte Teil hievon entfällt auf Überwindung des Luftwiderstandes. Die hiefür aufzuwendende Leistung ist der dritten Potenz der Geschwindigkeit direkt proportional, da die Leistung $\frac{P v}{75}$ ganz allgemein im einfachen Verhältnis der Geschwindigkeit, die Luftwiderstandskraft selbst aber im quadratischen Verhältnis der Geschwindigkeit wächst.

Es interessiert natürlich auch noch, wie sich unsere Maschine auf Steigungen verhält. Es sei untersucht, ob sie imstande ist, eine Geschwindigkeit von 36 km/Std. (also in der halben Höhe der vorherigen) aufrechtzuerhalten, falls die Straße, ohne daß an ihrer Beschaffenheit irgend etwas sich ändert, nun nicht mehr eben verläuft, sondern eine Steigung von 20% aufweist. Die Steigung ergibt sich als das Verhältnis der Höhe h zur Basis b der schiefen Ebene (Abb. 118).

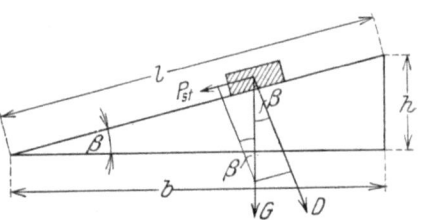

Abb. 118. Steigungswiderstand

Ist der Winkel β sehr klein, so werden b und l einander nahezu gleich, und man begeht nur einen ganz unbedeutenden Fehler, wenn man das Steigungsverhältnis durch $h:l$ ausdrückt. Selbstverständlich kann die Steigung auch unmittelbar in Winkelgraden angegeben werden. Der Steigung von 20% entspricht ein Winkel von $11\frac{1}{2}°$. Bezeichnet

P_{st} den Steigungswiderstand,
β den Steigungswinkel $= 11\frac{1}{2}°$,
G das unverändert gebliebene Gesamtgewicht,
v die Geschwindigkeit $= 36$ km/Std. $= 10$ m/sek,

so ist $P_{st} = G \sin \beta = 150 \cdot 0{,}2 = 30$ kg, daher die zur Überwindung des Steigungswiderstandes notwendige Motorleistung

$$N_3 = \frac{30 \cdot 10}{75} = 4 \text{ PS}.$$

Roll- und Luftwiderstand haben sich gegenüber dem früheren Falle geändert. Der Rollwiderstand ist auf Steigungen geringer, da ja als Normaldruck auf die Bahnfläche nicht mehr das volle Gewicht G, sondern nur mehr die Komponente $D = G \cos \beta$ wirksam ist. Der Rollwiderstand ergibt sich daher nun zu

$$R' = f_r \, G \cos \beta = 0{,}02 \cdot 150 \cdot 0{,}98 = 2{,}94 \text{ kg},$$

somit die zu seiner Überwindung erforderliche Leistung zu

$$N_1' = \frac{R' v}{75} = \frac{2{,}94 \cdot 10}{75} = 0{,}392 \text{ PS}.$$

Die zur Überwindung des Luftwiderstandes aufzuwendende Leistung muß, da die Geschwindigkeit auf die Hälfte gesunken ist, die übrigen Umstände unverändert blieben, nun ein Achtel des vorherigen Wertes betragen. Es ist daher

$$N_2' = \frac{4{,}84}{8} = 0{,}605.$$

Die erforderliche Gesamtleistung stellt sich daher auf

$$N' = \frac{N_1' + N_2' + N_3}{\eta} = \frac{4\,997}{0{,}75} = 6{,}66 \text{ PS}.$$

Da der Motor eine Effektivleistung von 7½ PS besitzt, kann er die gegebene Steigung mit der gewünschten Geschwindigkeit nehmen und es bleibt ihm sogar noch eine gewisse Kraftreserve zur Verfügung.

Wie ist der Motor nun zu bemessen, damit er die Effektivleistung von 7,5 PS tatsächlich abzugeben vermag? Um diese Frage zu beantworten, müssen wir uns vorerst darüber klar werden, von welchen Umständen die Motorleistung überhaupt abhängt. Die wirkende Kraft ist der Gasdruck, der während des Expansionshubes — also beim Viertakt während jedes vierten, beim Zweitakt während jedes zweiten Hubes — auf dem Kolben lastet. Dieser Druck ist aber nicht während des ganzen Hubes von gleichbleibender Größe, sondern erreicht unmittelbar nach dem oberen Totpunkt ein Maximum, um dann bis zum Hubende kontinuierlich abzufallen. Wir haben also mit einem **mittleren Drucke** zu rechnen, der für jeden Quadratzentimeter p_m betragen möge. Der mittlere Gesamtdruck P_m ist dann gleich p_m mal wirksame Kolbenfläche. Diese ist, wie immer der Kolbenboden gestaltet sein mag, dem inneren Zylinderquerschnitt gleich, daher

$$P_m = p_m \cdot \frac{\pi}{4} d^2 \text{ kg},$$

worin d die Bohrung in Zentimetern bedeutet. Die Arbeit ist Kraft × Weg, die während des Expansionshubes geleistete Arbeit ergibt sich daher, wenn s den Kolbenhub in Metern ausgedrückt bezeichnet, zu

$$A_h = p_m \cdot \frac{\pi}{4} d^2 \cdot s \text{ mkg}.$$

Nun müssen wir uns entscheiden, ob der Motor im Viertakt oder im Zweitakt arbeiten soll. Wählen wir beispielsweise Viertakt. Dann entfällt auf jede zweite Kurbelumdrehung ein Expansionshub. Erfolgen in der Minute n Umdrehungen, so ist die Arbeit pro Minute

$$A_{\min} = \frac{n}{2} A_h \text{ mkg/Min.}$$

und pro Sekunde

$$A_{\text{sek}} = \frac{n}{2} \cdot \frac{1}{60} A_h \text{ mkg/sek.}$$

Um auf die PS-Zahl zu kommen, müssen wir die Sekundenarbeit noch durch 75 dividieren, erhalten also die indizierte Leistung zu

$$N_i = \frac{n}{2} \cdot \frac{1}{60} \cdot \frac{1}{75} A_h = \frac{n \cdot p_m \cdot \pi \cdot d^2 \cdot s}{2 \cdot 60 \cdot 4 \cdot 75} = \frac{\pi}{36\,000} \cdot n \cdot p_m d^2 \cdot s.$$

Die rechte Seite dieser Gleichung enthält immer noch vier unbekannte bzw. variable Größen, deren drei wir vorweg wählen müßten, um die vierte rechnungsmäßig bestimmen zu können. Es bleibt in der Tat auch kein anderer Ausweg, als auf Grund vorliegender Erfahrungen an Motoren gleicher oder doch möglichst ähnlicher Bauart wie der des neu zu konstruierenden die noch freibleibenden Dimensionen zu wählen. Im praktischen Einzelfall werden sich hiefür übrigens ziemlich enge Grenzen ergeben, da man selbstverständlich vorher darüber im klaren sein muß, ob man einen lang- oder kurzhübigen, langsam oder schnell laufenden, niedrig oder hoch komprimierenden Motor bauen will.

In erster Linie ist eine Entscheidung über das **Verhältnis von Hub zur Bohrung** zu treffen. In theoretischer Hinsicht bietet der langhubige Motor mancherlei Vorteile. Vor allem gewährt er vermöge der verhältnismäßig größeren Zylinderoberfläche die Möglichkeit besserer Kühlwirkung. Auch können die hin- und hergehenden Massen unter sonst gleichen Umständen etwas niedriger gehalten werden. Ferner ergibt sich zumeist ein etwas besserer mechanischer Wirkungsgrad. Im Motorradbau können jedoch aus Raum- und Gewichtsrücksichten sehr langhubige Motoren nicht angewendet werden. Das Verhältnis zwischen Hub und Bohrung bewegt sich zumeist innerhalb der Grenzen 1 und 1,3.

Die derzeit im Motorradbau angewendeten Motoren sind fast ausnahmslos **Schnelläufer**, ihre Tourenzahl beträgt in den meisten Fällen etwa 3000 bis 4000 pro Minute. Manchmal geht man sogar darüber noch hinaus. Maßgebend für die erreichbare Tourenzahl sind in erster Linie die freien Ventilquerschnitte.

Der mittlere Druck hängt naturgemäß von dem erzielten Explosionsenddrucke ab, der seinerseits wieder um so größer ausfällt, je weiter die Kompression getrieben wird. Bezeichnet V_i den Kubikinhalt des Kompressionsraumes, V den des Zylinderraumes bei unterer Totpunktstellung, so wird $\varepsilon = \frac{V}{V_c}$ das **Kompressionsverhältnis** genannt. Es beträgt bei modernen Motoren keinesfalls weniger als 4,5, wird nicht selten auf 5,5 bis 6, bei Rennmotoren sogar noch darüber hinaus gesteigert.

Kehren wir nun zu unserem Rechnungsbeispiele zurück. Die geforderte Leistung von $7\frac{1}{2}$ PS stellt die effektive Leistung des zu konstruierenden Motors dar. Mit Rücksicht auf seinen erreichbaren mechanischen Wirkungsgrad wird die indizierte Leistung N_i mindestens auf das 1,1fache dieses Wertes, also 8,25 PS bemessen werden müssen. Wählt man nun beispielsweise die Zylinderbohrung $d = 70$ mm, den Hub $s = 80$ mm, die Tourenzahl $n = 3600$, so errechnet sich aus der Formel für N_i der mittlere Druck zu $p = 6,65$ kg/qcm. Auf Grund bereits vorliegender Erfahrungen an Motoren ähnlicher Bauart kann nun ein Indikatordiagramm entworfen werden, welches den beim wirklich ausgeführten Motor sich ergebenden Verhältnissen recht nahekommen wird und das uns Aufschluß über das anzuwendende Kompressionsverhältnis gibt. Sollte sich dann bei der Erstausführung der neuen Konstruktion ergeben, daß der mittlere Druck etwas zu niedrig, die Kompression also nicht ausreichend sei, so kann man durch Einbau eines etwas höheren Kolbens leicht abhelfen. Selbstverständlich darf hiebei weder die zulässige Grenze der mechanischen Beanspruchung, noch jene der Erhitzung der Bauteile außer acht gelassen werden. Man wird daher bei der ersten Veranschlagung nicht gleich mit dem Höchstwerte des anwendbaren Kompressionsverhältnisses rechnen, sondern einen Spielraum für allfällige nachträgliche Änderungen offen lassen.

Die errechnete Formel für N_i gibt die indizierte Leistung eines Motorzylinders an. Sind deren mehrere vorhanden, so ergibt sich die indizierte Gesamtleistung durch Multiplikation mit der Zylinderzahl. Aus der Gleichung $N_i = \dfrac{\pi}{36\,000} \cdot n \cdot p_m \cdot d^2 \cdot s$ kann die Gruppe $\dfrac{\pi}{4} d^2 \cdot s$ herausgehoben werden. Dieser Wert ist nichts anderes als das **Hubvolumen** V_h eines Zylinders. Die Gleichung kann daher auch in der Form erstellt werden

$$N_i = \frac{1}{9000} \cdot n \cdot p_m V_h$$

Wie ersichtlich, ist die rechnungsmäßige indizierte Leistung außer vom Hubvolumen noch vom mittleren Drucke und der Tourenzahl abhängig. Es ist daher verfehlt, allein aus dem Hubvolumen Schlüsse auf die Motorleistung ziehen zu wollen. Bei Motoren gleichen Hubvolumens können sehr erhebliche Verschiedenheiten zwischen den mittleren Drücken und zwischen den Tourenzahlen bestehen, ganz abgesehen davon, daß die Leistung auch durch das Verhältnis des Hubes zur Bohrung, die Anordnung der Ventile, die Durchführung der Kühlung, und viele andere Einzelheiten sehr wesentlich beeinflußt wird. Wie groß die Verschiedenheiten bei gleichem Hubvolumen ausfallen können, mag folgender Vergleich zweier deutscher Motorradmotoren dartun, die beide bewährtesten Erzeugnisses und allermodernster Konstruktion, beide luftgekühlte Zweizylinder-Blockmotoren, im Viertakt arbeitend, sind. Bei gleichem Hubvolumen von je 500 Kubikzentimetern wird für den einen eine Bremsleistung von 11 PS, für den anderen eine solche von 18 PS angegeben. Dieses eine Beispiel mag zum Beweise genügen, wie unzulänglich das Hubvolumen zur Charakterisierung der Motorleistung ist und wie wertlos alle Umrechnungsformeln und Tabellen sind, die dazu dienen sollen, allein aus dem Hubvolumen ohne Benützung weiterer spezieller Angaben die Leistung eines Motors, sei es auch nur ungefähr zu bestimmen. Dem Techniker ist dies natürlich ohne weiteres klar. Im Sprachgebrauche der am Motorradwesen interessierten Laien ist es aber immer noch üblich, als vermeintliche Charakteristik der Leistungsfähigkeit eines Motors sein Hubvolumen (meist mit der falschen Bezeichnung „Zylinderinhalt") zu nennen. Vermutlich rührt dies daher, daß bei Motorradwettbewerben mangels einer besseren, ohne umständliche Untersuchungen durchführbaren Unterscheidung die Maschinen je nach ihrem Hubvolumen in einzelne Klassen aufgeteilt werden. Soweit es sich um Rennmaschinen handelt, werden die Leistungsunterschiede zumeist tatsächlich gering sein. Keine Fabrik wird in eine Klasse, die für Maschinen bis 750 Kubikzentimeter Hubvolumen offen ist, eine solche schicken, die nur 650 Kubikzentimeter Hubvolumen besitzt, und jede Fabrik wird bemüht sein, aus dem höchstzulässigen Hubvolumen auch das Alleräußerste an Leistung herauszuholen. Wesentlich anders verhält es sich mit normalen Serienmaschinen, die nicht speziell für Rennen gebaut wurden. Hier kann es leicht geschehen, daß von zwei Motoren gleichen Hubvolumens und sogar äußerlich gleicher Bauart der eine fast doppelt so viel leistet wie der andere. Die Verwirrung wird noch dadurch vergrößert, daß viele Fabriken die Leistungen der Motoren wohl in Pferdestärken angeben, hiebei aber nicht die Bremsleistungen zugrundelegen, sondern nach eigenen mehr oder minder willkürlichen Formeln berechnete Zahlen. Die einzig brauchbare und verläßliche Angabe, die einzige zugleich, die als Grundlage für Vergleiche dienen kann, ist die der Bremsleistung. Es ist nun sehr zu begrüßen, daß die führenden deutschen Werke dazu übergegangen sind, für die von ihnen erzeugten Motoren die Bremsleistungen anzugeben und diese auch unzweideutig als solche zu bezeichnen. Im Zusammenhange mit der Bremsleistung wird auch das Hubvolumen zu einer charakteristischen oder zumindest interessanten Zahl, während es für sich allein nichtssagend ist.

Von allen Formeln, die ohne Einbeziehung des Arbeitsdruckes und der Umdrehungszahl eine Leistungsbestimmung bezwecken, kommt lediglich der Steuerformel praktische Bedeutung zu, da sie die Grundlage der Steuerbemessung ist. Sie lautet für Viertaktmotoren

$$N = i \cdot 0{,}3 \cdot d^2 \cdot s$$

worin i die Zylinderzahl, d die Bohrung in Zentimetern, s den Hub in Metern bezeichnet. Für Zweitaktmotoren, die ja in der Tat bei weitem nicht die doppelte Leistung von Viertaktmotoren gleicher Abmessungen und Tourenzahlen ergeben, wird an Stelle der Konstanten 0,3 der Wert 0,45 gesetzt. Wie ersichtlich, ist auch hier lediglich das Hubvolumen zugrunde gelegt. Dieser Vorgang ist für die Zwecke der Steuerbemessung ganz berechtigt, da diese naturgemäß nur auf Grund leicht bestimmbarer, eindeutiger und unveränderlicher Werte erfolgen kann. Die Steuerformel führt notwendigerweise zu dem Bestreben, aus Motoren kleinen Hubvolumens eine möglichst hohe Leistung herauszuschlagen. Sie hat solcherart zweifellos einiges zur Züchtung der modernen schnellaufenden und hochkomprimierenden Fahrzeugmotoren beigetragen und damit befruchtend auf die Motorentechnik eingewirkt. Es kann heute schon vorkommen, daß die Bremsleistung eines Motors fast dem Zehnfachen seiner Steuerleistung gleichkommt. Verallgemeinerungen sind aber auch nach dieser Richtung hin unzulässig, denn es gibt eben auch Motoren, die auf der Bremse nur das Drei- oder Vierfache der Steuerpferdestärke leisten. Alle Versuche, durch Anwendung von Multiplikatoren, sei es auch mit Abstufungen und nur ungefähr, aus der Steuerpferdestärke die Bremsleistung ermitteln zu wollen, sind daher verfehlt und können im allgemeinen nur zu Irrtümern führen. Das einzig richtige ist die im Automobilwesen schon längst übliche Angabe der Steuerleistung und der Bremsleistung.

6. Anordnung der Ventile

Jeder Zylinder eines Viertaktmotors benötigt, wie schematisch bereits dargestellt wurde, zu seiner Funktion ein Einlaß- und ein Auspuffventil. Gewöhnlich ist nur je ein Ventil für Ein- und Auslaß vorhanden, zuweilen finden sich jedoch die Ventile, insbesondere die Auspuffventile, in doppelter Anordnung vor. Grundsätzlich ist diese Ausführung sehr vorteilhaft. Bei Doppelventilen muß die Ventilerhebung naturgemäß nicht so groß sein wie bei einfachen Ventilen. Die Freilegung des vollen Ventilquerschnittes kann daher innerhalb kürzerer Zeit erfolgen, auch können die Ventile ruhiger arbeiten, da die ihnen zu erteilenden Beschleunigungen beim Öffnen und Schließen kleiner ausfallen. Besonders vorteilhaft erweist sich das Doppelventil für den Auspuff, da es von Wichtigkeit ist, den noch hoch gespannten und heißen Auspuffgasen möglichst raschen und geringen Widerstand bietenden Ausgang zu ermöglichen. Wegen des größeren Raumbedarfes und Gewichtes, der etwas weniger einfachen Konstruktion und der wesentlich höheren Herstellungskosten wurde jedoch bisher von Doppelventilen im allgemeinen nur für Spezialmaschinen Gebrauch gemacht. In jüngster Zeit sind in England auch Tourenmaschinen mit doppelten Auspuffventilen auf den Markt gebracht worden. Den nachfolgenden allgemeinen Darlegungen ist die weitaus überwiegende Anordnung einfacher Ventile zugrundegelegt. Die Anbringung der Ventile kann in sehr mannigfaltiger Weise vorgenommen werden. Die theoretisch günstigste Ausführung ergibt sich, wenn beide Ventile im Zylinderkopf hängend, und zwar in schräger Lage, eingebaut werden (Abb. 119). Bei dieser Anordnung kann der Kompressionsraum glatt und annähernd halbkugelig ausgebildet werden, was rascher und gleichmäßiger Verbrennung und guter Wärmeausnützung sehr förderlich ist. Ein- und Ausströmung der Gase erfolgt auf kürzestem, stetig verlaufenden, mit geringstem Widerstande verbundenen Wegen, was eine Herabminderung der Verluste durch Drosselung und Leistungswiderstände ergibt. Abseits liegende Kammern, scharfe Winkel und Ecken, welche Wärmestauungen, Ansammlung unverbrannter Gasreste, Festsetzung von Ölkohle u. dgl. begünstigen, kommen nicht vor. All diese Umstände bringen es mit sich, daß der Motor mit oben hängenden Ventilen einen wesentlich besseren thermischen Wirkungsgrad ergibt, als jener mit stehenden Ventilen. Daß trotzdem die letztgenannte Ausführung noch sehr ausgedehnte Anwendung findet, hat folgende Gründe: Der Antrieb stehender Ventile gestaltet sich weit einfacher, da er von der unten liegenden Nockenwelle ohne Zwischenschaltung von Stoßstangen, Schwinghebeln und Rückholfedern abgeleitet werden kann. Die hiedurch gegebene einfachere Bauweise bedingt niedrigere Herstellungskosten, größere Betriebssicherheit, geringere Ansprüche hinsichtlich der Wartung und geräuschfreieren Lauf. Das Abwägen der Vor- und Nachteile der hängenden Ventile einerseits, der stehenden anderseits bringt es mit sich, daß jene hauptsächlich für Sport- und Rennmaschinen, diese vorwiegend für Tourenmaschinen zur Anwendung gelangen.

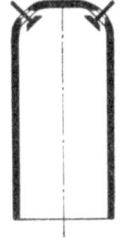

Abb. 119. Beide Ventile hängend (Schema)

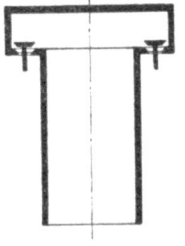

Abb. 120. Beide Ventile stehend, rechts und links vom Zylinder (Schema)

Die Anordnung stehender Ventile kann nun auch wieder in verschiedener Art durchgeführt werden.

1. Die Ventile stehen zu beiden Seiten des Zylinders (Abb. 120). Zu ihrer Unterbringung sind zwei Kammern und zu ihrer Betätigung zwei Nockenwellen erforderlich.

2. Die Ventile liegen hintereinander an einer Zylinderseite in einer gemeinsamen Kammer und

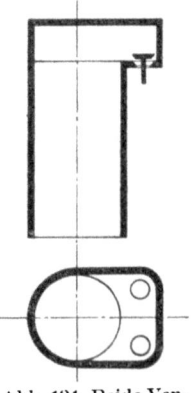

Abb. 121. Beide Ventile stehend an einer Zylinderseite (Schema)

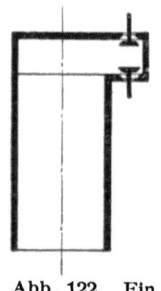

Abb. 122. Ein Ventil stehend, eines hängend an derselben Zylinderseite (Schema)

werden von einer gemeinsamen Nockenwelle bedient (Abb. 121). Diese Anordnung ist die weitaus häufigste.

Es ist natürlich auch möglich, ein Ventil hängend und eines stehend einzubauen. Von dieser Kombination wird häufig Gebrauch gemacht, und zwar zumeist in der Weise, daß das Ansaugventil hängend, das Auspuffventil stehend angeordnet wird. Beide Ventile pflegt man in diesem Falle an derselben Zylinderseite anzubringen, entweder beide in gemeinsamer Kammer einander gegenüberliegend (Ansaugventil oben, Auspuffventil unten) oder nur das Auspuffventil in einer Kammer, das Ansaugventil im Zylinderkopf. Die erstgenannte Anordnung ist in Abb. 122 schematisch dargestellt.

7. Bauteile des Motors

Die Zahl der Ausführungsmöglichkeiten für alle Einzelteile des Motors ist außerordentlich groß. Es ist unmöglich, eine übersichtliche Darstellung aller in Betracht kommender oder selbst nur der praktisch wichtigsten Konstruktionen zu geben. Übrigens würde dies auch gar nicht dem Zwecke dieses Buches entsprechen, der vor allem auf Vermittlung **grundsätzlichen Verständnisses** gerichtet ist. Die Funktion und Ausbildung des einzelnen Bauteiles wird daher an dem Beispiel weniger Ausführungsformen, allenfalls auch nur einer einzigen, erläutert werden. Einige weitere finden sich übrigens in den Darstellungen des Gesamtaufbaues vor.

A. Der Zylinder und seine Kühlung

Wie wir bereits wissen, fällt die Ausbildung des Zylinders grundverschieden aus, je nachdem, ob er für einen Vier- oder Zweitaktmotor bestimmt ist. Die Abmessungen des Zylinders sind in beiden Fällen durch Bohrung, Hub und das Kompressionsverhältnis bestimmt. Bei Viertaktzylindern hängt die Formgebung vor allem davon ab, für welche Ventilanordnung man sich entschieden hat.

Der Zylinder kann entweder aus einem einzigen Stücke bestehen, oder es kann sein oberster Teil, der Zylinderkopf, abnehmbar ausgeführt werden. Diese Gestaltung bietet den Vorteil, daß der Verbrennungsraum leicht zugänglich ist und zu seiner Reinigung von Ölkohle nicht der ganze Zylinder demontiert, sondern nur der Kopf abgehoben werden muß. — Auch ermöglicht die Ausführung mit abnehmbarem Kopf größere Präzision in der Bearbeitung der Zylinder-Innenfläche.

Die Befestigung des Zylinders am Kurbelgehäuse erfolgt zumeist mittels Stehbolzen genannter Schrauben (Abb. 123), deren gewöhnlich vier für jeden Zylinder angeordnet werden. Der eine Gewindeteil jedes Bolzens wird in den Rand des Kurbelgehäuses eingeschraubt, sodann der Zylinder, der einen mit entsprechenden Bohrungen versehenen Flansch besitzt, aufgeschoben und durch Muttern, die auf die hervorstehenden Gewindestücke geschraubt werden, festgezogen. Um korrekten und festen Sitz des Zylinders am Kurbelgehäuse zu erzielen, wird jener zumeist mit einem Zentrierrand versehen (siehe Abb. 124).

Bei abnehmbarem Zylinderkopf ist es am einfachsten, die Stehbolzen bei entsprechender Stärke so lang auszuführen, daß sie über die Teilungsebene zwischen Zylinder und Zylinderkopf noch um etwas mehr als Mutternhöhe vorragen und daher sowohl zur Verbindung des Zylinders mit dem Gehäuse als auch mit dem Zylinderkopfe verwendet werden können. Damit der Zylinderkopf richtig sitze, wird die obere Fläche des Zylinderkörpers gleichfalls mit einer Zentrierstufe versehen.

Die Innenfläche des Zylinders wird aufs genaueste ausgeschliffen, damit der Kolben möglichst reibungsfrei laufen und vollständig abdichten kann. Die bei Zweitaktmotoren notwendigen, in die Kolbenbahn fallenden Schlitze für Einlaß und Ausströmung der Gase sind durch Stege unterteilt, womit ein Hängenbleiben der Kolbenringe durch Hinausfedern über die Schlitzränder sicher verhindert wird.

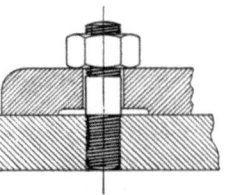

Abb. 123. Stehbolzen

Von besonderer Wichtigkeit ist die Ausbildung des Verbrennungsraumes. Seine Innenfläche ist so glatt wie möglich zu gestalten, scharfe Krümmungen, Ecken und tote Räume sind nach Tunlichkeit zu vermeiden. Gewöhnlich wird der Verbrennungsraum annähernd symmetrisch zur Zylinderachse ausgeführt, und die Zündkerze erhält zur Erzielung möglichst gleichmäßiger Verbrennung ungefähr zentralen Sitz im Zylinderkopfe. Eine Ausnahme macht die von dem amerikanischen Konstrukteur Ricardo herrührende und nach ihm benannte Formgebung des Zylinders. Bei dieser wird die eine Hälfte des Zylinderbodens eben, die andere aufwärts ausgebuchtet, also unsymmetrisch gestaltet. Der Kolben wird bis dicht an die ebene Fläche des Zylinderbodens herangeführt (Abb. 147). Im Kompressionshub entstehen durch das Abdrängen der Gase in den seitlich gelegenen Kompressionsraum Wirbelbildungen, die eine besonders innige Vermischung des Gases mit der Luft und daher eine sehr energische Verbrennung bewirken sollen.

Bei Viertaktmotoren hat der Zylinderkopf die Anschlüsse für die Zu- und Ableitung der Gase, bei Zweitaktmotoren das Dekompressionsventil, bei beiden die Zündkerze und den Zischhahn (dieser dient zur

Kontrolle der Motorfunktion und nötigenfalls zum Einspritzen von Benzin) zu tragen. Die Verbindung der Ansaug- und Auspuffrohre mit den zugehörigen Zylinderstützen erfolgt entweder durch Flanschen (dies ist selten) oder durch direktes Anschrauben der Rohre in Innengewinde der Stutzen oder durch Überwurfmuttern (Holländer). Die letztgenannte Ausführung ist die zweckmäßigste und häufigst angewendete. Das unmittelbare Einschrauben der Rohre in Innengewinde der Stutzen ist wohl die einfachste Verbindung, doch gestaltet sich es mitunter schwierig, das Rohr hinreichend fest anzuziehen und ihm zugleich die genau richtige Lage im Raume zu geben. Die Auspuffstutzen müssen naturgemäß größeren Querschnitt besitzen als die Einlaßstutzen, da ja die Auspuffgase höhere Temperatur und somit größeres spezifisches Volumen haben als die Frischgase.

Der Zylinder muß sowohl an seiner Mantelfläche als auch an der Kopffläche gekühlt werden, da, wie wir bereits wissen, für eine Herabminderung der bei der Explosion auftretenden Höchsttemperatur Sorge zu tragen ist. In den allermeisten Fällen wird für Motorradmaschinen Luftkühlung angewendet, das heißt, die äußere Zylinderoberfläche wird soweit vergrößert, daß sie die überschüssige Wärme an die umgebende Luft hinreichend rasch abzuführen vermag. Dieser Vorgang wird durch den Fahrwind sehr wirksam unterstützt, daher geht unter sonst gleichen Umständen die Kühlung um so energischer vor sich, je schneller das Motorrad fährt. Die entsprechende Vergrößerung der Oberfläche wird durch Anbringung von Kühlrippen bewirkt, die — um dem Fahrwind möglichst freien Zutritt zu gewähren — bei vertikal und schräg stehenden Zylindern horizontal, bei horizontal liegenden Zylindern vertikal (und parallel zur Zylinderachse) angeordnet werden. Die Rippen des Zylinderkopfes stehen immer vertikal. Auch bei der Lagerung der Zylinder im Fahrgestell ist stets darauf Bedacht zu nehmen, daß der Fahrwind zu den Kühlflächen möglichst ungehinderten Zutritt habe. Hat der Motor mehrere hintereinander liegende Zylinder, so ist zu berücksichtigen, daß die hinteren Zylinder von dem vorne liegenden gedeckt werden (in seinem „Windschatten" liegen). Es ist daher zuweilen nötig, die Kühlfläche des hinteren Zylinders größer zu bemessen, als die des vorderen. Ganz besondere Sorgfalt ist der Kühlung des Auspuffventiles zuzuwenden, da für dieses Organ und seine Umgebung die Gefahr von Wärmestauungen im Falle unzureichender Kühlung sehr groß ist. Es wird daher häufig auch der obere Teil der Auspuffleitung mit Kühlrippen versehen.

Nur in vereinzelten Ausnahmefällen wird im Motorradbau von der Wasserkühlung Gebrauch gemacht. Ihr Wesen besteht in folgendem: Der Zylinder und, soweit es möglich ist, auch der Zylinderkopf werden mit doppelter Wandung ausgeführt. In dem Hohlraum zwischen innerer und äußerer Wandung, dem Wassermantel, zirkuliert Wasser, das die überschüssige Wärme des Zylinders aufzunehmen hat. Das Kühlwasser tritt an der tiefsten Stelle des Wassermantels ein, steigt durch die Erwärmung auf und tritt an der höchsten Stelle des Mantels durch eine entsprechend angelegte Leitung in einen Behälter ein. Dieser wird mit einer möglichst großen Oberfläche dem Fahrwind ausgesetzt, so daß sich das in ihm befindliche Wasser bis zu einem gewissen Grade abkühlt, worauf es dem Zylinder wieder zufließt. (Für das Kühlwasser selbst wird also Luftkühlung angewendet.) Das eben beschriebene System heißt Thermosyphonkühlung, weil die Zirkulation lediglich durch das Aufsteigen des erhitzten und das Nachströmen des abgekühlten Wassers erfolgt. Bei Automobilmotoren wird zumeist die Kühlwasserzirkulation durch eine Pumpe bewirkt, die das heiße Wasser aus dem Kühlmantel absaugt und ihm das abgekühlte Wasser wieder zudrückt. Für Motorräder finden jedoch Kühlwasserpumpen keine Anwendung.

Die Wasserkühlung ergibt reichlichere, gleichmäßigere und zuverlässigere Wärmeabfuhr als die Luftkühlung, also vergrößerte Betriebssicherheit und erhöhten Wirkungsgrad (durch die Möglichkeit, stärkere Kompression anzuwenden und wegen des besseren Füllungsgrades). Trotzdem wird sie im Motorradbau nur äußerst selten angewendet, da durch sie Aufbau und Wartung des Motors weniger einfach, Gewicht, Raumbedarf und Herstellungskosten sehr erheblich gesteigert werden. Das Beispiel eines wassergekühlten Motors zeigt Abb. 148.

Ist es im allgemeinen ganz gerechtfertigt, für den Motorradmotor auf Wasserkühlung zu verzichten und sich mit Luftkühlung zu begnügen, so ist es doch ganz verfehlt, an dieser zu sparen, um geringe Verminderungen des Gewichtes und der Herstellungskosten oder etwas tiefere Schwerpunktlage zu erzielen. Die Kühlung soll in allen Fällen eher überreichlich als knapp bemessen werden, um selbst für den Fall des — übrigens gar nicht so seltenen — Zusammentreffens ungewöhnlich hoher Lufttemperatur und äußerst starker Anstrengung des Motors dessen bis zur Funktionsunfähigkeit gehende Überhitzung mit Sicherheit zu verhüten. Aber selbst von diesem Sonderfall abgesehen, ist stets darauf Rücksicht zu nehmen, daß mangelhafte Kühlung die Leistung des Motors herabsetzt und seine Betriebssicherheit gefährdet. Es soll daher nicht nur auf reichliche Bemessung der Kühlflächen, sondern auch auf eine den Zutritt des Fahrwindes nicht behindernde Lagerung der Zylinder Bedacht genommen werden. Aus Kühlungsrücksichten erscheint es auch vorteilhaft, das Auspuffventil im Sinne der Fahrt vorne anzubringen.

Ein ungewöhnliches Kühlsystem weist der Old-Bradshaw-Motor auf. Die Zylinder sind bis an die Köpfe in das Kurbelgehäuse versenkt. Dieses ist mit Öl gefüllt, welches hier, zweckentsprechend zirkulierend, die Funktion des Kühlmittels übernimmt. Es sei übrigens vermerkt, daß bei jedem Motor die Ölung zugleich einiges zur Kühlwirkung beiträgt und daß einem zur Überhitzung neigenden Motor durch eine freilich vorsichtig zu bemessende geringe Erhöhung der Ölzufuhr die Arbeit meist erleichtert werden kann.

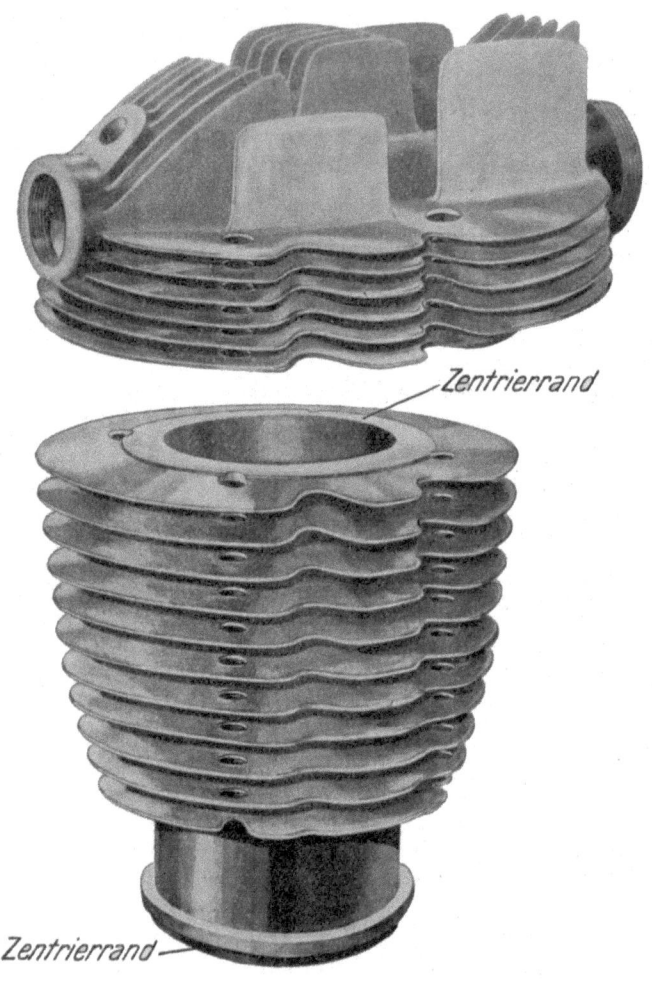

Abb. 124. Zylinder und Zylinderkopf mit Kühlrippen (Sunbeam)

Alle bisherigen Darlegungen über die Gestaltung des Zylinders und seine Kühlung beziehen sich auf Einzylindermotoren. Sie behalten indessen volle grundsätzliche Geltung auch für Mehrzylindermotoren. Ein Sonderfall erscheint nur für Blockmotoren gegeben. Darunter versteht man Konstruktionen, bei denen zwei oder mehrere Zylinder zu

Bauteile des Motors   155

einem einzigen Gußstück vereinigt sind. Diese Anordnung, die aber an und für sich wohl nur bei Reihenmotoren in Betracht kommt, hat für den Motorradbau kaum nennenswerte Bedeutung, und zwar eben mit Rücksicht auf die Kühlung. Es ist klar, daß jene Stelle der Mantelfläche, die zwei Zylindern gemeinsam ist, der Luftkühlung nur mangelhaft zugänglich sein kann. Da außerdem eben an dieser Stelle eine Materialverstärkung vorliegen muß, wären bei Anwendung von Luftkühlung Wärmestauungen an der Vereinigungsstelle zweier als Block gegossener Motoren kaum vermeidlich. Für Blockmotoren kommt daher ausschließlich Wasserkühlung in Betracht, die im Motorradbau wohl immer nur vereinzelte Anwendung finden dürfte.

Das Beispiel eines luftgekühlten Zylinders mit dem zugehörigen abnehmbaren Zylinderkopf gibt Abb. 124 (Sunbeam). Entsprechend der

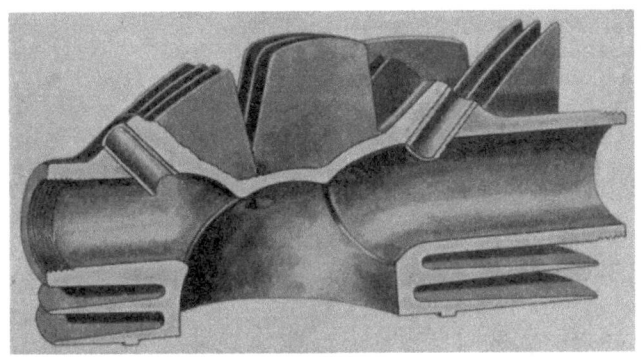

Abb. 125. Abnehmbarer Zylinderkopf, Schnitt (Sunbeam)

stärksten Erhitzung in der Zone des Verbrennungsraumes haben die Rippen dort den größten Durchmesser und verkürzen sich gegen unten hin. Ein Schnitt durch den Zylinderkopf ist in Abb. 125 dargestellt. Dieser zeigt, daß der Verbrennungsraum hier tatsächlich der Halbkugelform sehr nahe kommt und daß die Gaswege ohne scharfe Krümmungen, Ecken oder tote Räume mit dem Zylinderinneren in Verbindung stehen. Die Führungen für die Ventilschäfte sind, wie allgemein üblich, in den Zylinderkopf eingegossen.

Der Baustoff des Zylinders ist in den allermeisten Fällen Grauguß. Von einer Bearbeitung der Außenflächen pflegt man abzusehen. Die moderne Gußtechnik ermöglicht es, so saubere Stücke zu liefern, daß — Paßflächen natürlich ausgenommen — jede Nacharbeit unterbleiben kann. Eine solche wäre übrigens für die Kühlrippen sogar schädlich, da — wie sich ausnahmslos gezeigt hat — eine gewisse Rauheit der Kühlrippenoberfläche die Wärmeabfuhr begünstigt. Gegen ein Abblasen im Sandstrahlgebläse ist aber nichts einzuwenden. — In neuerer Zeit sind auch Gußzylinder aus Aluminium (bzw. Aluminiumlegierungen) mehrfach und mit gutem Erfolge angewendet worden. Ein nennenswerter Vorteil gegenüber dem Graugußzylinder konnte aber bisher nicht festgestellt werden. Die Kühlwirkung wird wohl unter sonst gleichen Umständen besser sein, dies läuft jedoch letzten Endes nur auf eine geringe Gewichtsersparnis hinaus. Dagegen wird sich beim Graugußzylinder wohl stets eine präzisere Bearbeitung und größere Widerstandsfähigkeit der Kolbenlauffläche erzielen lassen. — Wenig aussichtsvoll erscheinen die Versuche, auf einen glatten Graugußzylinder Rippen aus einem anderen, besser wärmeleitenden Material aufzusetzen. Wie immer die Verbindung zwischen Rippen und Zylinder in solchen Fällen bewerkstelligt werden mag, nie wird sie so innig ausfallen wie beim einheitlich gegossenen Stück, so daß ein Teil dessen, was man auf der einen Seite an Wärmeleitfähigkeit gewinnt, auf der anderen gleich wieder verlorengeht. Übrigens muß ein so zusammengesetzter Zylinder ganz unverhältnismäßig teuer ausfallen. Es kommt schließlich als Baumaterial noch Stahl in Betracht, der aber auch nur selten Anwendung findet. Stahlzylinder müssen in einem mit ihren Rippen aus dem Vollen gedreht werden. Diese Arbeit ist begreiflicherweise sehr kostspielig, ergibt überdies — was für die Kühlung, wie schon erwähnt, unvorteilhaft ist — glattbearbeitete Rippen.

B. Das Triebwerk

Das Triebwerk im engeren Sinne besteht aus Kolben, Pleuelstange und Kurbelwelle.

Der Kolben hat in erster Linie die Aufgabe, den Expansionsdruck auf die Kurbelwelle zu übertragen. Außerdem hat er durch Erzeugung einer Saugwirkung das Einströmen der Frischgase zu unterstützen, sie hierauf zu komprimieren und nach erfolgter Verbrennung den Ausschub der Gase zu bewirken. Es leuchtet ein, daß für all diese Funktionen ein völlig dichtes Anschließen des Kolbens an die Zylinderwand unerläßlich ist, da anderen Falles ein Gasdurchlaß zwischen Kolben und Zylinder erfolgen würde, was zumindest einen empfindlichen Leistungsabfall, wenn nicht Arbeitsunfähigkeit des Motors zur Folge hätte. Es erweist sich indessen als untunlich, mit einem ganz starr ausgebildeten Kolben eine vollkommene Abdichtung herbeizuführen. Würde man den Kolbenkörper selbst ganz dicht an der Zylinderwand aufliegen lassen, so müßte infolge der sehr bedeutenden Drücke, die durch die Pleuelstange vom Kolben übertragen werden, entweder dieser oder die Zylinderwand binnen kürzester Zeit eine derartige Abnützung erfahren, daß sich nun doch Undichtheiten einstellen würden. Hiezu kommt noch der Umstand, daß sich die Temperaturverhältnisse sowohl des Kolbens wie auch des Zylinders im Arbeitsverlaufe ändern, wodurch Ausdehnungen beider, jedoch nicht im völlig gleichem Maße bedingt sind. (Ganz besonders gilt dies für den sehr häufigen Fall, daß der Zylinder aus Grauguß, der Kolben aus Aluminium hergestellt wird. Die Ausdehnungskoeffizienten dieser beiden Baustoffe sind voneinander sehr verschieden.) Paßte also der Kolben in kaltem Zustand völlig dicht in den Zylinder, so würde er nach erfolgter Erhitzung, falls sein Ausdehnungskoeffizient größer als der des Zylinders ist, klemmen, im umgekehrten Fall locker und damit undicht werden.

Man hilft sich also in der Weise, daß der Kolben nahe seinem oberen Rande mit Nuten versehen wird, in welche geschlitzte, selbsttätig nach außen federnde Ringe eingelegt werden. Dadurch wird ein ständiger dichter Abschluß des Zylinderraumes erzielt, unter Wahrung eines gewissen, natürlich nur sehr geringen Spielraumes zwischen äußerer Kolben- und innerer Zylinderwand (Abb. 126 und 127).

Abb. 126. Kolben mit Kolbenringen

Gewöhnlich werden zwei, höchstens drei Kolbenringe angewendet. Bei ihrem Einban ist darauf zu achten, daß die Schlitze nicht genau übereinander zu stehen kommen, weil sonst an dieser Stelle ein Entweichen der Gase erfolgen könnte. Am besten ist es, die Schlitze gleichmäßig, also bei zwei Ringen um 180^0, bei drei Ringen um 120^0 versetzt anzuordnen. Bei Zweitaktmotoren müssen die Ringe am Kolben fixiert werden, um zu verhüten, daß durch eine während des Laufes erfolgende Verdrehung eines Ringes seine Trennungsfuge an einen der Zylinderschlitze gelange, wobei die freien Enden in den Schlitz hinausfedern und an dessen Rand hängenbleiben könnten. Selbstverständlich dürfen die Ringe am Nutengrund niemals streng passend aufliegen, also den Raum zwischen innerer Nuten- und Zylinderwand nicht vollständig ausfüllen, weil in diesem Fall kein Spielraum für Federung und Ausdehnung vorhanden wäre. Ebenso

Abb. 127. Kolbenring

dürfen die freien Ringenden bei gespanntem Zustand des Ringes keinen vollständigen Schluß ergeben, sondern müssen einen geringen Abstand aufweisen, dessen Größe je nach der des Kolbenringes selbst zu bemessen ist. Die freien Ringenden werden entweder schräg oder abgestuft, niemals aber stumpf und parallel zur Ringachse verlaufend gestaltet, weil dies Gasverluste begünstigen würde. Die Elastizität des Ringes, bis zu einem gewissen Grade schon durch die Schlitzung bedingt, wird vergrößert, indem man den Ring derart exzentrisch ausbildet, daß seine Wandstärke an der dem Schlitze diametral gegenüberliegenden Stelle am größten ist und sich von dort gegen beide Enden hin verjüngt, allenfalls auch, indem man in die

Innenseite des Ringes parallel zu seiner Achse stehende Kerben einklopft, dem Schlitz gegenüber am dichtesten und tiefsten, gegen die Enden schütterer und seichter, wodurch eine Erhöhung der Spannung erzielt wird. Wenn die Ringe soweit abgenützt sind, daß sie keine hinreichende Abdichtung mehr ergeben, oder wenn sie infolge der Wärmebeanspruchung an Elastizität verloren haben, können sie ohne Schwierigkeit gegen neue ausgetauscht werden. Hiebei hat man es auch in der Hand, einer etwa erfolgten Abnützung der Zylinderwand durch Einbau etwas stärkerer Ringe Rechnung zu tragen.

Der Kolbenkörper kann in verschiedener Weise gestaltet werden. Der Kolbenboden wird entweder eben oder konvex, seltener konkav geformt. Welcher dieser Ausbildungen der Vorzug gebührt, steht nicht fest. Sehr erhebliche praktische Unterschiede sind jedenfalls nicht zu verzeichnen. Derzeit sind gewölbte Kolbenkuppen ziemlich beliebt. Für Ricardo-Zylinder können selbstverständlich nur Kolben mit flachem Boden angewendet werden. Da die Abdichtung des Zylinderraumes von den Kolbenringen besorgt wird, der Kolbenkörper hingegen nur zur Geradeführung dient, ist es nicht nötig, seinen Mantel als völlig geschlossene Zylinderfläche auszubilden, sondern es können reichlich bemessene Ausschnitte zwecks Gewichtsersparnis vorgesehen werden. Eine derartige Anordnung ist in Abb. 128 dargestellt. Diese läßt auch deutlich die zur Aufnahme des Kolbenbolzens bestimmten Augenlager erkennen.

Abb. 128. Kolben mit flachem Boden und Ausnehmungen der Mantelfläche

Der Bolzen, zumeist zylindrisch, selten konisch und immer hohl ausgeführt, kann entweder in den Augenlagern drehbar sein, in diesem Falle ist er mit dem Pleuelstangenkopfe fest zu verbinden, oder er ist fest im Kolbenlager gelagert, der Pleuelstangenkopf hingegen drehbar am Bolzen angebracht. Die zweite Ausführung ist weitaus häufiger und wohl auch zweckmäßiger, da es gegebenenfalls weit weniger umständlich ist, eine Erneuerung des Pleuelstangenlagers als eine solche der Kolbenaugenlager vorzunehmen. Die Sicherung des Kolbenbolzens gegen Verdrehung und Verschiebung erfolgt zumeist durch Verschraubung.

Außerordentlich wichtig für die Funktion des Kolbens ist die richtige Schmierung seiner Laufflächen. Sie vermindert nicht nur schädliche Reibungen und Überhitzung, sondern trägt auch zur Vervollkommnung der Abdichtung bei. Hiezu ist allerdings nötig, daß das zur Anwendung kommende Öl die richtige Konsistenz besitze und entsprechend dosiert, weder zu reichlich noch zu knapp zugeführt werde. Um die richtige Verteilung des Öles über die Lauffläche zu erleichtern, wird der Kolben häufig, insbesondere bei Anwendung von Sprühölung, an seinen unteren Teilen mit einer Reihe seichter Nuten versehen. Das Öl, das sich in diesen Nuten ansammelt, wird beim Laufen des Kolbens an die Zylinderwand übertragen. Weist diese jedoch einen Ölüberschuß auf, so kann das Öl allenfalls in die erwähnten Nuten des Kolbens einfließen, wird also von diesem abgestreift. Eine recht vorteilhafte Anordnung besteht darin, die Ölnuten nicht ringsum laufend, sondern in gleichmäßigen Abständen unterbrochen und gegeneinander versetzt auszuführen (Abb. 129). Der in Abb. 128 dargestellte Kolben ist oberhalb der Bolzenlager mit einer Reihe über den ganzen Umfang verteilter kleiner Löcher versehen. Diese dienen dazu, das Öl in das Kolbeninnere zu leiten, von wo es dem Kolbenbolzen bzw. den Stellen seiner beweglichen Lagerung zugeführt wird.

Der Kolben des Zweitaktmotors erfordert eine besondere Formgebung des Bodens, der, um die Vermischung der Frischgase mit den Auspuff zu verhindern, mit einem Abweiser ausgerüstet sein muß. Der Kolbenboden wird zu diesem Zwecke entweder stufenförmig gestaltet oder mit einer seitlich angeordneten vertikalen Rippe oder — dies ist das Häufigste — mit einem nasenförmig profilierten Aufsatz versehen (Abb. 129). Die Abbildung läßt auch erkennen, daß sich in der Nut zwischen den Ringenden ein Stift befindet, der Verdrehung des Ringes hindert. Da beim Zweitaktmotor mit Rücksicht auf die Vorkompression der Frischgase auch der unterhalb des Kolbens liegende Raum abgedichtet werden muß, wird zuweilen auch am unteren Kolbenende ein federnder Ring angeordnet.

Abb. 129. Zweitaktkolben

Als Baustoff des Kolbens werden entweder Gußeisen oder Leichtmetallegierungen verwendet. Diese haben den Vorteil weit besserer Wärmeleitfähigkeit, wodurch übermäßigen und ungleich verteilten Erhitzungen des Kolbens entgegengewirkt wird. Ein gewisser Nachteil liegt darin, daß der Kolben aus Leichtmetall, mit Rücksicht auf den hohen Ausdehnungskoeffizienten, der diesem Material eigen ist, in kaltem Zustand verhältnismäßig viel Spiel im Zylinder haben muß. Bei Aluminiumkolben sind in die Augenlager Stahl- oder Bronzebüchsen einzugießen. Bei Elektronkolben ist dies nicht nötig. Elektron, eine Aluminium-Magnesium-Kupferlegierung, ist noch leichter als Aluminium und gewinnt daher als Konstruktionsmaterial wachsende Bedeutung.

Die Kolbenringe werden aus Spezialgußeisen hergestellt. Das Kolbenringmaterial hat ganz besonders hohen Anforderungen zu genügen. Es muß außerordentlich dicht und homogen sein, relativ hohe Elastizität besitzen und darf dabei weder zu hart noch zu weich ausfallen, da im ersten Falle eine unzulässig rasche Abnützung des Zylinders, im zweiten der Kolbenringe selbst erfolgen würde.

Der Kolbenbolzen wird aus Spezialstahl erzeugt und im Einsatz gehärtet.

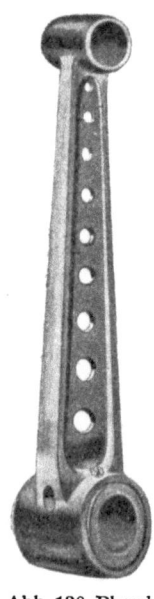

Abb. 130. Pleuelstange

Die Pleuelstange dient dazu, während des Expansionshubes die Bewegung des Kolbens auf die Kurbelwelle und während aller anderen Hübe die Bewegung der Kurbelwelle auf den Kolben zu übertragen. Wir unterscheiden an der Pleuelstange den Pleuelstangenkopf, der den Kolbenbolzen, den Pleuelstangenfuß, der den Kurbelzapfen umgreift, und den Pleuelstangenschaft, der Kopf und Fuß miteinander verbindet. (Die Bezeichnungen „Kopf" und „Fuß" werden zuweilen auch im umgekehrten Sinne gebraucht.) Der Kopf wird immer, gleichgültig ob Gleit- oder Rollenlager zur Anwendung kommen, einteilig ausgeführt. Montageschwierigkeiten ergeben sich hieraus nicht, weil der Kolbenbolzen leicht ein- und ausgebaut werden kann. Etwas anders verhält es sich mit dem Pleuelstangenfuß. Bei geteilter Kurbelwelle kann auch dieser einteilig, und zwar nach Belieben entweder mit einer Gleitbüchse oder mit einem Rollenlager versehen ausgeführt werden. Ist hingegen die Kurbelwelle aus einem Stück angefertigt, so bereitet die Aufbringung des einteiligen Pleuelstangenfußes, wenn sie überhaupt möglich ist, beträchtliche Schwierigkeiten und es ist daher in diesem Fall ein Pleuelstangenfuß mit abnehmbarem Deckel vorzuziehen.

Der Deckel wird durch Verschraubung mit dem Pleuelstangenfuß verbunden. Der Pleuelstangenschaft kann kreisrund, elliptisch, flach oder T-förmig ausgeführt werden. Da ein Teil der Pleuelstange den hin- und hergehenden, also nicht völlig ausgleichbaren

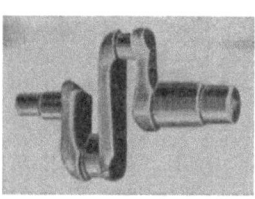

Abb. 131. Kurbelwelle

Massen angehört, ist es von Wichtigkeit, ihr Gewicht auf ein möglichst niedriges Maß zu beschränken. Bei flachem oder T-förmigem Profil werden daher Erleichterungslöcher angebracht. Eine derartige Ausführung zeigt Abb. 130. Wie ersichtlich, ist bei dieser Konstruktion in den einteiligen Pleuelstangenfuß ein Gleitlager eingebaut. Diese Anordnung findet sich jedoch bei neuesten Motorradmotoren nur mehr selten vor. Man verwendet nun für einteilige Pleuelstangenfüße fast ausnahmslos Rollenlager, die eine nicht unerhebliche Kraftersparnis gewährleisten. (Kugellager sind wegen der hohen spezifischen Drücke, die an dieser Stelle auftreten, wenig empfehlenswert und werden auch nur ausnahmsweise angewendet.)

Die Länge der Pleuelstange bzw. das Verhältnis ihrer Länge zu der des Kurbelkreishalbmessers (d. i. des halben Hubes) ist kinematisch und dynamisch für das Kurbelgetriebe von ausschlaggebender Bedeutung. Je größer die Verhältniszahl $l:r$ ist, desto geringer fallen die von der Pleuelstange auf die Zylinderwand übertragenen Seitendrücke aus. Von diesem Gesichtspunkt betrachtet, erschiene es also geboten, die Pleuelstange möglichst lang auszuführen. In der Praxis sind jedoch der Pleuelstangenlänge mit Rücksicht auf Raumbedarf, Gewicht und Massenausgleich ziemlich enge Grenzen gesetzt. Gewöhnlich wird die Pleuelstangenlänge so bemessen, daß $l:r$ gleich 3,5 bis höchstens 4 wird.

Als Baustoff für die Pleuelstange kommen nebst Chromnickelstahl Spezialgierungen von Leichtmetallen in Betracht, insbesondere Elektron und Duralumin (Aluminium-Magnesium-Kupfer-Mangan). Mit diesen,

Abb. 132. Scheibenkurbelwelle für Einzylinder

die den Vorteil geringeren Gewichtes bei ausreichender Festigkeit bieten, sind in den letzten Jahren vorzügliche Erfahrungen gemacht worden.

Unter Kurbelwellen versteht man im Maschinenbau geschmiedete Wellen, welche mit Kröpfungen, an denen die Pleuelstangenfüße an-

Abb. 133. Scheibenkurbelwelle für V-Motor (N S U)

greifen, versehen sind (Abb. 131). Kurbelwellen in diesem Sinne finden im Motorradbau fast nur für Mehrzylindermotoren und auch bei diesen nicht immer Anwendung. Für Einzylinder- und V-Motoren wird die Kurbelwelle zumeist in der Weise ausgebildet, daß zwei runde Scheiben durch einen senkrecht und exzentrisch zu ihnen gestellten Bolzen, welcher dann als Kurbelzapfen funktioniert, verbunden werden. In die Mitten der Scheiben werden Wellenstücke gesetzt, die zur Aufnahme der Kugel- oder Rollenlager sowie zur Anbringung von Übertragungsrädern dienen. Die Scheiben sind als Schwungräder ausgebildet, und zwar so, daß sie auch den Massenausgleich bewirken.

Abb. 134. Kurbelwelle, Schwungrad, Pleuelstange (S c o t t)

Eine derartige Konstruktion (NSU) ist in Abb. 132 im Zusammenhange mit der Pleuelstange und dem Kolben dargestellt. Eine ganz ähnliche Anordnung ist besonders deutlich aus der Schnittzeichnung Abb. 143 ersichtlich. Für V-Motoren läßt sich diese Konstruktion in ganz gleicher Weise anwenden, nur müssen die Schwungscheiben etwas weiter voneinander abstehen und der sie verbindende, als Kurbelzapfen dienende Bolzen muß dementsprechend länger ausfallen, weil er nun zwei Pleuelstangenfüße aufzunehmen hat. Abb. 133 zeigt die für den NSU-V-Motor angewendete Ausführung von beiden Seiten. Die den Kurbelzapfen haltende Sechskantmutter ist, wie links ersichtlich, durch ein aufgeschobenes, oben fixiertes Plättchen gegen Verdrehung gesichert. Sowohl der Fuß der Pleuelstange, deren Schaft hier oval ausgebildet ist, wie auch die Kurbelwelle sind auf Rollen gelagert. Eine Kurbelwelle samt Schwungrad für einen Zweizylinder-Reihenmotor (Scott) mit den

Bauteile des Motors

C. Die Ventile und ihre Betätigung

Während beim Zweitaktmotor die Freilegung und der Verschluß der Öffnungen für Ein- und Austritt der Gase vom Kolben bewirkt wird, sind hiefür beim Viertaktmotor eigene Organe — Ventile —

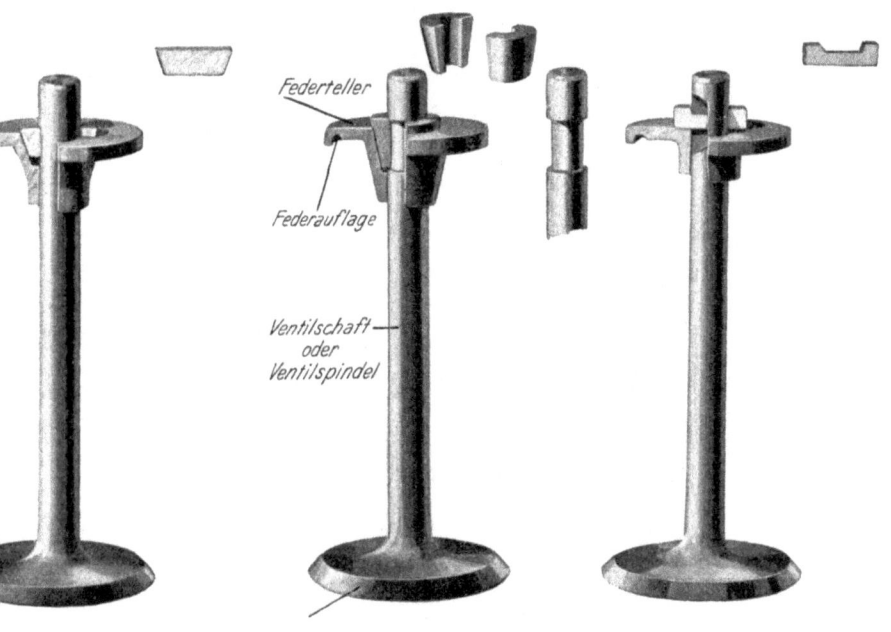

Abb. 135 bis 137. Ventile

erforderlich. Es kommen derzeit nur noch Kegelventile in Betracht, das heißt: die Gasöffnungen werden nicht, wie es früher vielfach geschah, vom Ventil flach überdeckt, sondern die abzuschließenden Flächen — Ventilsitze — sind als abgestumpfte Hohlkegel ausgebildet, in welche die demgemäß ebenfalls konisch geformten Ventilkörper genau hineinpassen (Abb. 135 bis 137).

Das Öffnen der Ventile erfolgt zwangläufig durch einen von der Kurbelwelle angetriebenen Steuerungsmechanismus, das Schließen durch Federkraft. Hiefür ist in den allermeisten Fällen eine zylindrische Druckfeder vorgesehen, die sich einerseits an der Außenseite der Ventilkammer bzw. des Zylinderkopfes, anderseits gegen einen mit dem Ventilschaft zu verbindenden Federteller abstützt. Die Fixierung des Federtellers erfolgt mit Hilfe zweiteiliger Kegelhülsen oder entsprechend geformter Keile, wie aus den Abb. 135 bis 137 ersichtlich. Der Federteller wird in der dargestellten Lage durch die nicht eingezeichnete Feder gehalten, die mit mäßiger Vorspannung einzubauen ist.

Die Stellung beider Ventile innerhalb der einzelnen Hübe ergibt sich — Vor- und Nachöffnen sowie Nachschluß vernachlässigt — aus folgender Übersicht:

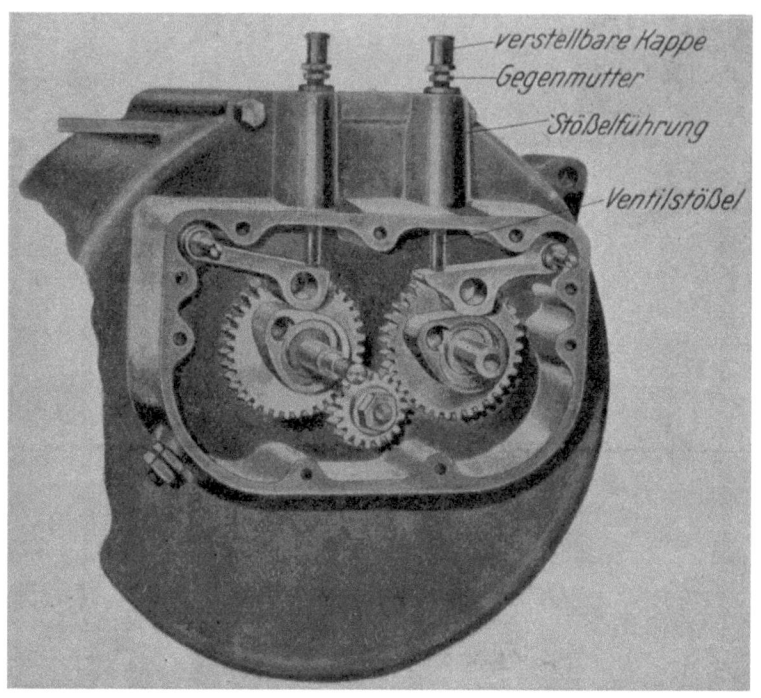

Abb. 138. Stößelsteuerung für stehende Ventile

	Ansaugeventil	Auspuffventil
Ansaugen	offen	geschlossen
Kompression	geschlossen	geschlossen
Expansion	geschlossen	geschlossen
Auspuff	geschlossen	offen

Das Öffnen der Ventile geschieht vermittels unrunder Scheiben — Nocken —, die auf einer entsprechend angeordneten Welle — der Nockenwelle — aufgekeilt oder aus einem Stücke mit ihr gearbeitet sind. Wie aus vorstehender Tabelle hervorgeht, hat jedes der Ventile innerhalb eines Taktes, also während des Verlaufes zweier Kurbelumdrehungen einmal zu öffnen. Es hat also auf je zwei Umdrehungen der Kurbelwelle eine Umdrehung der Nockenwelle zu entfallen, das heißt: diese hat halb so schnell zu drehen wie jene. Der Antrieb der Nockenwelle durch die Kurbelwelle wird daher so ausgeführt, daß das treibende Zahnrad der Kurbelwelle (im Teilkreis gemessen) halb so groß ist wie das getriebene der Nockenwelle.

Die Ausbildung des Steuerungsmechanismus richtet sich in erster Linie nach der Lage der Ventile. Von dieser hängt es auch ab, ob man eine Nockenwelle oder deren zwei anzuordnen hat. Die Bewegung der Nocke wird zunächst auf den Ventilstößel übertragen, entweder

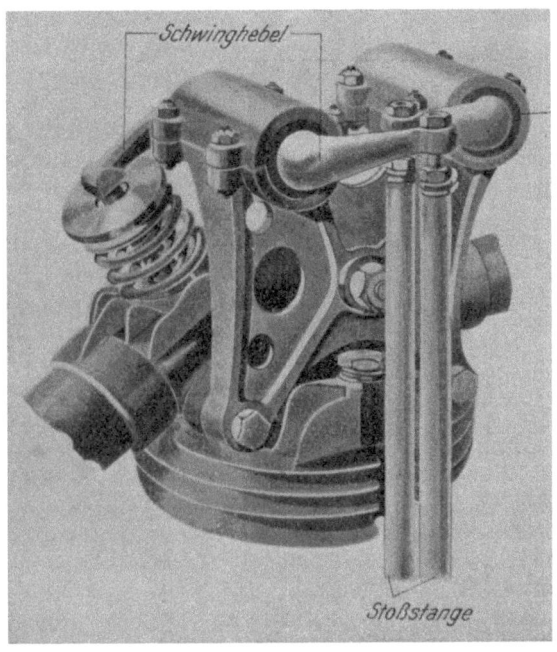

Abb. 139. Stößelsteuerung für hängende Ventile

direkt (Abb. 143 und 147) oder unter Zwischenschaltung eines Hebels (Abb. 138). Der Stößel, der in einer Hülse geführt ist, hebt im Aufwärtsgange bei stehenden Ventilen unmittelbar den Ventilschaft, bei hängenden Ventilen eine Stoßstange die mittels eines Schwinghebels das Ventil betätigt (Abb. 139). Die Schwinghebellager werden von einem am Zylinderkopf angeschraubten Lagerbock getragen. Das Ende des Ventilstößels darf jenes der Ventilspindel bzw. der Stoßstange in der Ruhelage nicht berühren, sondern es muß zwischen beiden ein kleiner Spielraum bleiben. Anderen Falles würde bei den durch Temperaturerhöhungen bedingten Längenausdehnungen ein Klemmen unvermeidlich sein. Um diesen Spielraum regulierbar zu gestalten, wird das Ende des Ventilstößels mit einem Gewinde versehen, das eine verstellbare Kappe trägt. Diese kann in der jeweils gewünschten Stellung durch eine Gegenmutter gesichert werden (Abb. 138).

Verlauf, Höhe und Dauer der Ventilerhebung sind von der Formgebung der Nocke abhängig. Je mehr die Durchmesser des Grundkreises g (Abb. 140) und des äußeren Begrenzungskreises a voneinander verschieden sind, desto größer wird naturgemäß der dem Ventil erteilte Hub ausfallen müssen. Je steiler die Flanken f ansteigen, desto schneller wird die Erhebung des Ventils von seinem Sitze bis zum Höchstpunkt und ebenso der entsprechende Rückweg zurückgelegt werden. Je länger der Kreisbogen $m\,n$ ist, desto länger wird das Ventil in seiner Höchstlage verharren, also den vollen Querschnitt für den Gasdurchgang freigeben. Die grundsätzliche Richtigkeit dieser Betrachtung bleibt auch für den Fall bestehen, daß die Nocke nicht unmittelbar, sondern unter Vermittlung eines Hebels den Ventilstößel bewegt. Doch lassen sich allerdings je nach der Gestaltung und wirksamen Länge des Hebels Modifikationen des Verlaufes der Ventilerhebung erzielen.

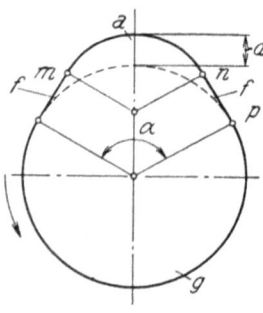

Abb. 140. Steuernocke

Das auf der Nocke oder dem Zwischenhebel aufstehende Ende des Ventilstößels wird zuweilen mit einer drehbaren Rolle versehen, um die an dieser Stelle auftretende Reibung zu einer rollenden anstatt einer gleitenden zu machen. Sehr wesentlich ist dies nicht, da die auftretenden Flächendrücke erträglich sind und überdies auf gehärteten und geschliffenen Flächen zur Wirkung kommen. Bei vielen modernen Motoren wird daher der größeren Einfachheit und geräuschfreieren Arbeit zuliebe auf die Anwendung von Ventilstößelrollen verzichtet.

Zusammenhängend betrachtet, stellt sich nun die Funktion der Steuerungsmechanismen folgendermaßen (aus den Abb. 138 und 143 am deutlichsten ersichtlich) dar: durch den von der Kurbelwelle abgeleiteten Zahnradantrieb wird bewirkt, daß jede Nocke innerhalb der Zeit von vier Hüben eine volle Umdrehung macht, also einmal Ventilöffnung und Ventilschluß vornimmt. Sobald der unrunde Teil der Nocke zur Auflage an den Ventilstößel bzw. den Zwischenhebel gelangt, wird durch Vermittlung des Ventilstößels der Ventilteller von seinem Sitz abgedrückt. Das Ventil beginnt also nun zu öffnen. Hiebei wird die Feder zwischen dem mitgehenden Federteller und der außen an der Ventilkammer bzw. am Zylinderkopf angeordneten Stützfläche zusammengepreßt. Die Ventilerhebung wächst bis zu dem Augenblick an, da Punkt m (Abb. 140) der Nocke zur Auflage gelangt und somit der äußere Begrenzungskreis a wirksam zu werden beginnt. Während der Weg $\overline{mn}$ zurückgelegt wird, bleibt das Ventil in seiner Höchstlage. Nachdem

$\widehat{mn}$ durchlaufend ist, gleitet der Ventilstößel längs der Nockenflanke wieder abwärts und gibt dadurch auch dem Ventil, das infolge der Federwirkung in die Ruhelage zurückzukehren strebt, den Rückweg frei. Das Ventil beginnt also jetzt zu schließen. Der Ventilschluß ist vollendet, wenn der Punkt p zur Auflage kommt und somit der Stößel bzw. der Hebel wieder auf dem Grundkreis der Nocke schleift.

Bei Anwendung hängender Ventile werden die Stoßstangen häufig mit sogenannten Rückzugfedern versehen, durch welche sie unabhängig von der Wirkung der unmittelbar das Ventil beeinflussenden Feder in

Abb. 141. Ventilschluß mittels Torsionsfeder

die Ruhelage zurückgeführt werden, sobald die zugehörige Nockenstellung es gestattet.

Eine von der normalen Bauart abweichende Konstruktion ist in Abb. 141 wiedergegeben. Hier wird das Ventil nicht durch Wirkung einer Druckfeder, sondern einer Torsionsfeder, die in doppelter Anordnung erscheint, auf den Sitz zurückgedrängt. (Bemerkenswert ist auch die aus der Abbildung ersichtliche Anbringung von zwei Auslaßöffnungen.)

Bei den in Abb. 139 und 141 gezeigten Konstruktionen werden für die Schwinghebel Gleitlager verwendet. Bei neueren Motoren, besonders wenn sie sehr rasch laufen, werden aber auch an dieser Stelle Kugel-

oder Rollenlager bevorzugt, da sie nicht nur Kraft sparen, sondern auch hinsichtlich der Schmierung anspruchsloser sind (Abb. 142).

Der Ventilmechanismus ist derjenige Teil des Motors, der, wenn er nicht sehr zweckmäßig und sorgfältig konstruiert ist, das Meiste zu einem geräuschvollen Gang der Maschine beiträgt. Geräusche können entstehen zwischen Nocke und Hebel, Hebel und Stößel, Stößel und Ventilschaft, Ventilkörper und Ventilsitz. Bei hängenden Ventilen, die mittels Stoßstangen und Schwinghebel betätigt werden, ist die Zahl der Stellen, welche zur Entstehung von Geräuschen Anlaß geben können, noch größer. Motoren mit dieser Anordnung haben daher

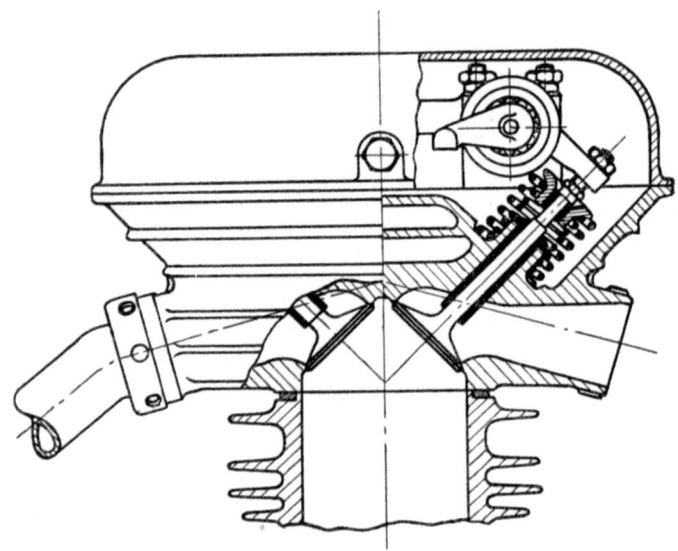

Abb. 142. Eingekapselter Ventilantrieb

auch zumeist einen weniger geräuschfreien Gang. Von modernen Motoren wird aber mit Recht nicht nur zuverlässige und sparsame Funktion, sondern auch ruhiger Lauf verlangt. Diese Forderung ist gar nicht leicht zu erfüllen, denn es ist klar, daß die Gefahr geräuschvollen Ganges um so näher liegt, je schneller der Motor läuft. Da die modernen Maschinen fast ausnahmslos Schnelläufer mit 3000 und mehr Umdrehungen in der Minute sind, ist es recht schwierig, das Auftreten lästiger Geräusche zu vermeiden. Vor allem muß danach getrachtet werden, daß der Stößel während seines Hubes nicht hüpft, sondern in möglichst kontinuierlicher Berührung mit der Nocke bleibt. Es hat sich gezeigt, daß dies am ehesten mit Tangentennocken, das sind Nocken mit geradlinig verlaufenden Flanken, erreicht werden kann. Selbstverständlich ist es nötig, die Übergangsstellen zwischen dem äußeren Begrenzungskreise und den Flanken zur Vermeidung scharfer Ecken entsprechend abzurunden. Ein weiteres Mittel zur Geräuschverminderung besteht darin, die Ventilwege und Ventilgeschwindigkeiten möglichst niedrig zu halten. Der Ventilhub wird um so kleiner ausfallen können, je größer der Ventilquerschnitt ist. Man müßte also bestrebt sein, möglichst große Ventilflächen zu schaffen, was aber wieder mit der Forderung nach Raum- und Gewichtsersparnis nicht leicht vereinbar ist. Allgemeine Regeln lassen sich nicht aufstellen. Es ist Sache des geschickten Konstrukteurs, in jedem Einzelfalle den günstigsten Mittelweg zu finden. Ein sehr geeignetes Mittel, zwar nicht das Entstehen von Geräuschen, wohl aber ihre Wirksamkeit nach außen hin zu bekämpfen, besteht darin, den ganzen Steuerungsmechanismus möglichst vollständig einzukapseln. Das gewährt zugleich den Vorteil, daß die Maschine auch in ihrem Anblicke ruhiger, einheitlicher und geschlossener wirkt und daß sie in erhöhtem Maße gegen Verunreinigungen und Verletzungen geschützt bleibt. Bei Motoren mit Kopfventilen ist die Einkapselung schon zu starker Verbreitung gelangt. Man pflegt die Stoßstangen mit

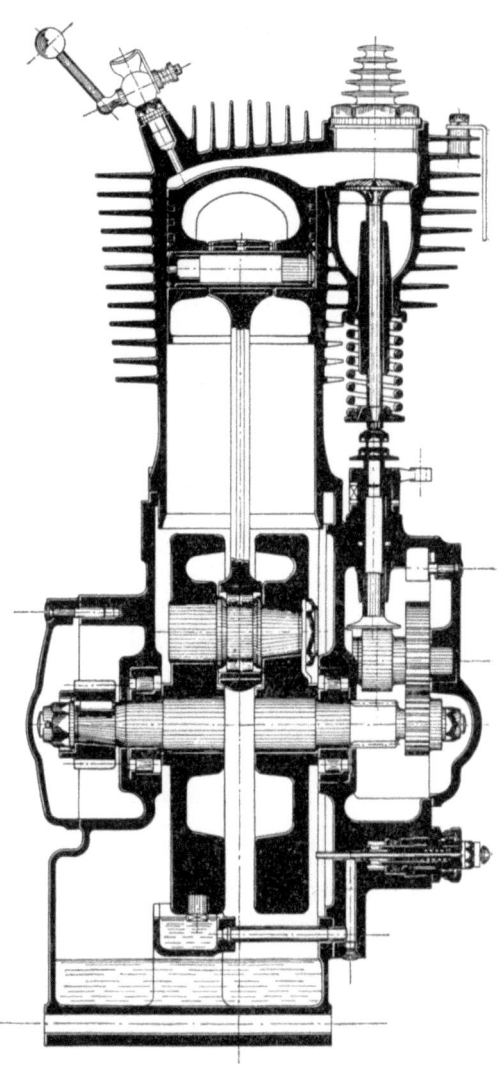

Abb. 143. Einzylindermotor im Schnitt (N S U)

Schutzrohren zu umgeben (falls die Stangen für Einlaß- und Auspuffventil nahe beisammen und parallel sind, können sie ein gemeinsames Schutzrohr erhalten) und den ganzen Ventilmechanismus am Zylinderkopfe mit einer vollständig abschließenden Kappe zu bedecken

(Abb. 142). Weniger üblich ist die Einkapselung bei stehenden Ventilen, wird aber auch für diese in jüngster Zeit schon häufiger angewendet. Das Beispiel einer Ausführungsform zeigt Abb. 147. Daß die Einkapselung von entschiedenem Vorteil ist, muß heute nicht mehr besonders betont werden. Schon der bloße Anblick wirkt überzeugend. Der Vollständigkeit halber sei noch erwähnt, daß die Betätigung im Zylinderkopf hängender Ventile nicht unbedingt durch Vermittlung von Stoßstangen von einer unterhalb des Zylinders liegenden Nockenwelle erfolgen muß. Es ist vielmehr eine Lösung auch in der Art möglich, daß die Nockenwelle selbst unmittelbar am Zylinderkopfe gelagert und mittels einer zur Zylinderachse parallelen Kegelradwelle angetrieben wird. Die Nocken können in diesem Falle unter Vermeidung von Stößeln und Stangen entweder direkt oder mit Zwischenschaltung kurzer Hebel auf die Ventilschäfte arbeiten. Es ist daher unzweifelhaft, daß diese Anordnung beträchtliche Vorteile bietet. Sie ist aber anderseits mit nicht geringen Konstruktionsschwierigkeiten verknüpft.

Abb. 144. Einzylindermotor (N S U)

Es sei vor allem darauf verwiesen, daß in diesem Falle die Mittelentfernung der Kurbelwelle und Nockenwelle nicht konstant, sondern wegen der sehr bedeutenden Temperaturunterschiede, die sich am Zylinder zwischen Ruhezustand und Arbeitszustand ergeben, in einem nicht mehr vernachlässigbaren Maße veränderlich ist. Die Bewegungsübertragung von der Kurbelwelle auf die Nockenwelle gestaltet sich daher nicht so ganz einfach. Auch die Herstellungskosten sind höher als bei unten liegender Nockenwelle. Man macht daher von dieser Ausführungsform, so verlockend sie in grundsätzlich konstruktiver Hinsicht erscheinen mag, in der Motorradtechnik nur selten Gebrauch.

Im nachstehenden sei nun der Gesamtaufbau einiger moderner Motoren wiedergegeben. Abb. 143 zeigt den NSU-Einzylinder (mit seitlich angeordnetem Auspuffventil) im Längsschnitt. Das Triebwerk und der Ventilmechanismus sind hier in ihrem ganzen Zusammenhange erkennbar. Die Ventilkammer ist oben mit einem Deckel, der einen Kühlturm trägt, abgeschlossen. Der links im Zylinderkopf sitzende Hahn ist ein sogenannter Zischhahn. Er dient dazu, die Funktion des Motors zu überprüfen und nötigenfalls Benzin in den Verbrennungsraum einspritzen zu können. Die Abbildung läßt auch die Gestaltung des allseits völlig abgeschlossenen Kurbelgehäuses erkennen. Es ist in der Längsrichtung geteilt. Der unterste Raum dient als Ölbehälter.

Abb. 145. Einzylindermotor

Die linke Schwungscheibe trägt einen kleinen Fortsatz, der in der Tiefststellung in eine Ölpfanne taucht und das mitgenommene Öl gegen die Zylinderwand spritzt.

Die äußere Ansicht eines NSU-Einzylinders, jedoch etwas anderer Konstruktion, ist in Abb. 144 dargestellt. Der wesentlichste Unterschied im Gesamtaufbau gegenüber der durch die Abb. 143 veranschaulichten Konstruktion besteht darin, daß hier der Motor mit dem Wechselgetriebe und der Kupplung zu einem in gemeinsamem Gehäuse untergebrachten Block vereinigt ist.

Eine ganz ähnliche Konstruktion ist in Abb. 145 zu sehen, die jedoch durch Stoßstangen betätigte Kopfventile aufweist.

Abb. 146 zeigt den Super-Excelsior-Motor mit V-förmig angeordneten Zylindern. Wie ersichtlich, ist hier das Einlaßventil im

Zylinderkopf hängend, das Auspuffventil hingegen stehend angeordnet. (Die Stoßstangen zur Betätigung der Ansaugventile sind nicht eingezeichnet.) Die Zylinderköpfe sind abnehmbar. Sie sind mit dem Zylinder durch Stehbolzen verbunden, die jedoch nicht bis ins Kurbelgehäuse hinabreichen, sondern in einem oben angeordneten Flansch des Zylinders sitzen. Motor und Getriebe bilden einen einheitlichen Block.

Abb. 147 stellt den BMW-Motor (Tourenmodell) dar. Die beiden Zylinder sind hier einander gegenüberliegend angeordnet. Bemerkenswert ist, daß die Zylinder nicht in der Fahrtrichtung, sondern quer zu ihr liegen, was für den bei diesem Motor angewendeten Gelenkwellenantrieb einen sehr einfachen Aufbau ergibt, zugleich vorzügliche Kühlung der Zylinder gewährleistet, allerdings auch eine etwas größere Baubreite bedingt. Der Verbrennungsraum ist nach dem System Ricardo ausgestaltet, wodurch die Anordnung sehr reichlich bemessener Ventilquerschnitte ermöglicht wird. Daher kann der Ventilhub, wie aus der Nockenform ersichtlich, verhältnismäßig sehr klein gehalten werden, wodurch trotz der hohen Umlaufzahl — sie beträgt ungefähr 4000 pro Minute — ruhiger Gang erzielt wird. Dieser wird noch dadurch begünstigt, daß der Ventilstößel mit einer vergrößerten Fläche auf der Nocke aufliegt. Die sehr kräftig gehaltenen zweiteiligen Pleuelstangenfüße sind ebenso wie die Pleuelstangenköpfe mit Gleitlagern versehen.

Abb. 146. Zweizylinder-V-Motor

Eine sehr interessante Konstruktion (Scott) zeigt Abb. 148. Dieser Motor, dessen beide Zylinder auf die Fahrtrichtung bezogen nicht hintereinander, sondern nebeneinander stehen, arbeitet im Zweitakt und ist — eine große Seltenheit im Motorradbau — mit Wasserkühlung ausgestattet. Der Motor ist auch dadurch bemerkenswert, daß er mit seinem ungefähr 600 Kubikzentimeter betragenden Gesamtvolumen über die für Zweitaktmotoren sonst üblichen Grenzen weit hinausgeht. Daß gerade für diesen Motor die in der Motorradtechnik sonst so ungebräuchliche Wasserkühlung gewählt wurde, ist weder Zufall noch

Willkür. Die Wasserkühlung ergibt einen besseren Füllungsgrad und ermöglicht höhere Kompression, als bei Luftkühlung erzielt werden könnte. Dadurch werden die Nachteile, die dem luftgekühlten Zweitaktmotor mit Kurbelkastenpumpe anhaften und die sich gerade bei einem Motor größerer Abmessungen recht ungünstig zur Geltung bringen müßten, nicht unwesentlich vermindert.

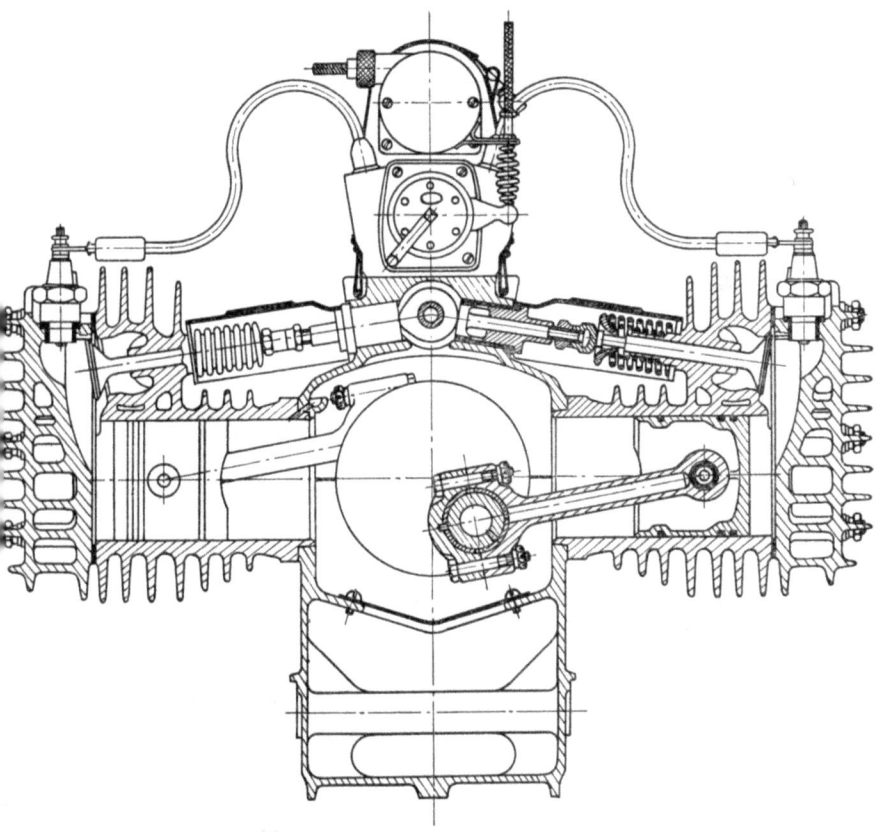

Abb. 147. Zweizylindermotor (BMW)

Ein Zweitaktmotor besonderer Bauart ist schließlich in Abb. 149 dargestellt (Puch). Der Motor besitzt zwei durch einen gemeinsamen Verbrennungsraum miteinander verbundene Zylinder, in deren jedem ein Kolben arbeitet. Die Gaseintrittsöffnung ist am rechten, die Auspufföffnung am linken Zylinder angebracht. Das Prinzip derartiger Zwillingszylinder, sogenannter U-Zylinder, ist von der Garellischen Konstruktion her bekannt. Es hat sich erwiesen und ist auch leicht erklärlich, daß die hoch hinauf reichende Zylinderscheidewand eine

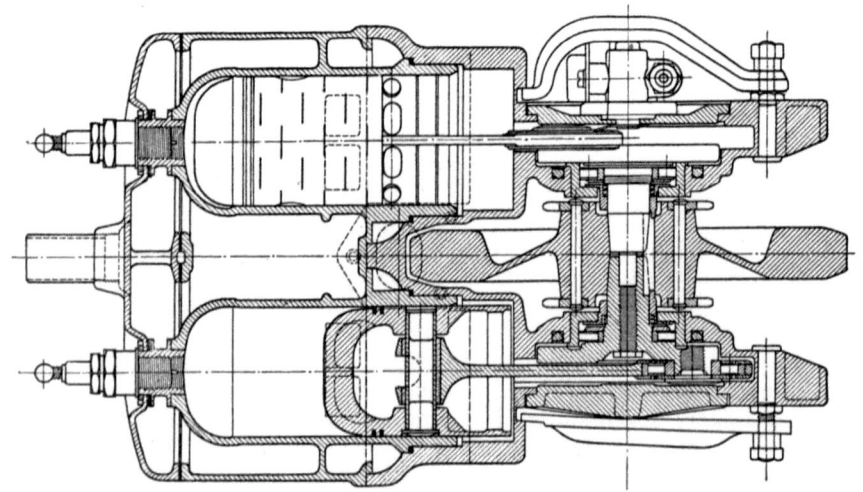

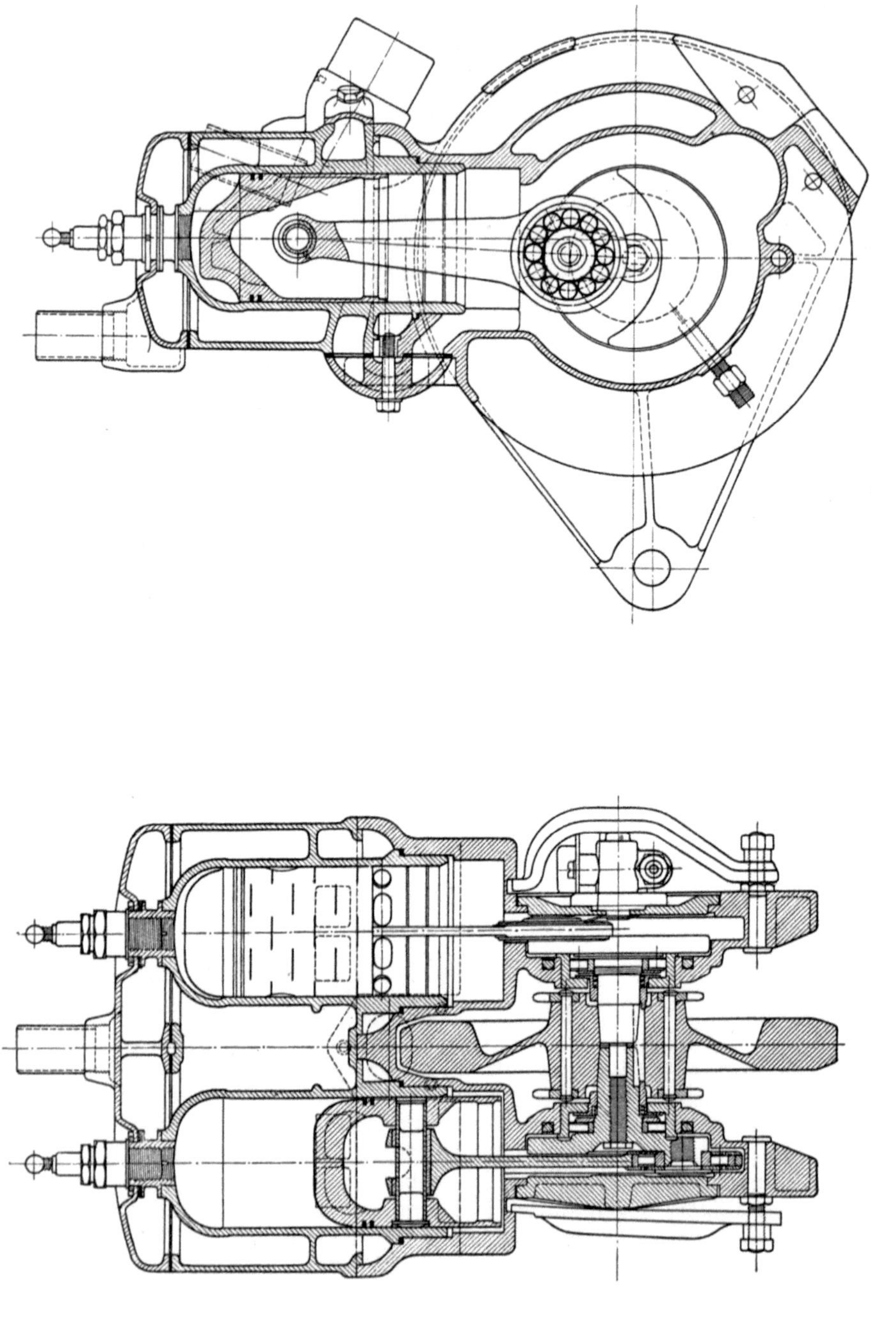

Bauteile des Motors 175

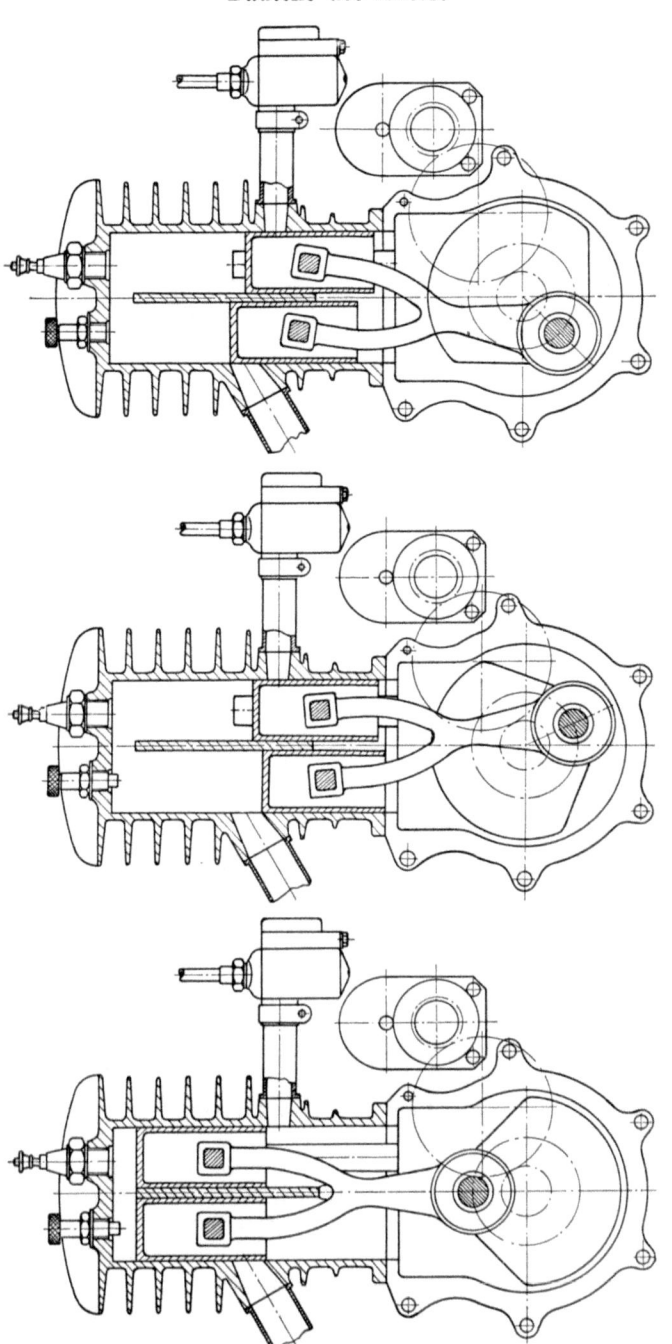

Abb. 149. Zweitaktmotor mit Zwillingszylinder (Puch)

viel gründlichere Trennung der Frischgase von den Auspuffgasen ermöglicht, als ein noch so günstig ausgebildeter Abweiser am Kolbenboden es im normalen Zylinderraume zu bewirken vermöchte. Während jedoch beim Garellimotor beide Kolben völlig gleichläufig sind, wird beim Puchmotor durch Anwendung einer gemeinsamen gegabelten Pleuelstange eine Relativverstellung der beiden Kolben gegeneinander während des Hubverlaufes erzielt. Wie aus den Abbildungen ersichtlich, ergibt sich folgendes Spiel: Im oberen Totpunkte stehen beide Kolben gleich hoch. Im Abwärtsgange erfolgt jedoch ein Voreilen des linken Kolbens gegenüber dem rechten. Dadurch wird der Auspuffkanal früher freigegeben als die Einströmöffnung und es kann ein beträchtlicher Teil der verbrannten Gase entweichen, ehe Frischgas in den Zylinder gelangt. Im unteren Totpunkte stehen die Kolben wieder gleich hoch. Im Aufwärtsgange eilt der linke Kolben abermals vor, so daß nun bei bereits geschlossenem Auspuffschlitz die Überströmöffnung noch frei bleibt. Für kleine Leistungen erweist sich dieses System als sehr vorteilhaft. Bei höheren Leistungen hingegen würden es die relativ großen bewegten Massen, der unvermeidlich geringere mechanische Wirkungsgrad, sowie die Vergrößerung des gesamten Raumbedarfes und Gewichtes wohl mit sich bringen, daß die Vorzüge von den Nachteilen überwogen werden.

D. Die Brennstoffzufuhr

Wenn in den vorangegangenen Abschnitten wiederholt von dem Ansaugen und der Kompression der Frischgase die Rede war, so wurde damit ein allgemein üblicher, jedoch keineswegs zutreffender Sprachgebrauch befolgt. Tatsächlich gelangt der Brennstoff besten Falles als niedrig gespannter Dampf, eventuell aber auch nur als fein verteilter Flüssigkeitsnebel, innig mit Luft vermischt, in den Zylinder. Auch um diesen Zustand zu erreichen, müssen wir uns verhältnismäßig komplizierter Einrichtungen, der (gleichfalls unzutreffend so benannten) Vergaser bedienen, da ja der Brennstoff in tropfbar flüssigem Zustande mitgeführt wird.

Die gegenwärtig in Anwendung stehenden Vergaser sind ausnahmslos Spritzvergaser. Ihre Wirkungsweise besteht dem einfachsten Grundzuge nach darin, daß ein beim Ansaughub vom Kolben erzeugter Luftstrom aus einer mit feiner Öffnung versehenen Düse den flüssigen Brennstoff mitreißt, ihn zu einem Nebel zerstäubt und vollständig verdampft, wobei zugleich eine innige Vermischung des Brennstoffes und der Luft stattfindet. Um zu erreichen, daß der Brennstoff in seiner Düse stets in unveränderlicher Höhe bleibt, wird der Brennstoffzufluß durch ein Schwimmerventil geregelt. Seine Wirkungsweise geht aus Abb. 150 hervor. Die Spritzdüse f steht durch einen Kanal mit dem Behälter a in Verbindung. In diesem befindet sich der Schwimmer b, der durch Vermittlung der Hebel c das Nadelventil d betätigt. Steigt das Brenn-

Die Brennstoffzufuhr

stoffniveau im Schwimmergehäuse über das gewünschte Maß, so wird auch der Schwimmer gehoben, hiedurch das Ventil geschlossen und weiterer Brennstoffzufluß, welcher vom Hauptbehälter her durch den Kanal e zu erfolgen hat, abgesperrt. Sinkt der Schwimmer, so gibt er die Ventilöffnung wieder frei und es erfolgt ein Nachströmen des zu diesem Zwecke unter leichten Druck zu setzenden Brennstoffes. Auf solche Art wird erreicht, daß der Brennstoffspiegel, von minimalen Schwankungen abgesehen, stets auf gleicher Höhe — gewöhnlich etwa 2 Millimeter unterhalb der Düsenöffnung — verbleibt. Durch ein von außen verstellbares Nadelventil g kann allenfalls die Größe der wirksamen Austrittsöffnung und damit die Stärke des Brennstoffstrahles beeinflußt werden. Der bei j eintretende Luftstrom saugt den Brennstoff aus der Düse und zerstäubt ihn zu feinem Nebel. Die Zerstäubungswirkung kann durch Siebe k, welche in die Mischkammer h eingebaut sind, noch erhöht werden. Durch die Leitungen i gelangt das Brennstoffluftgemisch in die Zylinder. Um diesen je nach Bedarf mehr oder weniger Gemisch zu-

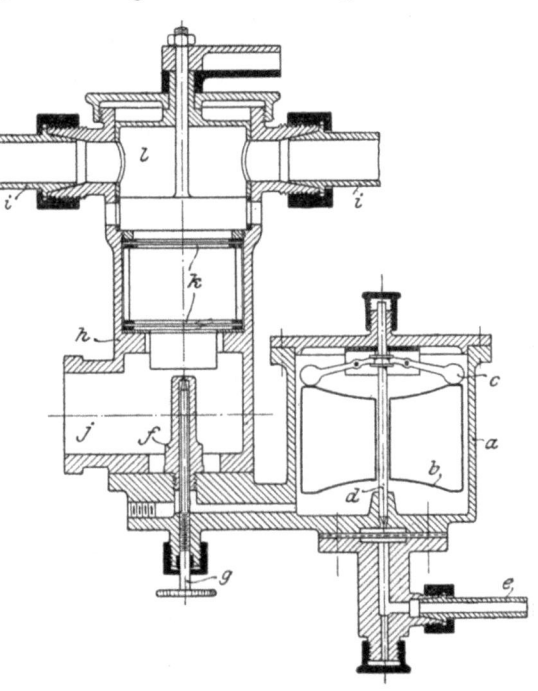

Abb. 150. Vergaser

führen und erforderlichenfalls die Zufuhr auch ganz absperren zu können, ist ein Drosselhahn l vorgesehen, durch welchen die Zuleitungswege i teilweise oder auch vollständig verschließbar sind.

Ein Vergaser der eben gekennzeichneten Bauart würde aber keine befriedigende Funktion des Motors ergeben. Eine solche erfordert nämlich unbedingt, daß für das Gemisch stets das gleiche Gewichtsverhältnis zwischen Brennstoff und Luft wenigstens annähernd aufrecht erhalten bleibe, unabhängig davon, ob der Motor mit größerer oder geringerer Tourenzahl läuft. Nur bei einer einzigen ganz bestimmten Zusammensetzung lassen sich günstige Leistungsverhältnisse, ruhiger Gang bei Vermeidung lästiger Nebenerscheinungen (wie Rußbildung,

Klopfen, Knallen usw.) erreichen. Nun zeigt sich aber, daß bei rascherem Zuströmen der Luft, also bei wachsender Tourenzahl, verhältnismäßig mehr Brennstoff mitgerissen wird, als bei langsamem Laufe des Motors. Die Folge dieser Erscheinung, wenn sie nicht durch spezielle Vorkehrungen beseitigt wird, müßte sein, daß der Motor

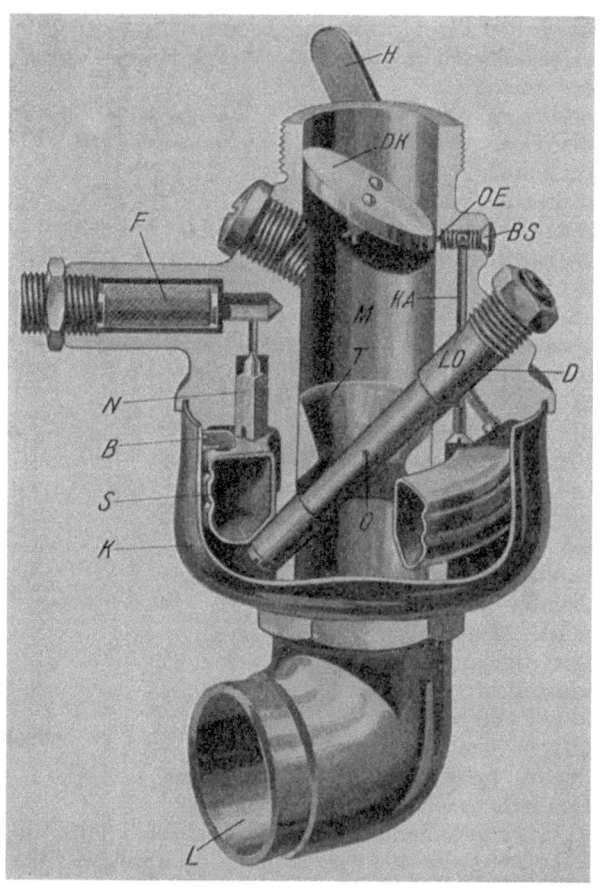

Abb. 151. Pallas-Vergaser

nur bei einer bestimmten Tourenzahl das günstigste Gemisch, bei schnellerem Laufe jedoch zu viel Brennstoff — zu reiches oder zu fettes Gemisch — bei langsamerem Laufe zu wenig Brennstoff — zu armes oder zu mageres Gemisch — erhält.

Um nun dennoch bei verschiedenen Tourenzahlen ein Gemisch von annähernd gleichbleibender Zusammensetzung zu erhalten, ist

Die Brennstoffzufuhr

es nötig, bei rascherem Lauf des Motors für verstärkte Luftzufuhr zu sorgen. Die Einrichtung hiefür kann entweder in der Weise getroffen werden, daß der Vergaser selbsttätig um so mehr Zusatzluft gibt, je schneller der Motor läuft (automatische Vergaser) oder aber, daß Gas- und Luftzufuhr unabhängig von einander durch Handhebel

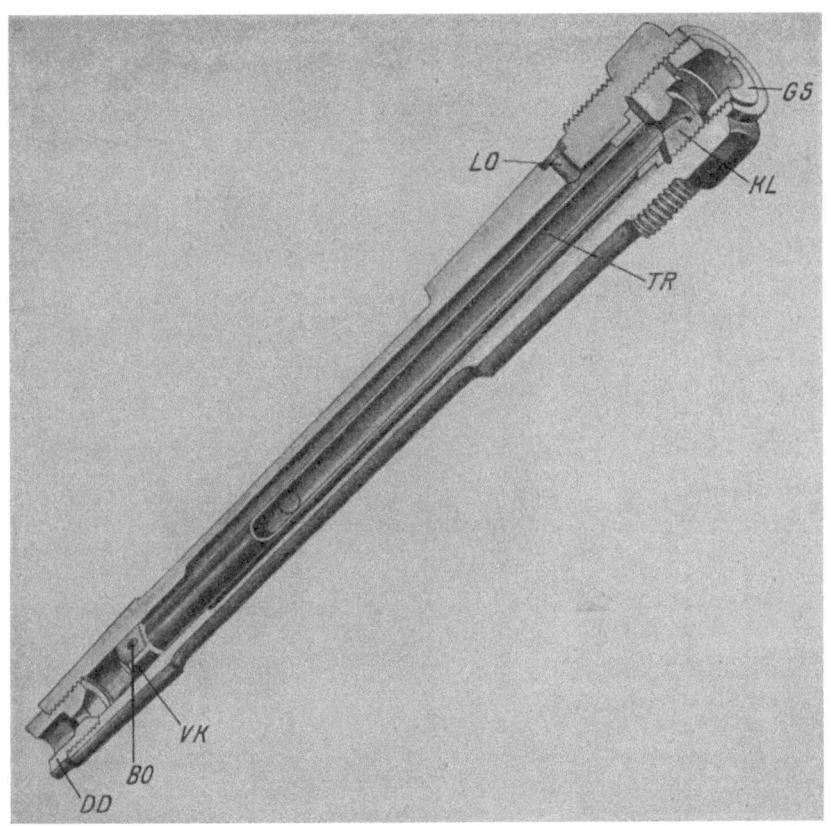

Abb. 152. Kombinierte Düse des Pallas-Vergasers

regelbar sind, so daß bei jeder Tourenzahl die Gemischzusammensetzung nach Belieben und fallweise beeinflußt werden kann.

Im Automobilbau werden wohl nur noch automatisch arbeitende Vergaser angewendet, während im Motorradwesen beide Systeme vorzufinden sind. In den letzten Jahren hat sich eine unverkennbare Tendenz zugunsten der nicht automatischen, also mit gesonderter Regelung der Gas- und Luftzufuhr arbeitenden Vergaser geltend gemacht. Daß der automatische Vergaser größere Bequemlichkeit bietet, ist nicht anzuzweifeln. Es ist gewiß angenehmer, nur einen Hebel anstatt deren zwei bedienen und sich bei keiner Tourenzahl um die richtige Gemischzusammensetzung bekümmern zu müssen. Wenn trotzdem, wie es nun den Anschein hat, im Motorradbau der Vergaser mit gesonderter Regelung der Luftzufuhr bevorzugt wird, so hat dies seine guten praktischen Gründe. Der Motor des Automobils ist im

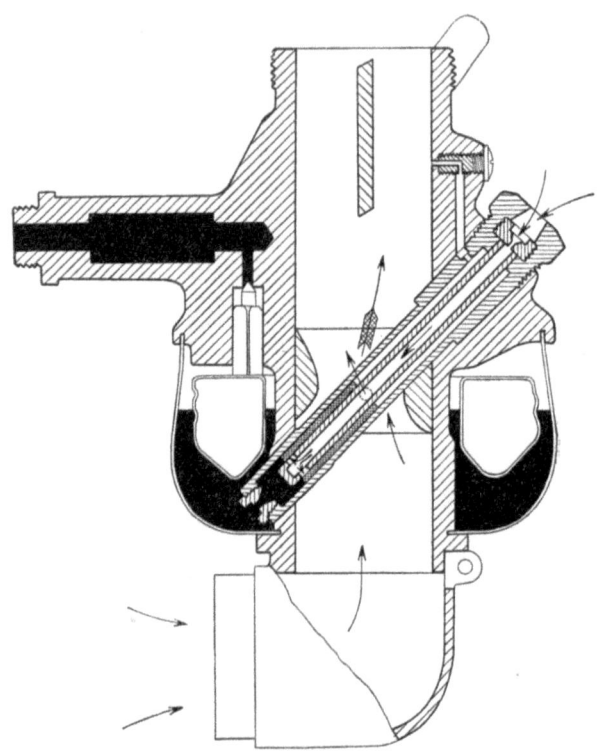

Abb. 153. Wirkungsweise des Pallas-Vergasers

Durchschnitte nicht so sparsam bemessen wie der des Motorrades. Er verfügt fast immer über eine gewisse Kraftreserve, kommt nur selten in die Lage, seine Höchstleistung herzugeben und ist schon darum verhältnismäßig elastischer. Überdies ist ja die Funktion größerer Motoren an sich schmiegsamer als jene geringerer Leistung. Es kommt noch der Umstand hinzu, daß der Motorradmotor, der ja in den allermeisten Fällen mit Luftkühlung arbeitet und nach außen nur mangelhaft geschützt ist, auf Witterungseinflüsse viel empfindlicher reagiert als der Motor des Automobils. Es ist also erklärlich, daß der automatische Vergaser, der für Wagenmotoren völlig befriedigende Funktion ergibt, den schwerer erfüllbaren Ansprüchen des Motorradbetriebes nicht immer ganz zu genügen vermag.

Als Beispiel für einen automatischen Vergaser sei die Wirkungsweise des Pallasvergasers, der in Abb. 151 im Schnitte dargestellt ist, erläutert. Der durch einen Filter F dem Vergaser zugeführte Brennstoff

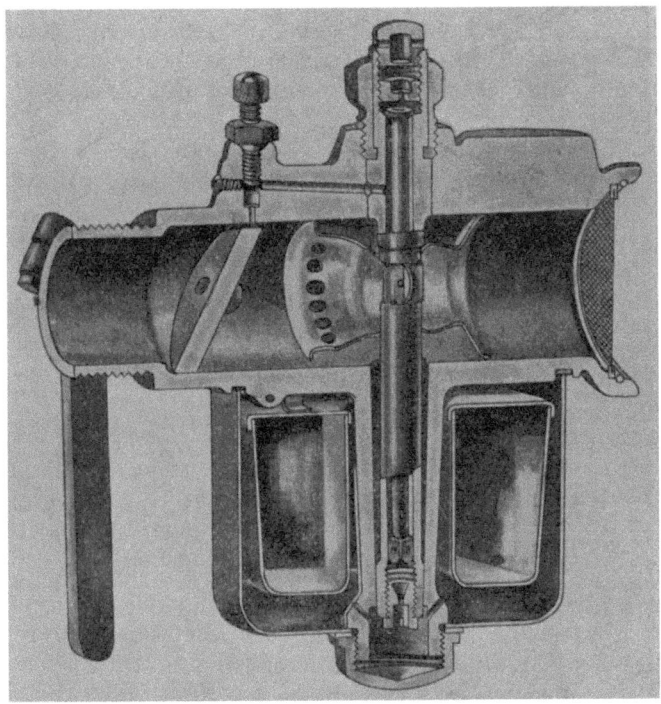

Abb. 154. Pallas-Vergaser (Spritzdüse achsial zur Schwimmerkammer)

wird durch einen zentral angeordneten Schwimmer S mit Hilfe des Nadelventils N im Innern der Schwimmerkammer K auf gleichbleibender Höhe erhalten. Der Schwimmer ist als Kippschwimmer ausgebildet, das heißt: Er bewegt sich nicht in achsialer Richtung auf und ab, sondern schwingt um einen Bolzen B. In die Schwimmerkammer taucht die schräg von oben eingesetzte kombinierte Spritzdüse D. Die Luft tritt durch den Krümmer L in den Mischraum M, der durch die Drosselklappe DK mit Hilfe des Hebels H gegen die anschließende Zuleitung zum Zylinder mehr oder weniger geöffnet und auch vollständig abgeschlossen werden kann. In die Mischkammer ist an der Stelle, wo sie von der Spritzdüse durchquert wird, ein Lufttrichter T eingesetzt, der, annähernd doppelkegelförmig gestaltet, in der Mitte eine Querschnittsverengung ergibt, welche dazu dient, der durchströmenden Luft an dieser Stelle erhöhte Geschwindigkeit zu verleihen. Der Luftstrom saugt aus einer im Düsenrohre angebrachten Bohrung O, die in die Zone der größten Luftgeschwindigkeit zu liegen kommt, Brennstoff an, zerstäubt ihn und mengt sich mit ihm. Je weiter die Drosselklappe geöffnet wird, desto mehr brennbares Gemisch kann beim Ansaughub in den Zylinder gelangen, es wachsen damit Füllungsgrad und Kompressionsenddruck, die Explosionen werden also immer kräftiger. Dies hat natürlich einen schnelleren Lauf des Motors, damit eine Erhöhung der Luftgeschwindigkeit zur Folge,

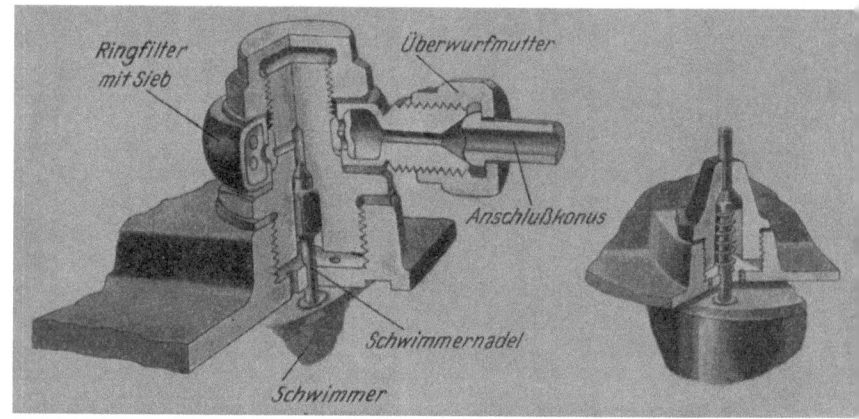

Abb. 155. Pallas-Vergaser (Brennstoffzufluß und Tippvorrichtung)

wodurch die Füllung abermals verstärkt wird. Der Motor erreicht seine volle Tourenzahl, also erst dann, wenn die Drosselklappe schon eine gewisse Zeitlang in ihrer jeweiligen Stellung verblieben ist. Die erforderliche Zeitspanne ist länger, wenn der Motor anfangs kalt war, weil dann die Verbrennungen langsamer vor sich gehen und von der erzeugten Wärme mehr an die Zylinderwandungen abgegeben wird, als wenn bereits ein Beharrungszustand erreicht ist.

Daß bei höheren Tourenzahlen eine unerwünschte Anreicherung des Gemisches erfolge, wird durch die besondere Einrichtung der Spritzdüse vermieden. In ihr unteres Ende (Abb. 152) ist die Brennstoffdrosseldüse DD, in ihr oberes Ende die Korrekturluftdüse KL eingesetzt. Zwischen beiden liegt das Tauchrohr TR, das in ein mit durchgehenden Bohrungen BO versehenes Vierkant VK endet. Über der Korrekturluftdüse sitzt noch ein mit Sieb versehenes Gewindestück GS, welches das Eindringen von Fremdkörpern in die Korrekturdüse und das Tauchrohr verhindert.

Die Brennstoffzufuhr 183

Bei wenig geöffneter Drosselklappe, also niedriger Tourenzahl, steht der Brennstoff im Tauchrohr, in dem zwischen ihm und dem äußeren Spritzdüsenmantel gebildeten Ringraum und im

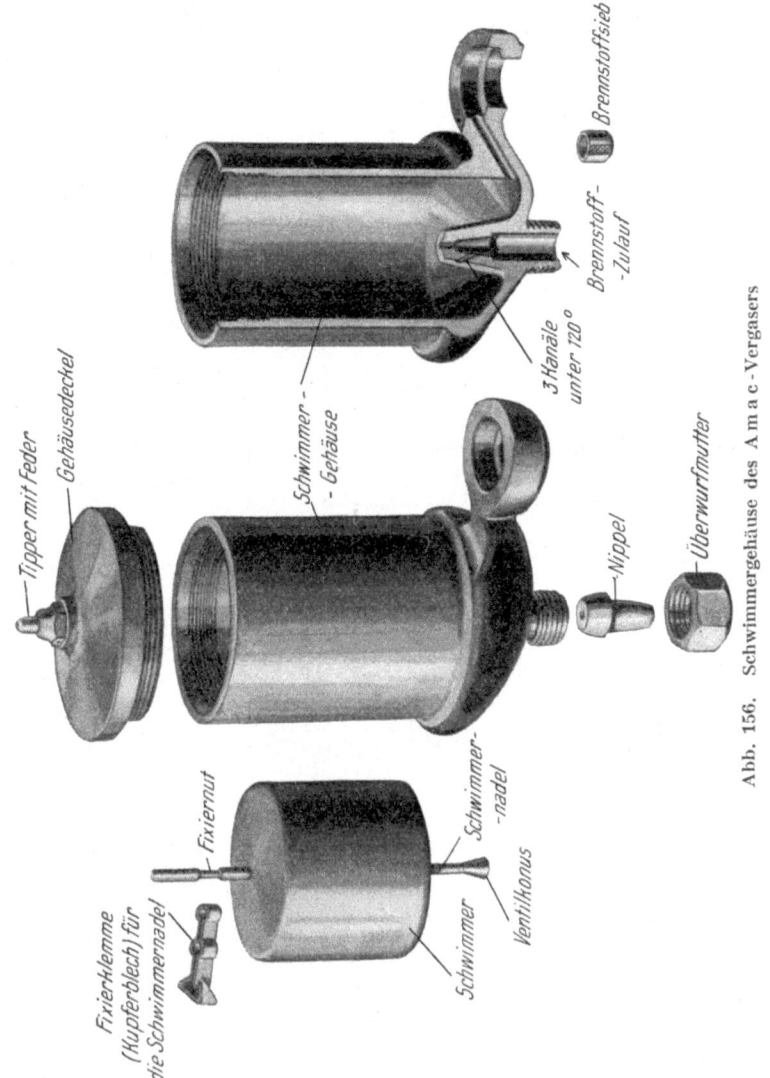

Abb. 156. Schwimmergehäuse des Amac-Vergasers

Schwimmergehäuse auf gleicher Höhe, weil der langsame Luftstrom nur geringe Mengen absaugt (durch die Löcher O), der Brennstoff daher genügend Zeit hat, kontinuierlich nachzufolgen.

Wird die Drosselklappe weiter geöffnet (Abb. 153), so wächst die Luftgeschwindigkeit und es wird allmählich der Brennstoff aus dem Tauchrohr und dem Ringraume abgesaugt. Schließlich werden die ursprünglich von der Brennstoffflüssigkeit selbst abgesperrten Bohrungen *BO* des Tauchrohrvierkantes freigelegt, so daß nun die durch die Korrekturdüse einströmende Zusatzluft Zutritt zum Gemisch findet und es verdünnt. Je stärker die Tourenzahl ansteigt, desto mehr

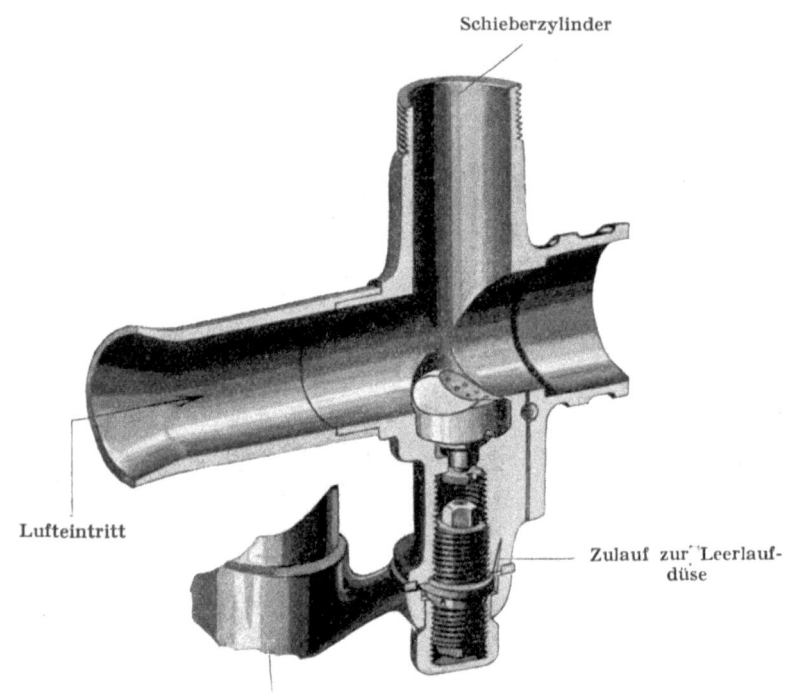

Abb. 157. A m a c -Vergaser im Schnitt

wächst auch der Unterdruck, desto größer wird daher die Menge der mitangesaugten Korrekturluft, wodurch das gewünschte Ergebnis annähernd gleichbleibender Gemischzusammensetzung erreicht wird. Abb. 151 veranschaulicht den Zustand bei fast geschlossener Drosselklappe (Leerlauf), Abb. 153 jenen bei ganz geöffneter Klappe (Vollgas). Die eingezeichneten Pfeile lassen die zur Geltung kommenden Luft- und Brennstoffwege und das Zustandekommen der Gemischbildung erkennen. In der Leerlaufstellung, die zur Ingangsetzung des Motors bei ausgerückter Kupplung angewendet wird, hätte der Luftstrom nicht die genügende Kraft, durch Absaugen von Brennstoff aus der Öffnung *O* (Abb. 151) ein zündfähiges Gemisch

Die Brennstoffzufuhr

zu bilden. Um ein solches zu erzielen, ist der Vergaser mit einer eigenen Leerlaufeinrichtung ausgestattet, deren Wirkungsweise aus den Abb. 151 bis 153 hervorgeht. Die Spritzdüse ist in ihrem oberen Teile mit einer seitlichen Öffnung LO versehen, welche vermittels des Kanales KA und der durchbohrten Schraube BS mit der Ansaugleitung in Verbindung steht. Die zur Wirkung kommende Öffnung OE mündet gerade gegenüber der Drosselklappe in den Mischraum M. Der in dem schmalen Spalt zwischen der Drosselklappe und der Austrittsöffnung OE vorbei-

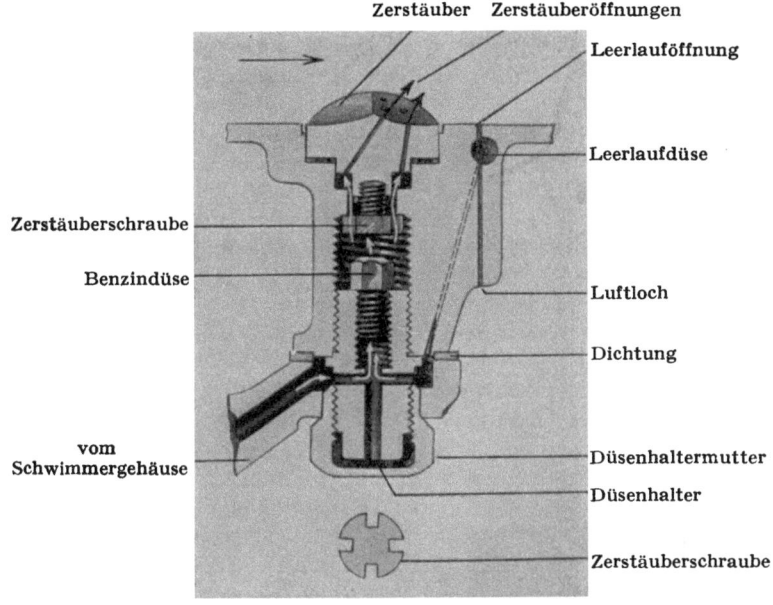

Abb. 158. Brennstoffdüse des Amac-Vergasers

streichende Luftstrom vermag nun vermöge seiner infolge des kleinen Durchgangsquerschnittes sehr erhöhten Geschwindigkeit die nötige Brennstoffmenge durch den Leerlaufkanal anzusaugen.

Die bei niedrigen Tourenzahlen im Tauchrohre und im Ringraume angesammelte Brennstoffmenge bildet zugleich eine erwünschte Reserve für den Fall, daß die Drosselklappe plötzlich weit geöffnet wird. Dieser Vorgang, der zu rascher Beschleunigung der Maschine aus langsamem Gange dient, verfehlt seinen Zweck, wenn es an entsprechenden Einrichtungen mangelt, weil der Brennstoff dann dem plötzlich auftretenden intensiven Luftzuge nicht rasch genug folgen kann, das Gemisch daher zu arm wird. Bei der hier getroffenen Anordnung kann jedoch dieser Übelstand nicht eintreten.

Eine für Motorräder häufiger angewendete Ausführungsform des Pallasvergasers unterscheidet sich von der vorher beschriebenen hauptsächlich dadurch, daß die Spritzdüse hier achsial zur Schwimmerkammer, die Hauptluftzuführung quer zu ihr gestellt ist. Dem Grundsatze der Funktion nach stimmen jedoch beide Ausführungen vollständig miteinander überein. Abb. 154 stellt den Pallas-Vergaser mit Zentraldüse im Schnitt dar. Auch der Zufluß des Brennstoffes erfolgt in analoger Weise wie bei der normalen Bauart. Im Detail ist die Brennstoffzuleitung und ihre Regelung durch die jeweilige Stellung der Schwimmernadel aus Abb. 155 (links) ersichtlich.

I Brennstoffschieber

Beim Anlassen des Motors ist es zuweilen erwünscht, einen möglichst hohen Stand des Brennstoffes in der Düse zu erzielen, bzw. sie zum Überfließen zu bringen, damit die Beförderung einer genügenden Brennstoffmenge dem anfänglich nur schwachen Luftstrom erleichtert werde. Um erhöhten Brennstoffzufluß zu erreichen, ist es nötig, den Schwimmer hinabzudrücken. Um dies von außen her bewirken zu können, wird eine Tippvorrichtung angewendet, deren Schaft aus dem Gehäuse hervorsteht (Abb. 155 rechts). Eine kleine Druckfeder führt den Schwimmer nach vollendetem Tippen wieder in die Ruhelage zurück.

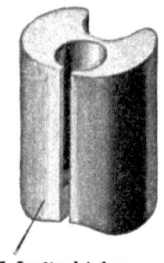

II Luftschieber
Abb. 159. Regulierungsschieber (Amac)

Es sei noch bemerkt, daß es bei vielen automatisch arbeitenden Vergasern, so auch bei den Pallaskonstruktionen, unschwer möglich ist, eine von Hand aus zu betätigende Regelung der Zusatzluft beizufügen. Man hat dann die Wahl, sich entweder mit der vom Vergaser selbsttätig zugeführten Korrekturluft zu begnügen, oder ihm überdies noch weitere Zusatzluft durch Betätigung der hiefür angeordneten Einrichtung zu geben.

Als Beispiel für einen nicht automatisch wirkenden Vergaser diene der Amac-Vergaser, eine in sehr ausgedehnter Anwendung stehende englische Konstruktion. Die Gestaltung des Schwimmers und des Schwimmergehäuses, welches hier, anders als bei den eben besprochenen Konstruktionen, einen vom Vergaser abgesonderten Teil bildet, ist aus Abb. 156 klar zu entnehmen. Der seitlich am Schwimmergehäuse angeordnete Ringkanal schließt an die untere Partie des Vergasergehäuses (Abb. 157) an und leitet diesem den Brennstoff zu. Die Spritzdüse (Abb. 157 und 158) ist hier pilzförmig gestaltet und mit mehreren ganz feinen Austrittsöffnungen versehen, wodurch die Vernebelung des Brennstoffes und seine gleichmäßige Vermengung mit der vorbeiströmenden Luft begünstigt wird. Die Regelung der Brennstoff- und

Luftzufur erfolgt mittels zweier ganz gesondert voneinander zu betätigender Kolbenschieber, die in Abb. 159 in Ansicht und in Abb. 160 im Schnitte dargestellt sind. Der Brennstoffschieber ist in dem senkrecht zum Luftkanal stehenden Zylinder (Abb. 157) genau passend auf- und abwärts beweglich. Der Luftschieber ist im Innenraum des Brennstoffschiebers, jedoch der Vertikalstellung nach völlig unabhängig von ihm geführt. Das Ineinanderpassen beider Schieber zeigt Abb. 161. Die Aufwärtsbewegung erfolgt durch Mitnehmer, welche in hiefür vorgesehene Ausnehmungen (a, b, Abb. 160) der Schieber passen. Die Mitnehmer Abb. 162 hängen an Bowdenkabeln, welche durch Handhebel (LH für den Luft-, GH für den Brennstoffschieber, Abb. 163), die an der Lenkstange ihre Lagerung finden, betätigt werden. (Das Wirkungsprinzip der Bowdenkabel wird später erläutert werden.) Die Abwärtsbewegung der Schieber erfolgt, soferne die Hebelstellung es gestattet, durch die Spannung von Druckfedern.

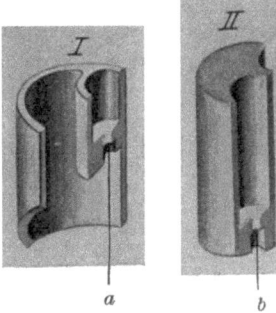

Abb. 160. Regulierungsschieber im Schnitt (A m a c)

Die Unabhängigkeit der beiden Regulierschieber voneinander ermöglicht es, die Zufuhr von Luft und Brennstoff in jeder beliebigen Kombination abzustufen. Doch ist selbstverständlich, daß in gegebenem Fall irgend einer Stellung des einen Schiebers nur eine ganz bestimmte Stellung des anderen Schiebers als zweckmäßig zugehört. Einige Schieberstellungen nebst den entsprechenden Hebelstellungen sind in dem Schema der Abb. 163 wiedergegeben. (Die Schieber erscheinen hier nicht gegeneinander abgegrenzt, sondern es ist nur der gemeinsame, jeweils wirksame Umriß dargestellt, da es ja bloß darauf ankommt, zu zeigen, wie weit bei den einzelnen Stellungen die Luft- bzw. Gaswege freigegeben oder abgeschlossen sind.)

Bei fast oder völlig geschlossener Drosselklappe kommt, in ganz analoger Weise wie beim Pallas-Vergaser erläutert, die Leerlaufdüse zur Wirkung, deren Anordnung aus den Abb. 157 und 158 hervorgeht. Ihre wirksame Öffnung kann durch ein von außen her verstellbares Nadelventil geregelt werden. Dies ist aus der Abb. 164, welche das Vergasergehäuse in Ansicht zeigt, ersichtlich. Diese Abbildung läßt auch die seitlich

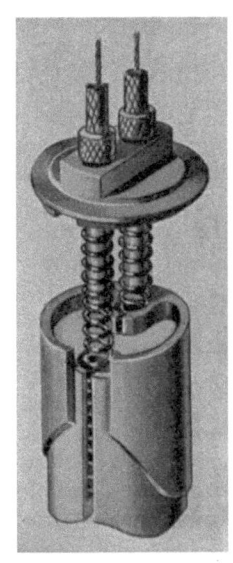

Abb. 161. Regulierschieber des A m a c-Vergaser

eingreifende Sicherung gegen Verdrehung des Nadelventils erkennen. Schließlich ist in Abb. 165 die Fixierung des zugleich als Kabelträger dienenden Gehäusedeckels mittels Überwurfmutter dargestellt.

Der Einbau des Vergasers soll so stattfinden, daß die Leitung zwischen ihm und dem Motorzylinder möglichst kurz ausfällt. Lange Leitungen bringen die Gefahr mit sich, daß der im Vergaser zur Vernebelung oder Verdampfung gebrachte Brennstoff teilweise wieder kondensiert wird. Scharfe Krümmungen der Zuleitungsrohre sind unbedingt zu vermeiden, da sie nicht nur den Strömungswiderstand erhöhen, sondern ebenfalls die Kondensation begünstigen. Aus den gleichen Gründen dürfen die Zuleitungsrohre weder Verengungen noch Gegengefälle aufweisen. Ist das Zuleitungsrohr zu lang, so wird es durch die unvermeidlichen Erschütterungen in Schwingung versetzt, was zu Rohrbrüchen oder mindestens zu Undichtheiten der Anschlußstellen Anlaß geben kann. Auch die Zuleitung vom Brennstoffbehälter zum Vergaser soll kurz und allenfalls durch Benützung elastischer Rohre nachgiebig gestaltet werden, um Brüche zu vermeiden. Selbstverständlich muß darauf Bedacht genommen werden, daß ein hinreichendes Brennstoffgefälle zwischen Behälter und Vergaser erzielt werde. Der Vergaser soll ferner so gelagert werden, daß er gegen Witterungseinflüsse und Verschmutzung möglichst gut geschützt ist. Schließlich ist es wünschenswert, daß der Vergaser, falls das Tippventil nicht mittels eines Bowdenkabels zu betätigen ist, vom Führersitz aus erreichbar sei. Es ist nicht immer leicht, all diese Forderungen in vollem Maße zu erfüllen. Eine gute Lösung zeigt Abb. 166 (BMW). Der Vergaser befindet sich hier in sehr gut geschützter Lage dicht unterhalb des Brennstoffbehälters, so daß nur eine ganz kurze Verbindungsleitung erforderlich ist. Zugleich ergeben sich auch kurze und stetig verlaufende Zuleitungswege zu den Zylindern.

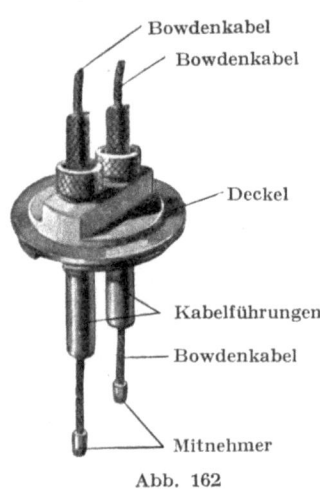

Abb. 162

Als Betriebsmittel der für Motorräder in Betracht kommenden Motoren können aus naheliegenden Gründen nur flüssige Brennstoffe verwendet werden. Dem praktischen Zweck entsprechend, sind an den Brennstoff nachfolgende Anforderungen zu stellen: Er muß hohen Heizwert besitzen, bei niedrigen Temperaturen verdampfungsfähig und in beträchtlichem Maße chemisch beständig sein. Er darf in flüssigem Zustand und bei normaler Temperatur nicht übermäßig explosionsgefährlich sein, keinen allzu üblen Geruch besitzen und die mit ihm in

Berührung kommenden Motorteile und Schmiermittel chemisch nicht wesentlich beeinflussen. Er muß möglichst rückstandfrei verbrennen und schließlich auch wohlfeil genug sein, um wirtschaftlichen Betrieb

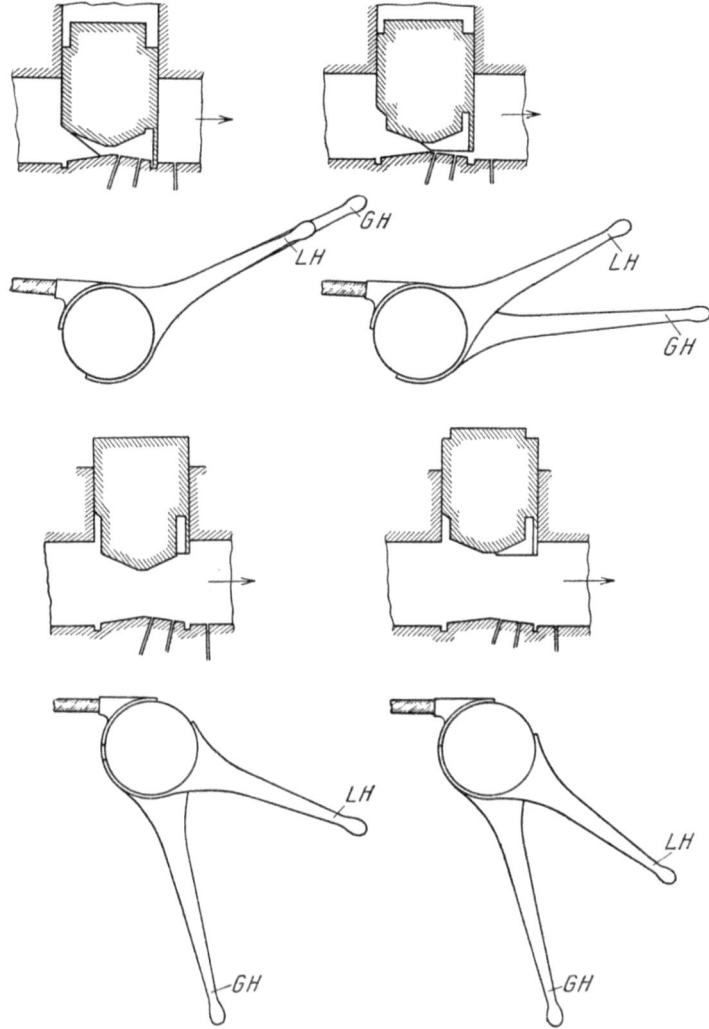

Abb. 163. Verschiedene Schieberstellungen (A m a c)

zu gestatten. Für die Erfüllung all dieser Bedingungen kommen derzeit nur Benzin und Benzol, allenfalls ein Gemisch beider, in Betracht.

Benzin, ein Destillationsprodukt des Rohöles, ist keine chemisch eindeutig definierte Substanz, sondern stellt immer ein je nach der Beschaffenheit des Ausgangsmaterials und dem Destillationsgrade verschieden zusammengesetztes Gemenge von Kohlenwasserstoffen dar.

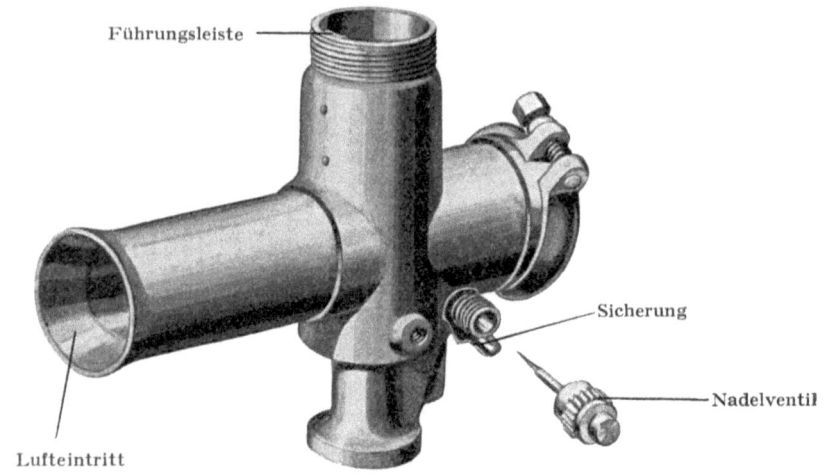

Abb. 164. Amac-Vergaser in Ansicht

Sein spezifisches Gewicht schwankt demgemäß etwa zwischen 0,68 und 0,74, sein Siedepunkt zwischen 50 und 120° C. (Beide Angaben sind auf 760 mm Barometerdruck, die erste auf 15° C bezogen. Diese Festsetzung gilt auch für die folgenden analogen Daten.) — Zur vollständigen Verbrennung von einem Kilogramm Benzin sind je nach der Zusammensetzung rund 11,5 bis 13 kg Luft rechnungsmäßig erforderlich. In der Praxis muß jedoch zur Erzielung einer möglichst vollständigen Verbrennung ein größeres Luftquantum zugeführt werden.

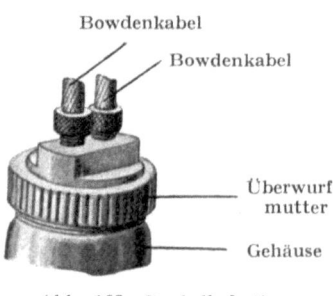

Abb. 165. Deckelbefestigung (Amac)

Benzol, ein Destillationsprodukt der Steinkohle, ist im Gegensatze zum Benzin ein chemisch einheitlicher Körper (C_6H_6). Das handelsübliche Benzol weist jedoch stets Beimengungen von Toluol und Xylol und demgemäß schwankende Zusammensetzung auf. Das spezifische Gewicht beträgt im Mittel etwa 0,88, die Siedetemperatur 90 bis 100°. (Innerhalb dieser Grenzen gehen zirka 90% des Brennstoffes in Verdampfung über.) Das theoretisch erforderliche Quantum von Verbrennungsluft ist etwas geringer als für Benzin.

Die Brennstoffzufuhr

Die unteren Heizwerte des Benzins und des Benzols weisen keine erheblichen Unterschiede auf. Sie bewegen sich zwischen 10000 und 11000 Kalorien. — Die Anwendung des Benzols als Brennstoff für Motoren ist in den letzten Jahren, besonders in Deutschland, ganz gewaltig angestiegen. Es steht dem Benzin allerdings dadurch ein wenig nach, daß sein Heizwert etwas geringer ist. Es hat jedoch den Vorteil, daß es vermöge seiner kleineren Verbrennungsgeschwindigkeit nicht so sehr zum Klopfen — dem charakteristischen, Gefahr kündenden Ge-

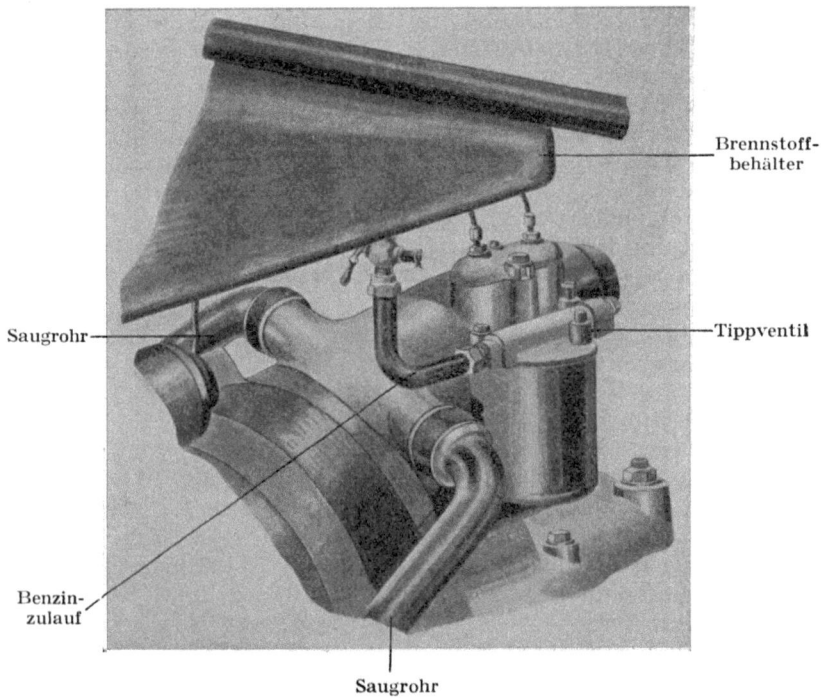

Abb. 166. Vergaseranordnung (BMW)

räusche, das sich bei allzuscharfen Explosionen einstellt — neigt wie das Benzin. Es kann daher unter sonst gleichen Umständen für Benzol etwas höhere Kompression in Anwendung gebracht werden.

Alle modernen Vergaser können gleicher Weise Benzin wie Benzol verarbeiten, doch ist für jeden dieser Fälle die Anwendung anderer wirksamer Düsenöffnungen geboten. Daß ein Vergaser bei gänzlich unveränderter Einstellung mit zwei wesentlich verschiedenen Betriebsstoffen gleich befriedigend arbeitet, kann selbstverständlich nicht erwartet werden.

Der Luftüberschuß muß stets größer gewählt werden, als es der theoretischen Verhältniszahl für vollständige Verbrennung entspricht. Dies ist teilweise schon dadurch bedingt, daß die Verdampfung des Brennstoffes durch reichlichere Luftzufuhr beschleunigt wird. Überdies wird durch den erhöhten Luftzusatz die Vollständigkeit der Vermengung des Brennstoffes mit der Luft begünstigt. Die besten Ergebnisse hinsichtlich des wirtschaftlichen, gleichmäßigen und störungsfreien Betriebes der Maschine ergeben sich im Durchschnitt bei einem etwa 1 : 17 betragenden Gewichtsverhältnis zwischen Brennstoff und Luft.

Um einen ungefähren Begriff zu gewinnen, welche Fahrtleistung einer gegebenen Brennstoffmenge entspricht, bzw. welchen Aktionsradius ein gewisses Quantum mitgeführten Brennstoffes gewährleistet, sei ein einfaches Beispiel durchgerechnet. Ein Motorrad, dessen Motor eine indizierte Leistung von 8 PS und einen thermischen Wirkungsgrad von 25% besitze, werde mit einem Brennstoff betrieben, der einen Heizwert von 10152 Kalorien aufweist. Es soll nun das Verhältnis zwischen Fahrtleistung und Brennstoffverbrauch untersucht werden. Die indizierte Leistung des Motors beträgt $8 \times 75 = 600$ m/kg in der Sekunde. Da eine Kalorie 424 m/kg gleichkommt, müßten dem Motor bei restloser Wärmeausnützung $600 : 424 = 1,41$ Kalorien in der Sekunde, in der Stunde also das 3600fache hievon, das sind 5076 Kalorien zugeführt werden. Da aber der thermische Wirkungsgrad des Motors bloß 25% beträgt, ist in Wirklichkeit der Kalorienbedarf viermal so groß, also 20304 Kalorien pro Stunde. Da unser Brennstoff einen Heizwert von 10152 Kalorien besitzt, werden hievon genau 2 kg pro Stunde benötigt. Wenn also beispielsweise 10 kg Brennstoff mitgeführt werden, so kann man damit für fünf Stunden reine Fahrtdauer das Auslangen finden. Beträgt das spezifische Gewicht des Brennstoffes 0,9, so entsprechen 10 kg einem Volumen von rund 11 cdm, der Brennstoffbehälter muß demnach einen Fassungsraum von rund 11 l besitzen. Nehmen wir nun an, daß die Fahrt durchwegs auf völlig ebener Straße von gleichbleibender Beschaffenheit stattfinden soll, die dem Motorrad stetige Aufrechterhaltung einer Geschwindigkeit von 60 km in der Stunde gestattet, so kann mit dem Brennstoffvorrat von 11 l eine Strecke von 300 km Länge zurückgelegt werden. — Den wirklichen Verhältnissen entspricht eine derartige Rechnung selbstverständlich nicht. Beschaffenheit und Steigung der Straße wechseln im allgemeinen sehr häufig, überdies wird der Fahrtverlauf durch Witterungs- und Windverhältnisse wesentlich beeinflußt. Es ist ferner in dem Beispiel angenommen worden, daß der Motor unausgesetzt mit voller Tourenzahl laufe, in der Tat wird es aber weder immer nötig noch immer möglich sein, dem Motor die Höchstleistung abzufordern. Immerhin erfüllt die in einfachster Weise durchgeführte Überschlagsrechnung den Zweck, einen ungefähren Einblick in das Verhältnis zwischen Fahrtleistung und Brennstoffbedarf zu bieten.

E. Die Zündung

Die Zündung erfolgt ausnahmslos auf elektrischem Wege, indem man zwischen zwei an geeigneter Stelle des Verbrennungsraumes befindlichen Elektroden einen Funken überspringen läßt. Um hinreichend rasche Verbrennung zu bewirken, muß der Zündfunke sehr heiß und kräftig, der ihn erzeugende Strom daher hoch gespannt sein. Zur Hervorrufung des Zündstromes dient der Magnetzündapparat, gewöhnlich kurz Magnet genannt. Um seine Einrichtung und Funktion zu verstehen, muß man mit einigen fundamentalen Erscheinungen der magnetelektrischen Induktion bekannt sein, die daher in den einfachsten Grundzügen dargelegt werden mögen.

Jedem Magnet ist ein gewisser Wirkungsbereich — das magnetische Feld — zugehörig. Das magnetische Feld wird dadurch gebildet, daß vom Nordpol zum Südpol des Magneten magnetische Kraftströme übergehen, deren Verlauf von der Stärke und Form des Magneten, sowie von der Entfernung seiner Pole abhängig ist. Werden beispielsweise in den Wirkungsbereich eines Stabmagneten leichte Eisenfeilspäne gebracht, so ordnen sich diese unter dem Einflusse der magnetischen Kraftströme in ganz gesetzmäßigerweise rings um den Magneten an.

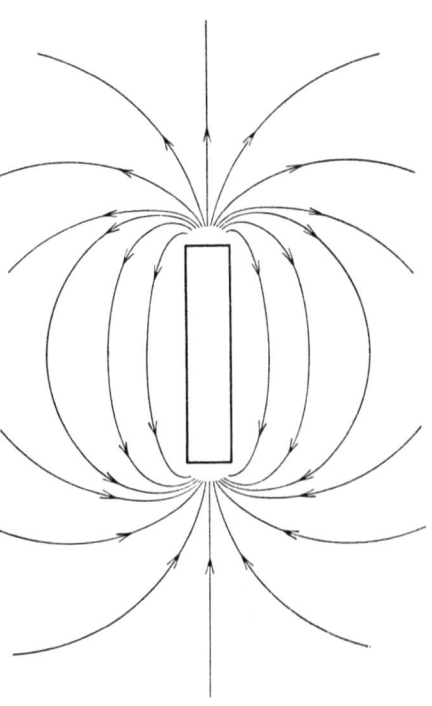

Abb. 167. Stabmagnet

Man kann daher den Verlauf der Kraftströme durch entsprechende Linien, die sogenannten magnetischen Kraftlinien, kennzeichnen. Wo die Kraftlinien am dichtesten zusammenrücken, ist die magnetische Wirkung am stärksten. Den Verlauf der Kraftlinien bei einem Stabmagneten zeigt Abb. 167, bei einem Hufeisenmagneten Abb. 168. Durch Einschaltung zweckmäßig geformter Zwischenstücke, sogenannter Polschuhe, können die Kraftlinien aus den umliegenden Teilen des Feldes gewissermaßen zusammengesaugt, dadurch an gewissen Stellen dichter und gleichmäßiger verlaufend gestaltet werden. Abb. 169 veranschaulicht dies für einen Hufeisenmagneten mit Polschuhen.

Meitner, Motorrad

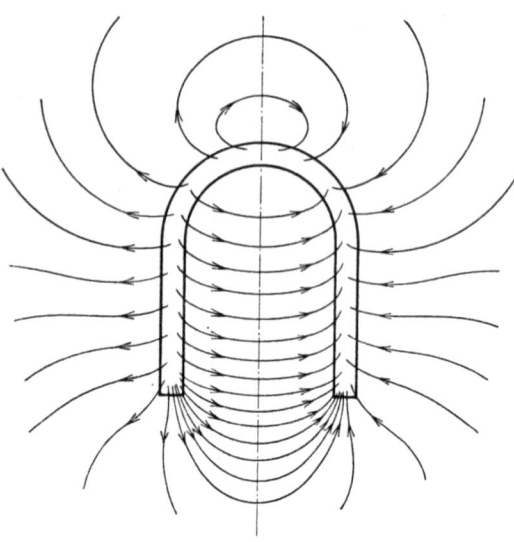

Abb. 168. Hufeisenmagnet

Wird nun ein geschlossener elektrischer Leiter in einem magnetischen Kraftfelde derart bewegt, daß die Zahl der Kraftlinien, welche die vom Leiter umschlossene Fläche durchsetzen, eine Änderung erfährt, so wird im Leiter ein elektrischer Strom erregt (induziert). Dieser Induktionsstrom ist um so stärker, je größer der Wechsel in der Zahl der wirksamen Kraftlinien ist. — Der Kraftlinienverlauf wird übrigens schon durch die bloße Einbringung des Leiters in das magnetische Feld verändert. Der Leiter übt eine anziehende Wirkung auf die Kraftlinien aus, saugt sie gewissermaßen in die von ihm begrenzte Fläche ein. Von dieser Erscheinung macht man Gebrauch, um die Induktion zu verstärken. Wird beispielsweise der Leiter als Wicklung um einen I-förmigen Körper, den sogenannten Anker, gestaltet und dieser zwischen den Polschuhen eines Hufeisenmagneten Abb. 170 im angegebenen Drehsinn in Rotation versetzt, so ergibt sich der durch die kleinen Pfeile ersichtlich gemachte Kraftlinienverlauf. In Stellung A gehen die Kraftlinien vom oberen Teil des Nordpolschuhes durch den Anker zum unteren Teil des Südpolschuhes über, in Stellung B hingegen vom unteren Teil des Nordpolschuhes zum oberen Teil des Südpolschuhes. Zwischen beiden Stellungen hört also die Kraftlinienwirkung für einen Augenblick auf, um im nächsten Zeitteilchen in umgekehrter Richtung wieder einzusetzen. In diesem Moment tritt also der stärkste Wechsel in der Zahl

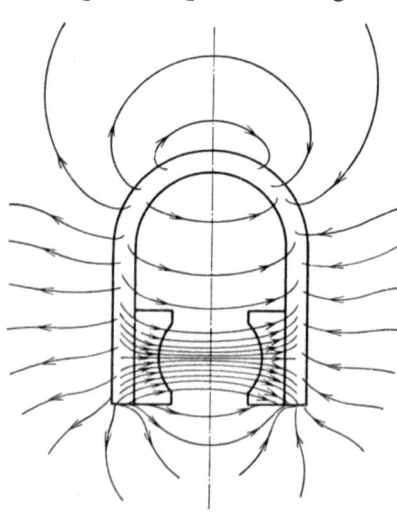

Abb. 169. Hufeisenmagnet mit Polschuhen

Die Zündung 195

der wirksamen Kraftlinien ein, der induzierte Strom erreicht somit einen Höchstwert.
Von dem auf solche Weise erregten Strom kann man indessen für die Erzeugung des Zündfunkens keinen unmittelbaren Gebrauch machen, da hiefür dieser Strom — wir wollen ihn **Primärstrom** nennen — keine genügend große Spannung besitzt. Zur Erzeugung des Zündfunkens machen wir uns vielmehr eine andere Induktionserscheinung zunutze.
Ebenso wie dem Magneten selbst, ist dem von ihm erregten Primärstrom ein Kraftfeld zugehörig. Bringt man nun in dieses elektrische Kraftfeld einen geschlossenen Leiter, so wird in ihm durch jede Änderung

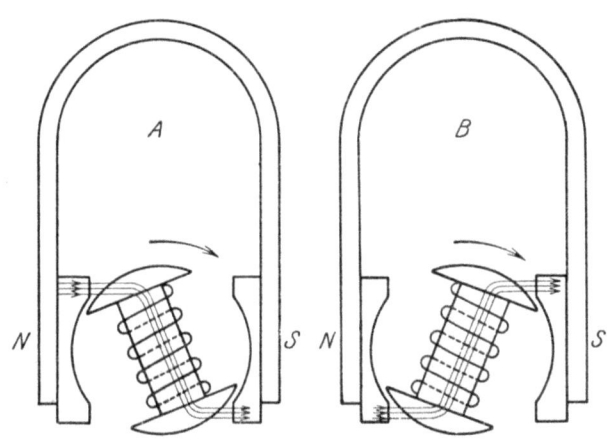

Abb. 170. Ankerdrehung

des Primärstromes ein zweiter elektrischer Strom — der **Sekundärstrom** — induziert. Der Sekundärstrom fällt um so kräftiger aus, je größer (bzw. je schneller verlaufend) die ihn erzeugende Änderung der Primärstromstärke ist. Die größtmögliche Änderung des Primärstromes wird offenbar erzielt, wenn wir ihn im Augenblick seines Höchstwertes plötzlich unterbrechen, denn bei diesem Vorgang sinkt die Primärstromstärke vom Maximalwert augenblicklich auf Null. Wir erhalten somit gleichzeitig einen Sekundärstrom von höchst erreichbarer Intensität. Dieser Sekundärstrom wird zur Erzeugung des Zündfunkens benützt.
Es ist bereits erwähnt worden, daß man sich zur Hervorbringung des Zündfunkens nicht unmittelbar des Primärstromes bedienen kann, weil dieser keine hinreichend große Spannung besitzt. Der Begriff der Stromspannung bedarf nun noch einer Erläuterung. Es würde wohl zu weit führen, diesen Begriff in völlig exakter Weise zu entwickeln, doch kann er durch eine leicht faßliche Analogie dem Verständnis nahe

gebracht werden. Man denke sich einen mit Wasser gefüllten Zylinder, aus dem das Wasser durch einen dichtschließenden Kolben in ein Rohr gepreßt wird. Je schneller sich der Kolben bewegt, desto mehr Wasser wird er in der Zeiteinheit in das Rohr drängen, desto größer wird also die pro Sekunde aus dem Behälter abfließende Wassermenge sein. Durch die in der Zeiteinheit abfließende Menge ist jedoch der Strömungszustand noch nicht vollständig gekennzeichnet. Er hängt auch davon ab, wie groß der Querschnitt des Abflußrohres ist. Je enger das Rohr ist, desto größer wird offenbar unter sonst gleichen

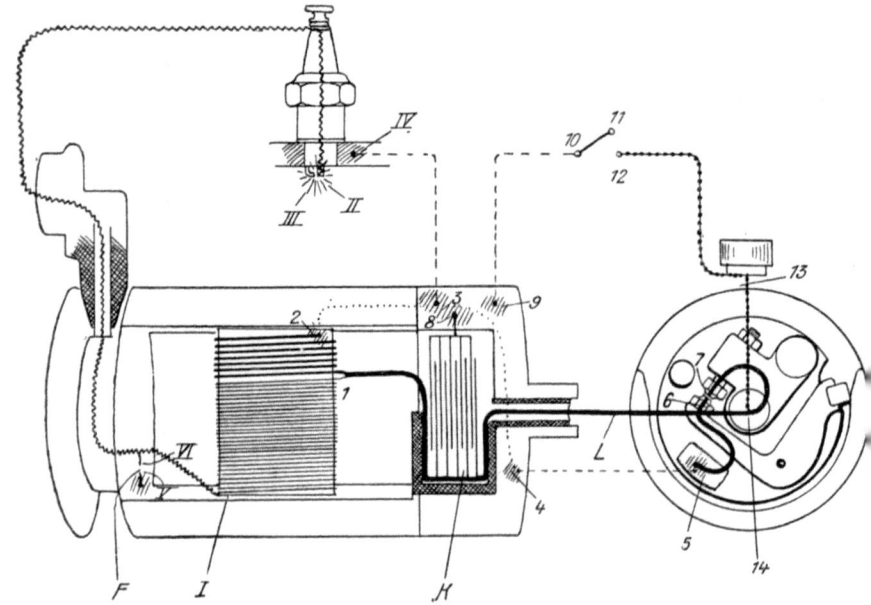

Abb. 171. Schema der Magnetzündung

Umständen der Druck des ihn durchfließenden Wasserstromes sein. Es ist also zwischen der Wassermenge pro Zeiteinheit (oder der Stromstärke) und dem Wasserdruck (oder der Spannung) wohl zu unterscheiden. Ganz ähnlich verhält es sich mit den uns beschäftigenden elektrischen Erscheinungen. Der Primärleiter entspricht dem Wasserbehälter, der Sekundärleiter dem Ableitungsrohre. Unser Wasserbehälter darf keinen zu kleinen Durchmesser haben, weil sonst einleuchtenderweise der durch die Kolbenbewegung erzeugte Primärwasserstrom nur schwach sein könnte. Das Abflußrohr hingegen muß möglichst eng sein, wenn die Spannung des Sekundärwasserstromes groß werden soll. In vollständiger Analogie hiemit muß der elektrische Primärleiter aus starkem, der Sekundärleiter aus schwachem

Draht bestehen. Um beide Leiter in der eng begrenzten Zone der
größten Intensität des magnetischen bzw. elektrischen Kraftfeldes
unterbringen zu können, werden Primär- und Sekundärleiter als
Wicklungen um den Anker, jene in verhältnismäßig wenigen Windungen
starken, diese in sehr vielen Windungen dünnen Drahtes angeordnet.
Selbstverständlich ist sowohl der Draht der Primärleitung, wie der der
Sekundärleitung gut isoliert.

Der Grundsatz des Gesamtaufbaues und der Verlauf beider Ströme
geht aus der schematischen Darstellung der Abb. 171 hervor. Die
Primärwicklung ist mit dem Anker fest verbunden. Durch seine Rotation zwischen den Polschuhen eines permanenten Hufeisenmagneten
wird daher, wie wir wissen, in dieser Wicklung ein Strom erzeugt. Er
verläuft vom Anfang der Wicklung 1 zu deren Ende 2, das mit dem
Ankerkörper in leitender
Verbindung steht, fließt
daher durch diesen über
3 und 4, von dort weiter
nach 5 zum Unterbrecher
(dessen Funktion später
erläutert wird), zur Kontaktschraube 6 und soferne zwischen dieser und
der Kontaktschraube 7
Berührung stattfindet,
von hier durch Leitung L
zurück zum Ausgangspunkt 1. Werden jedoch,
wie in Abb. 171 dar-

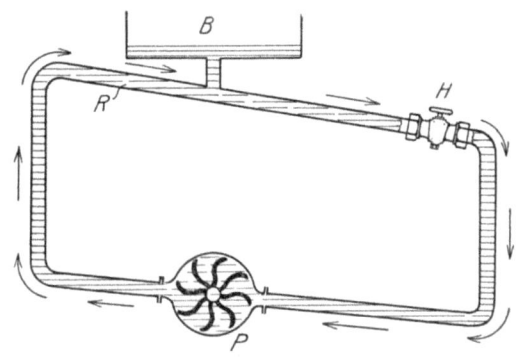

Abb. 172. Erklärung der Kondensatorwirkung

gestellt, die Kontaktschrauben 6 und 7 voneinander abgehoben,
so wird hiedurch der Primärstrom unterbrochen und somit im
Sekundärleiter ein Strom erregt, der folgenden Verlauf zeigt: Vom
Anfang der Sekundärleitung I durch die als Wellenlinie gezeichnete
Leitung zur Zündkerzenelektrode II, den Zwischenraum zwischen dieser
und der Elektrode III durch den Zündfunken überbrückend in die
Zylindermasse, von dieser über IV und 3 nach 2, durch die Primärwicklung nach 1 und von diesem Punkte, der mit dem Ende der Sekundärwicklung leitend verbunden ist, zurück zum Ausgangspunkt I.

Beim Unterbrechen des Primärstromkreises durch Öffnen der
Kontaktstelle 6/7 könnte es geschehen, daß an dieser Stelle ein Funke
überspringt. Da der Funke selbst als Stromschluß wirkt, würde hiedurch die beabsichtigte Unterbrechung des Primärstromes, somit auch
die Induktion eines Sekundärstromes vereitelt werden. Die Funkenbildung beim Öffnen des beweglichen Kontaktes muß also vermieden
werden. Dies kann in zuverlässiger Weise nur dadurch geschehen, daß
dem Primärstrom im Augenblick der Kontaktabhebung die Möglichkeit

einer Entspannung geboten wird, die mit geringerem Widerstande verbunden ist als die Überbrückung der Stromkreisöffnung durch einen Funken. Diese Aufgabe erfüllt der Kondensator K. Seine Funktion läßt sich am besten wieder durch den Vergleich mit analogen Vorgängen bei Flüssigkeitsströmungen verständlich machen. In einem Rohre R (Abb. 172), das durch einen Hahn H abgeschlossen werden kann, zirkuliere unter der Einwirkung einer Pumpe P ein Wasserstrom in dem durch die Pfeile angedeuteten Sinne. Wird nun, während die Pumpe fortarbeitet, der Hahn plötzlich geschlossen, so könnte es vorkommen, daß sich der Wasserstrom, vermöge des ihm innewohnenden Druckes auch noch durch den geschlossenen Hahn, der ja eine absolute Abdichtung nicht zu bewirken vermag, wenigstens teilweise durchzwängt. (Dies würde dem Überschlagen des Funkens durch die im Primärstromkreis geöffnete Lücke entsprechen.) Wird dagegen ein Staubecken B in die Rohrleitung eingeschaltet, so kann das Wasser in dieses fast widerstandslos einfließen und der Wasserstrom wird bei H tatsächlich vollkommen unterbrochen bleiben. Wird hernach der Hahn H wieder geöffnet, so erfährt die Pumpenwirkung durch den Druck der Wassermenge, die sich inzwischen im Behälter B angestaut hat, eine Verstärkung, der Wasserstrom wird daher mit erhöhter Kraft wieder einsetzen. — Der Kondensator K (Abb. 171), der bei unserem elektrischen Strome die Funktion des Staubeckens zu erfüllen hat, besteht nun in folgender Einrichtung: Eine Reihe parallel gestellter Stanniolblätter wird so angeordnet, daß jedes mit dem zweitfolgenden in leitender Verbindung steht, von dem unmittelbar benachbarten, jedoch durch eine zwischengelegte Glimmerschichte vollständig isoliert ist. Auf diese Art entstehen zwei Gruppen von Stanniolblättern, deren jede mit einem Zweige des Primärstromkreises leitend verbunden ist, die jedoch gegeneinander isoliert sind. Wird nun der Kontakt 6/7 geöffnet, so kann der Primärstrom, dem hiedurch sein bisheriger Weg abgeschnitten ist, einerseits von 6 über 5, 4, 3 nach 8 und von dort auf die an diesen Punkt angeschlossenen Stanniolblätter, anderseits von 7 durch die Leitung L auf die mit ihr verbundenen Blätter abfließen, wodurch eine Tendenz zur Funkenbildung zwischen 6 und 7 vermieden wird. Auf den eine reichlich große Oberfläche bietenden Stanniolblättern kann sich der gestaute Primärstrom ansammeln, ohne daß ein Stromübertritt von einem Blatte zum nächsten möglich wäre, da dies die zwischenliegenden Isolationen verhindern. Wird der Kontakt 6/7 geschlossen, so fließt der im Kondensator gesammelte Strom wieder in die Leitung zurück und verstärkt damit die vom Magnetfeld ausgehende Induktionswirkung.

Würde die Sekundärstromspannung infolge irgendwelcher unvorhergesehener Umstände das normale Höchstmaß wesentlich übersteigen, so könnte es geschehen, daß die Isolation der Sekundärleitung infolge der Überspannung durchgeschlagen wird. Dies würde

Die Zündung

eine Störung schwerster Art bedeuten, da sie das Fahrzeug rettungslos funktionsunfähig macht und an Ort und Stelle wohl niemals behoben werden kann. Diese Gefahr muß also unbedingt vermieden werden. Zu diesem Zweck ist in die Sekundärleitung die Sicherheitsfunkenstrecke F eingeschaltet (Abb. 171). Ihre Wirkungsweise ist überaus einfach: Überschreitet die Sekundärstromspannung das zulässige Höchstmaß, so findet, ehe schädliche Wirkungen auftreten können, ein Ausgleich dadurch statt, daß zwischen den Elektroden der Sicherheitsfunkenstrecke V und VI ein Funke überspringt. Selbstverständlich muß die Entfernung zwischen V und VI so bemessen werden, daß der Widerstand gegen den Stromübertritt durch Funkenbildung an dieser Stelle

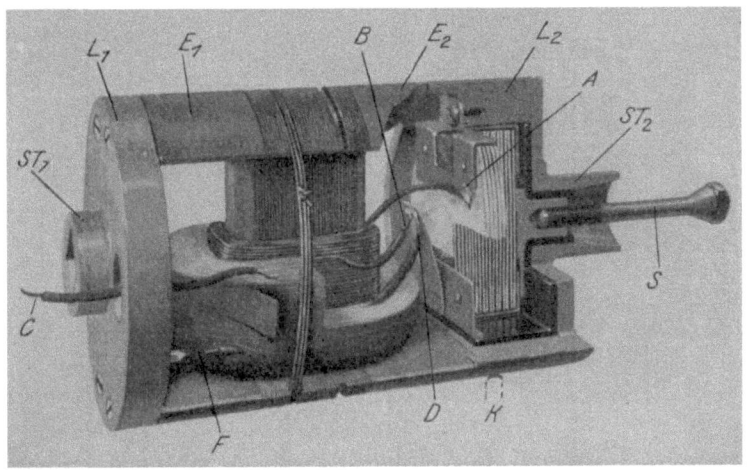

Abb. 173. Magnetanker

größer ist, als zwischen den Elektroden der Zündkerze, damit bei normaler Spannung die Funkenbildung im Zylinder nicht gestört werde.

Es muß schließlich eine Einrichtung getroffen werden, die es gestattet, sei es zur Beendigung der Fahrt, sei es für längere Bergabfahrt, die Zündung sofort auszuschalten, auch wenn der Motor noch weiterläuft. Dies geschieht am einfachsten dadurch, daß man den Primärstrom dauernd geschlossen hält, indem man ihm einen Weg anweist, der von der Funktion des Unterbrechers unabhängig ist. Dieses sogenannte Kurzschließen des Primärstromes erfolgt, indem man (Abb. 171) zwischen 11 und 12 einen Kontakt herbeiführt. Der Primärstrom geht dann, wie immer die Lage der Kontakte 6 und 7 sein mag, von 1 über 2, 3, 9, 10, 11/12, 13, 14 durch L nach 1 zurück. Es findet also nun keine Unterbrechung des Primärstromes, daher auch keine Induktion eines Sekundärstromes und somit auch keine Zündfunkenbildung mehr statt.

Die Ausbildung des Ankers zeigt Abb. 173. Der Ankerkern besteht nicht aus einem Stücke, sondern einer größeren Anzahl dünner Lamellen, ungefähr I-förmigen, oben und unten jedoch kreisrund begrenzten Profils, die durch dünne isolierende Zwischenlagen voneinander getrennt sind. Durch diese Anordnung wird das Auftreten von Wirbelströmen vermieden. An die Lamellen schließen sich rechts und links die Ankerendstücke E_1 und E_2, an diese die Scheiben L_1 und L_2, welche die zur Lagerung bzw. Drehung dienenden Achsstummel ST_1 und ST_2 tragen. Lamellen, Endstücke und Achsscheiben werden mittels durchgehender Schraubenbolzen, deren versenkte Köpfe an der linken Achs-

Abb. 174. Stromübergang zum Unterbrecher

scheibe ersichtlich sind, zusammengehalten. Der mittlere Teil ist überdies durch Drahtbindungen gesichert, die in Rillen der Ankerköpfe eingebettet sind.

Die Sekundärwicklung (in Abb. 173 teilweise geschnitten dargestellt) ist außen um die Primärwicklung, die unmittelbar den Ankerschaft umgibt, geführt.

Das eine Ende der Primärwicklung A ist, wie ersichtlich, mit der Achsscheibe L_2 in leitender Verbindung. Diese schleift bei ihrer Drehung auf dem in das Ankergehäuse fix eingesetzten Kohlenstift K (in Abb. 173 gestrichelt angedeutet), wodurch der Primärstrom in die Gehäusemasse geleitet wird. Von dieser wird er in noch darzulegender Weise an eine dem Punkt 5 der schematischen Abb. 171 entsprechende Stelle des Unterbrechers geführt, gelangt sodann weiter zur Kontaktschraube 6 (dies bezieht sich gleichfalls auf Abb. 171) und durch 7 nach 14, sodann

Die Zündung

durch die stromführende Schraube S (Abb. 173), welche der Leitung L des Schemas Abb. 171 entspricht, an die den Kondensator umgebende Metallmasse, die ihrerseits mit dem zweiten Ende B der Primärwicklung leitend verbunden ist. Der Primärstromkreis erscheint somit geschlossen, solange Berührung zwischen den Kontaktschrauben 6 und 7 stattfindet.

Das eine Ende C der Sekundärleitung wird (Abb. 173) auf dem in Abb. 171 angedeuteten Wege über die Zündkerzenelektroden mit der Zylindermasse verbunden, die ihrerseits mit dem Magnetgehäuse in

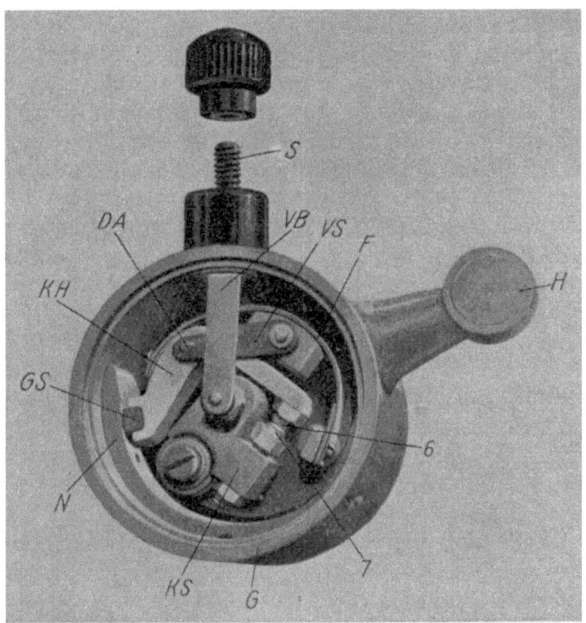

Abb. 175. Unterbrecher

leitender Verbindung steht. Weiter geht der Sekundärstrom durch die Primärwicklung, deren Verbindung mit dem Gehäuse schon dargelegt wurde, nach B, von dort mittels der Anbringung auf gemeinsamer Metallfläche nach D, dem zweiten Ende der Sekundärwicklung, die somit gleichfalls einen geschlossenen Stromkreis darstellt.

Die Funkenstrecke F und der Kondensator sind aus Abb. 173 klar ersichtlich. Es handelt sich nun noch darum, die Schwierigkeit zu überwinden, welche sich daraus ergibt, daß der Anker und daher auch die mit ihm fest verbundene Wicklung rotiert, während Zylinder, Magnetgehäuse usw., die ja gleichfalls stromführende Teile bilden, feststehen, so daß eine ständige leitende Verbindung zwischen bewegten und unbewegten Bauteilen hergestellt werden muß. Für den

Primärstrom wird dies in folgender Weise bewerkstelligt. Von der mit dem Anker rotierenden Achsscheibe L_2 wird der Primärstrom durch den Kohlenstift K abgenommen und dem Ankergehäuse, in welchem er fix eingesetzt ist, zugeführt. An der Stirnwand des Ankergehäuses schleift der in die Rückseite der Unterbrecherscheibe eingelassene Kohlenkontakt SK (Abb. 174), wodurch die andauernde leitende Verbindung zwischen den stromführenden Teilen des rotierenden Unterbrechers mit dem feststehenden Ankergehäuse bewirkt erscheint.

Die Unterbrecherscheibe wird mittels des Keiles KL in die Keilnut KN des Achsstummels eingesetzt, nimmt daher an der Drehung des Ankers zwangläufig teil. Durch Vermittlung der Schleifkohle SK wird der Primärstrom dem Verbindungsstück VS (Abb. 175), von diesem dem Kniehebel KH zugeführt, der um die Achse DA drehbar ist und an einem seiner Enden die mit einer Platinkappe versehene Schraube 6 trägt. Diese berührt in der Ruhelage die gleichartig ausgeführte Schraube 7, leitet somit den Strom an das fixe Kontaktstück KS, von welchem er durch die stromführende Schraube auf schon bekanntem Wege zur Primärwicklung rückgeleitet wird. Die Feder F drückt die Kontaktschrauben 6 gegen die Schraube 7. Der Unterbrecher rotiert in dem feststehenden Gehäuse G, welches das Nockensegment N trägt. Sobald nun das in das zweite Ende des Kniehebels KH eingesetzte Hartgummischleifstück GS bei der Rotation des Unterbrechers auf die Nocke N aufläuft, wird der Hebel KH um seine Achse verdreht und der Kontakt 6 gegen die Wirkung der Feder F vom Kontakt 7 abgehoben, wodurch Unterbrechung des Primärstromes und in weiterer Folge Zündung im Zylinder erfolgt. Die Anordnung ist so getroffen, daß die Unterbrechung in dem Augenblicke stattfindet, da der Primärstrom sein bei der Ankerstellung B (Abb. 170) eintretendes Maximum erreicht. Da es jedoch nötig ist, bei größerer Tourenzahl des Motors mehr Vorzündung, bei langsamem Laufe hingegen wie auch beim Anlassen Nachzündung zu geben, kann das Unterbrechergehäuse mittels des Hebels H (Abb. 175) verstellt werden. Hiedurch wird eine Änderung der Relativstellung zwischen Nocke und Unterbrecher und damit ein früheres oder späteres Eintreten des Zündzeitpunktes erzielt. Es sei jedoch darauf hingewiesen, daß bei der solcherart bewirkten Verschiebung des Zündzeitpunktes der Primärstrom nicht mehr im Augenblicke seines Höchstwertes unterbrochen wird, daher der Sekundärstrom schwächer und der Zündfunke weniger intensiv ausfällt. Gewöhnlich bewegt sich die Verlegung des Zündmomentes innerhalb so enger Grenzen, daß die Schwächung des Sekundärstromes praktisch bedeutungslos bleibt. Es gibt indessen Vorrichtungen, durch welche auch bei Verlegung des Zündzeitpunktes die volle Stromstärke gewahrt bleibt, auf die hier jedoch nicht eingegangen werden soll.

Zwischen der im Mittel der Unterbrecherscheibe sitzenden stromführenden Schraube und der Kurzschlußklemme S wird durch das

Plättchen *VB* eine leitende Verbindung hergestellt. Durch die an Abb. 171 erläuterte Schaltung kann der Primärstrom über *S* kurzgeschlossen und damit die Zündung abgestellt werden.

Die Abnahme des Sekundärstromes ist aus Abb. 176 ersichtlich. Das freie Ende der Sekundärwicklung wird an den Metallring *R* der

Abb. 176. Stromabnehmer im Sekundärstrom

sonst aus isolierendem Material hergestellten, mit dem Anker rotierenden Scheibe *Sch* geführt und von ihm durch die mittels einer Feder angepreßten Schleifkohle *SK* dem mit der Zündkerze verbundenen Kabel *ZK* zugeleitet.

Ganz außen an der Achse ist die Keilnut *KN* ersichtlich, welche zur Fixierung des Antriebsrades dient, mittels dessen Anker und Unterbrecher in Drehung versetzt werden. Es ist noch festzustellen, welches

Verhältnis zwischen der Drehzahl der Magnetwelle und jener der Kurbelwelle zu bestehen hat. Bei der beschriebenen Anordnung ergibt jede Umdrehung der Unterbrecherscheibe, also auch der Magnetwelle, eine Unterbrechung des Primärstromes, somit eine Zündung. Nun entfällt bei Zweitaktmotoren auf jede Kurbelwellendrehung, bei Viertaktmotoren dagegen erst auf jede zweite Kurbelwellendrehung eine Ex-

Abb. 177. Unterbrecher im Schnitt

plosion. (Beides auf Einzylindermotoren bezogen.) Es hat daher bei Zweitaktmotoren die Magnetwelle gleich schnell, bei Viertaktmotoren halb so schnell zu laufen wie die Kurbelwelle. Die Bewegungsübertragung von der Kurbelwelle auf die Magnetwelle sollte immer durch Zahnräder, nicht aber, wie es häufig geschieht, durch Kettenantrieb erfolgen. Die Kette vermag selbst bei bester Ausführung weder so völlig exakt, noch so ganz erschütterungsfrei zu arbeiten wie eine gute Zahnräderübersetzung, ein Umstand, der für einen so subtilen und

Die Zündung

höchste Präzision erfordernden Mechanismus, wie es der Magnetapparat ist, niemals außer acht gelassen werden sollte.

Der Zusammenbau des Unterbrechers mit dem Magnetgehäuse, seine Lagerung und Abdeckung, wie auch die Anordnung der Primärstromzuführung sind in Abb. 177 besonders anschaulich dargestellt. Die Abb. 176 und 177 zeigen auch (im Zusammenhange mit Abb. 173) in voller Deutlichkeit den Gesamtaufbau des Magnetapparates, ferner

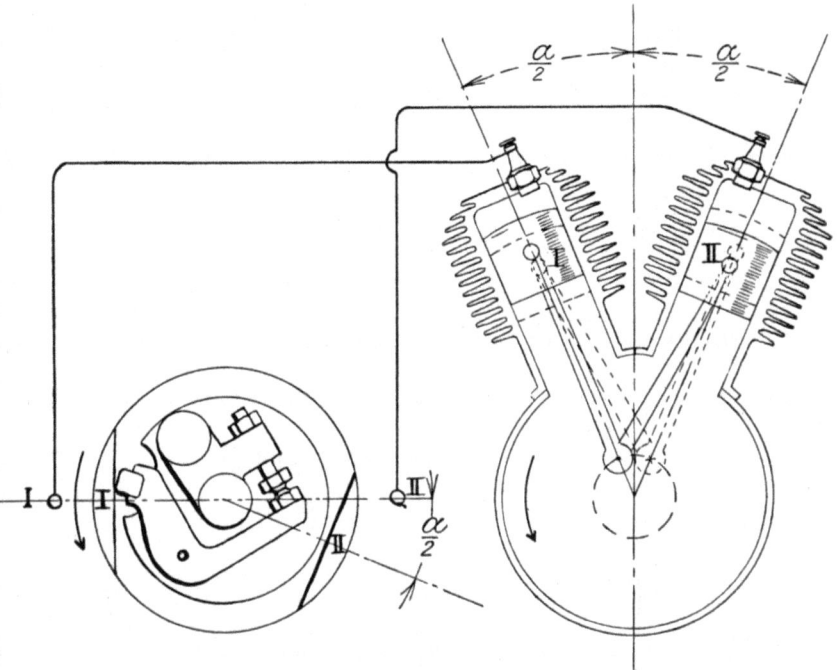

Abb. 178. Unterbrecher für Zweizylinder-V-Motor

dessen restlos durchgeführte Einkapselung, die jede Beschädigung oder Verunreinigung von außen her völlig unmöglich macht.

Den vorstehenden Erläuterungen ist die Anordnung des Boschmagnetes zugrundegelegt worden, einer bewundernswert geistvollen Konstruktion, die höchste Zweckmäßigkeit, Präzision und Zuverlässigkeit der Funktion mit äußerster Raumökonomie und Formschönheit in geradezu erstaunlicher Weise verbindet.

Bei der bisherigen Darlegung ist angenommen worden, daß wir es mit Einzylindermotoren zu tun haben. Handelt es sich um Mehrzylindermotoren, so ändert dies gar nichts am Wesen des Aufbaues und an der Funktion des Magnetapparates. Es muß nur dafür Sorge getragen werden, daß die Zündungen in der der Zylinderzahl und Zylinderstellung entsprechenden Häufigkeit und Zeitfolge eintreten. Als Beispiel sei die Anordnung für den Zweizylinder-V-Motor erläutert. Der wesentliche Unterschied gegenüber dem vorher besprochenen Typ liegt lediglich im Unterbrecher, der so eingerichtet werden muß, daß in jedem der beiden Zylinder im richtigen Zeitpunkte die Zündung erfolgt. Dies wird dadurch erreicht, daß das Unterbrechergehäuse statt einer Nocke deren zwei trägt, und zwar müssen die Scheitelpunkte der beiden Nocken um den Winkel 180 minus $\frac{a}{2}$ gegeneinander versetzt sein, wenn die Zylinderachsen einen Winkel a miteinander einschließen. Dies geht an Hand der Abb. 178 aus einer einfachen Überlegung hervor. Für die Umlaufgeschwindigkeit der Magnetwelle gilt hier dasselbe wie zuvor: bei Zweitakt volle, bei Viertakt halbe Drehzahl der Kurbelwelle. Eine gewisse Schwierigkeit liegt nur darin, für beide Zylinder Höchstwerte des Primärstromes im Augenblicke seiner Unterbrechung zu erzielen, jedoch läßt sich auch dies durch entsprechende Abstufung der Ankerköpfe und der Polschuhe erreichen, wie in Abb. 179 dargestellt. Durch diese Formgebung gelangt man zu einer teilweisen Verschleppung des Kraftlinienstromes und damit annähernd zu der gewünschten Wirkung. Die Stromabnehmerscheibe Abb. 180 hat nun zwei voneinander isolierte Metallsegmente, deren eines mit dem Zündkabel für Zylinder *I*, deren zweites mit jenem für Zylinder *II* in ganz analoger Weise wie vorher in Verbindung zu setzen ist.

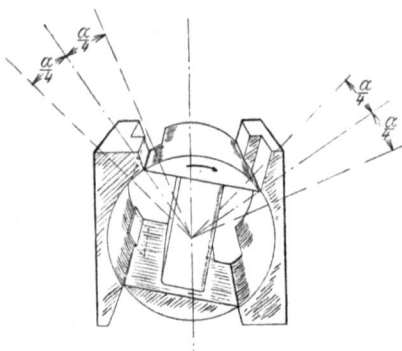

Abb. 179. Ankerausbildung für Zweizylinder-V-Motor

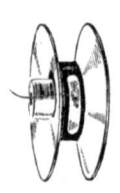

Abb. 180. Stromabnehmerscheibe für Zweizylinder

Die Zündung selbst wird, wie mehrfach erwähnt, dadurch bewirkt, daß der im Sekundärleiter induzierte Hochspannungstrom zwischen zwei im Zylinderinnern angebrachten Elektroden einen Funken erzeugt. Träger dieser beiden Elektroden ist die sogenannte Zündkerze. Sie besteht (Abb. 181) aus der Mittelelektrode, auch Zündstift genannt (1), die am oberen Ende die Anschlußmutter 2 trägt, welche zur Befestigung des den Zündstrom zuleitenden Kabels dient. Die Mittelelektrode ist von der Isolationsmasse 3 umschlossen, die selbst wieder in dem Zündkerzenkörper 4 steckt. Dieser wird mittels des Gewindes 5 unter Zwischenschaltung des Dichtungsringes 6 an der hiefür vorgesehenen Stelle in den Zylinderkopf geschraubt. An seinem unteren Ende trägt er die Massenelektroden 7, deren eine oder mehrere vorhanden sein können. Der

Abstand zwischen der Mittelelektrode und den Massenelektroden soll 0,4 bis 0,5 mm betragen. Bei der in Abb. 181 dargestellten Boschkerze sind die Massenelektroden, wie aus dem Grundrisse ersichtlich, nicht spitzig, sondern messerförmig gestaltet. Dies gewährt den Vorteil, daß der Zündfunke eine größere Ausdehnung erhält und daß die Kerze auch noch funktionsfähig bleibt, wenn die Massenelektroden schon teilweise abgebrannt sind, eine Erscheinung, die bei längerer Benützung der Kerze unvermeidlich ist.

Besonders wichtig ist es, die Kerze gegen Verölen und Verrußen zu schützen. Wenn sich die Kerze mit einer Rußschicht bedeckt, hört die Isolation allmählich auf, als solche zu wirken. Der Strom „kriecht" vom Zündstift über die nun leitend gewordene Oberfläche der Isolation zum Kerzenkörper über, anstatt einen Funken zu bilden. Anderseits bringt die Ablagerung von Fremdkörpern an der Kerze die Gefahr mit sich, daß diese durch die hohe Temperatur im Verbrennungsraume glühend werden und, noch ehe der gewünschte Zündzeitpunkt gekommen ist, zu Fehlzündungen des Gemisches Anlaß geben. Das wirksamste Mittel, die Kerze gegen Verölung und Verrußung zu schützen, besteht nebst Anwendung geeigneter Schmiermittel und Vermeidung zu reichlicher Ölung darin, daß man für eine solche Temperatur der Kerze sorgt, die zur sofortigen Verbrennung der an der Kerze sich ansetzenden Öl- oder Rußteile führt. Dieser richtige, nach Tunlichkeit stets aufrechtzuerhaltende Wärmegrad der Kerze wird ihre Selbstreinigungstemperatur genannt. Ist die Kerzentemperatur zu niedrig, so kann die Verbrennung abgelagerter Fremdkörper nicht oder nur unvollkommen erfolgen, die gewünschte Selbstreinigung wird also nicht erreicht. Wird

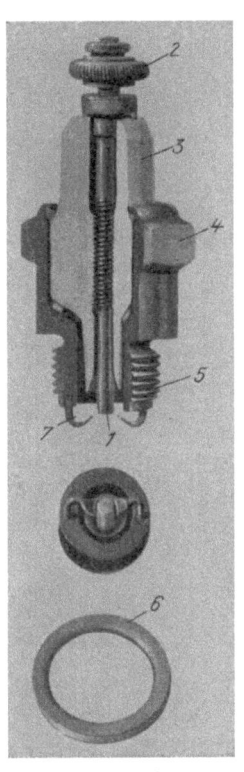

Abb. 181. Zündkerze

die Temperatur dagegen zu hoch, so tritt nicht nur die Gefahr ein, daß in der Isolationsmasse der Kerze Sprünge entstehen, sondern auch, daß der überhitzte Kerzenkörper selbst Fehlzündungen verursacht. Das richtige Maß der Kerzentemperatur ist durch den Verdichtungsgrad, die Drehzahl, die Kühlungsverhältnisse und andere Eigenheiten des Motors gegeben. Die Selbstreinigungstemperatur der Kerze ist daher nicht etwa eine Größe, welche ein für allemal feststeht, sondern eine je nach den speziellen Verhältnissen wechselnde Zahl. Durch entsprechende Dimensionierung des Isolationsmantels, des Kerzenkörpers, der Elektroden und ihres Abstandes kann die jeweils erforderliche Selbstreinigungstemperatur erzielt werden.

Eine von der Konstruktion der Boschkerze abweichende Ausführung zeigt Abb. 182 im Schnitt und in Einzelteile zerlegt. Der Isolationskörper ist hier zweiteilig ausgeführt, entsprechend der Tatsache, daß der in den Verbrennungsraum reichende Teil wesentlich

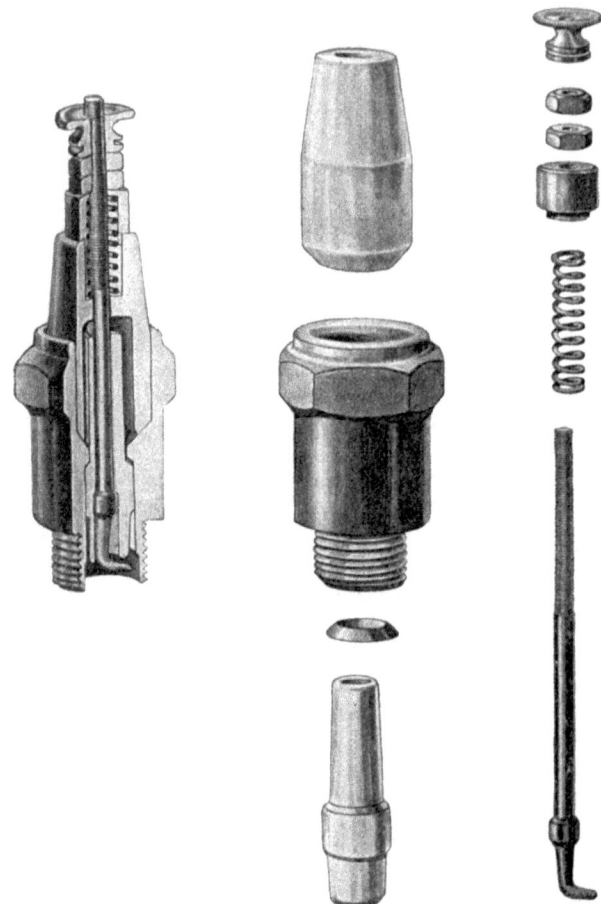

Abb. 182. Zündkerze

anderen thermischen Beanspruchungen ausgesetzt ist als das obere, größtenteils außerhalb des Zylinders liegende Stück. Es läßt sich bei dieser Anordnung erreichen, daß jeder Teil bei etwaiger Beschädigung unter Beibehaltung aller übrigen Bestandteile ausgewechselt werden kann. Diesen theoretischen Vorzügen stehen jedoch die Nachteile der Vielteiligkeit und minder einfacher Konstruktion gegenüber, was für die Praxis herabgesetzte Zuverlässigkeit und Betriebsicherheit bedeutet.

VII. Kraftübertragung

Der Antrieb des Motorrades erfolgt fast ausnahmslos dadurch, daß das Hinterrad in Drehung versetzt wird. Infolge der Bodenreibung führt es hiebei eine Rollbewegung aus und schiebt das Fahrzeug vor sich her. Würde der Motor so angeordnet, daß er unmittelbar das anzutreibende Laufrad in Drehung versetzt (dies ist mehrfach versucht worden), so wären keinerlei Organe zur Kraftübertragung nötig. Bei den gegenwärtig in Gebrauch stehenden Typen muß jedoch der Antrieb von dem im Rahmen eingebauten Motor durch geeignete Zwischenglieder auf das Hinterrad übertragen werden. Diese Übertragung erfolgt, wie bereits dargelegt wurde, niemals direkt, sondern unter Zwischenschaltung eines Wechselgetriebes. Die Drehbewegung muß also zunächst von der Kurbelwelle auf die Getriebewelle, sodann von dieser auf das Hinterrad abgeleitet werden.

Abb. 183. Leder- und Kautschukriemen

Wir haben es daher stets mit einer doppelten Kraftübertragung zu tun. Als Übertragungsorgane kommen Zahnräder, Reibräder, Kette, Riemen und Gelenkwelle in Betracht.

Da der Motorradrahmen wenigstens teilweise abgefedert ist, das Fahrzeug sich überdies auf zwei unabhängig voneinander nachgiebigen Laufreifen bewegt, bleibt die Relativstellung zwischen Kurbelwelle bzw. Getriebewelle und Hinterradachse während der Fahrt nicht unverändert, unterliegt vielmehr unaufhörlich kleinen, aber nicht vernachlässigbaren Verschiebungen. Es wäre daher praktisch unmöglich, einen völlig starren Mechanismus, der diesen Verschiebungen nicht zu folgen vermöchte, zur Übertragung der Bewegung von der Kurbelwelle auf das Hinterrad zu benützen. Bei der Kraftübertragung durch Riemen oder Kette ist die erforderliche Nachgiebigkeit des Antriebes dadurch gewährleistet, daß diese Organe in sich unstarr sind, daher Lageverschiebungen zwischen treibender und getriebener Welle gestatten. Bei Gelenkwellenantrieb wird dieselbe Wirkung durch eigenartige Gelenke noch zu besprechender Funktion erzielt. Reine Zahn- oder Reibradantriebe sind jedoch in sich starr und können daher ohne Einschaltung nachgiebiger Zwischenglieder für die Kraftübertragung auf das Hinterrad nicht verwendet werden.

Das einfachste und früher am häufigsten angewendete Übertragungsorgan ist der Riemen. Da er jedoch nur mangelhafte Präzision und Sicherheit des Betriebes bietet, mit ungünstigem Wirkungsgrad arbeitet, überdies Riemen und Riemenscheiben starkem Verschleiß ausgesetzt sind, ist der Riemenantrieb fast gänzlich verlassen worden und findet sich nur noch vereinzelt bei kleinen wohlfeilen Typen vor. Soweit man noch überhaupt vom Riementrieb Gebrauch macht, bedient man sich keilförmig profilierter Riemen, die entweder aus mehreren übereinanderliegenden und vernieteten Lederschichten oder aus Kautschuk mit Leinwandeinlagen (Abb. 183) bestehen. Zum Zusammenschlusse der freien Riemenenden werden gelenkige Verbinder angewendet. Ein Ausführungsbeispiel zeigt Abb. 184.

Abb. 184. Riemenverbinder

Das gegenwärtig meist verwendete und daher praktisch wichtigste Antriebsorgan ist die Kette. Sie bietet eine gewisse Nachgiebigkeit des Antriebes, ohne dabei wie der Riemen einem Gleiten ausgesetzt zu sein, gewährt allerdings weder so exakte noch so erschütterungs- und geräuschfreie Arbeit wie eine genau ausgeführte, völlig zwangläufig wirkende Zahnräderübertragung. Das Beispiel eines Kettentriebes zeigt Abb. 185 (Sunbeam). Die Drehbewegung wird von dem mit der Kurbelwelle des Motors verbundenen Kettenzahnrade M durch Vermittlung der Gliederkette K auf das mit der Getriebewelle verbundene Kettenzahnrad G übertragen. In ganz analoger Weise erfolgt die Weiterleitung der Drehbewegung von der Getriebewelle auf ein mit dem Hinterrade fest verbundenes Kettenzahnrad. Säße M auf der Kurbelwelle, G auf der Getriebewelle völlig starr, so würde bei einer Bewegungshemmung des Fahrzeuges, z. B. durch einen Stein oder eine Bodenerhebung, infolge der ungeminderten Drehungstendenz der Kurbelwelle ein heftiges Reißen an der Kette eintreten, das Beschädigungen des Übertragungsmechanismus, zumindest aber unangenehme Erschütterungen und unerwünschte Dehnung der Kette herbeizuführen geeignet ist. Um solche Erscheinungen zu vermeiden, werden Stoßfänger angewendet, die man häufig auch mit dem englischen Worte shock-absorber bezeichnet. Auch die in Abb. 185 dargestellte Konstruktion ist mit einer derartigen Einrichtung versehen, Das Kettenrad M sitzt nicht fest auf der Kurbelwelle, sondern ist gegen diese verdrehbar. Es trägt seitlich einen Klauenkranz, in welchen ein Klauenrad KR eingreift, das, in Keilnuten geführt, auf der Kurbelwelle wohl verschiebbar, nicht aber gegen sie verdrehbar ist. Durch eine kräftige Feder F wird das Klauenrad ständig gegen den Klauenkranz gepreßt. Tritt nun durch eine Bewegungshemmung des Fahrzeuges die Tendenz für ein Voreilen des Kettenrades M ein, so drückt es hiebei das Klauenrad KR gegen die Federwirkung nach außen, woraus sich die in Abb. 187 dar-

Abb. 185. Kettentrieb (Sunbeam)

gestellte Lage I ergibt. Die Stoßwirkung wird durch die Feder aufgefangen. Ist der Beharrungszustand wieder hergestellt, so drückt die Feder das Klauenrad in seine Ruhelage zurück (Stellung II der Abb. 187).

Der Kettentrieb soll gegen Verschmutzung und Nässe möglichst gut geschützt sein, da er andernfalls präziser Funktion unfähig wird und starke Abnützung erleidet. Der vollkommenste Schutz wird selbstverständlich erzielt, wenn Kettenräder und Kette in einen völlig abgeschlossenen Kasten verlegt werden (Abb. 185). Hiebei wird zugleich ermöglicht, daß Kettenräder und Kette ständig im Ölbade arbeiten, was der gleichmäßigen geräuschfreien Funktion förderlich ist und die sonst nötige periodisch vorzunehmende Schmierung der Kette, eine etwas umständliche Arbeit entbehrlich macht. Von der vollständigen Verschalung des Kettentriebes, welche die Betriebssicherheit und Lebensdauer des Fahrzeuges erhöht, seine Wartung vereinfacht, schließlich auch seiner äußeren Erscheinung sehr vorteilhaft ist, wird jedoch wegen der erheblich verteuerten Herstellungskosten verhältnismäßig selten Gebrauch gemacht. Zumeist begnügt man sich damit, die Kettenräder und das obere Kettentrum durch entsprechend profilierte Schutzbleche abzudecken, was auf schlechter Straße und bei ungünstiger Witterung keinesfalls völlig ausreichenden Schutz gewähren kann.

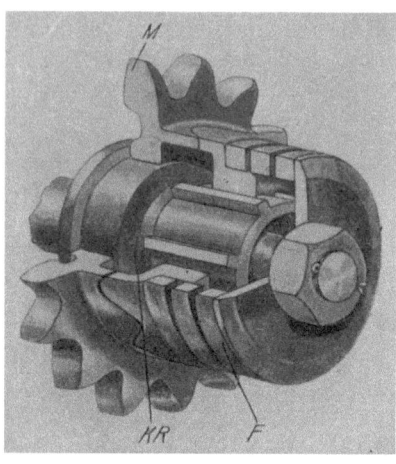

Abb. 186. Stoßfänger

Sind Kurbelwelle und Getriebewelle gegeneinander unverrückbar — z. B. in gemeinsamem Gehäuse — gelagert, so können starre Antriebsorgane, Zahn- oder Reibräder, zur Übertragung verwendet werden. Die Übertragungsräder erhalten dann oft Schraubenverzahnung, welche besonders genauen, geräuschfrei arbeitenden Eingriff ergibt. Durch den völligen Abschluß des Räderkastens ist es ermöglicht, die Antriebsräder in einem Ölbade arbeiten zu lassen. Das auf die Getriebewelle wirkende Rad ist mit dieser durch eine stoßdämpfende Kupplung verbunden.

Für die Bewegungsübertragung von der Getriebewelle auf das Hinter-

Klauenrad hinausgedrückt   Klauenrad in vollem Eingriff

Abb. 187

rad kommt nebst Kette (oder allenfalls Riemen) der Kardanantrieb in Betracht. Vorläufig hat er zwar im Motorradbau nur geringe Verbreitung gefunden, dürfte jedoch wegen seiner sehr beträchtlichen Vorteile noch zu großer Bedeutung gelangen.

Die grundsätzliche Wirkung des nach seinem Erfinder benannten Kardangelenkes wird durch Abb. 188 vergegenwärtigt. Die Gabel G_1 ist um die Achse A_1 drehbar, die in der Lasche L gelagert ist. L ist mit der Hülse H fest verbunden, in der die Achse A_2 ihre Lagerung findet. Die Gabel G_2 ist um A_2 drehbar. Durch diese Anordnung sind zwischen den Wellen W_1 und W_2 Winkelverstellungen sowohl in der Horizontal- wie in der Vertikalrichtung möglich, dagegen muß an jeder Rotation der Welle W_1 um deren eigene Achse die Welle W_2 zwangläufig teilnehmen und umgekehrt. Es kann also auf diese Art ein nachgiebiger Antrieb erreicht werden, ohne daß in sich unstarre Zugorgane, wie Riemen oder Kette, angewendet werden. In der Praxis wird das Kardangelenk so ausgeführt, daß die Mittellinien von A_1 und A_2 sich schneiden, nicht aber, wie in Abb. 188 dargestellt, sich kreuzen, da dies ungünstige Antriebsverhältnisse ergeben würde. Diese Anordnung ist nur der größeren

Abb. 188. Kardangelenk

Deutlichkeit halber zur Darlegung des Funktionsprinzipes gewählt worden.

Im Motorradbau werden Kardanwellen im eigentlichen Sinne nicht oder nur höchst selten angewendet. Es genügt, die Verbindung der Wellenstücke W_1 und W_2 so auszuführen, daß eines von beiden im anderen unter Zwischenschaltung einer nachgiebigen und elastischen Schicht (Gummi) gelagert werde. Hiebei erzielt man die Vorteile einfacheren Aufbaues, wohlfeilerer Herstellung, geräuschfreien Laufes und Wegfalles der Gelenkschmierung. Die zulässigen Lageverschiebungen sind allerdings nur klein, für die Zwecke der Motorradpraxis aber ausreichend. Eine derartige Anordnung ist in Abb. 189 schematisch dargestellt (BMW). Die Drehung der Kurbelwelle KW wird durch Vermittlung der Kupplung K und der Getriebezahnräder auf die Getriebewelle G übertragen. Fest mit ihr verbunden ist der Flansch F_1, der zwei Bohrungen hat, in welche die Zapfen Z des mit der Welle W fest verbundenen Flansches F_2 greifen. Auf den Zapfen Z sitzen Gummihülsen GH. Die mittels Zapfen ineinandergreifenden Flanschen F_1 und F_2 stellen eine fixe Kupplung dar, die völlig starr sein würde, wenn die Zapfen Z die Lagerbohrungen des Flansches F_1 ganz ausfüllten.

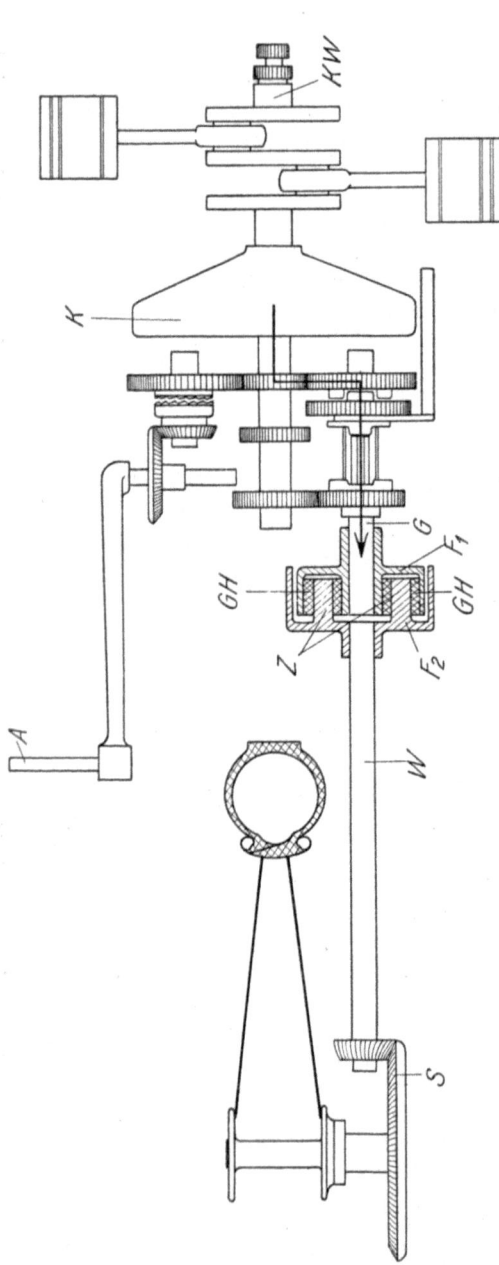

Abb. 189. Kardanantrieb (B M W)

Da jedoch die Zapfen Z kleiner im Durchmesser als die zugehörigen Lagerbohrungen und die Zwischenräume durch eine zusammendrückbare, elastische Masse ausgefüllt sind, ist die Möglichkeit für kleine Lageverschiebungen zwischen den Wellen G und W nach allen Richtungen gegeben. Die Übertragung der Drehung von W auf das Hinterrad erfolgt durch das Spiralzahnradpaar S. Die konstruktive Durchführung und die Einkapselung dieses Gelenkwellenantriebes ist aus den Abb. 190 ersichtlich. Obwohl bei Anordnungen der eben beschriebenen Art Kardangelenke überhaupt nicht vorkommen, ist es üblich geworden, derartige Übertragungen als Kardanantriebe zu bezeichnen. Wenn also von einem Motorrad mit Kardanwelle gesprochen wird, handelt es sich in den allermeisten Fällen um Antrieb mittels elastischer Kupplung, niemals aber oder nur ganz ausnahmsweise um Kardanwellentrieb im engeren Sinne.

Will man nun Ketten- und Gelenkwellenantrieb gegeneinander ab-

Kraftübertragung   215

schätzen, so darf man nicht nur an die grundsätzlichen Vorteile denken, die dieser unzweifelhaft bietet — ruhigen, geräuschlosen, fast abnützungsfreien Lauf, günstigen Wirkungsgrad, Entfall jeder Nachspannung, einfachen, raumsparenden Aufbau, Erleichterung vollständiger Verschalung — man hat sich auch gegenwärtig zu halten, daß für die Wahl des Antriebs die Lage der Zylinder, bzw. der Kurbelwelle mitbestimmend sein muß. Liegt diese, wie bei Einzylindern, V-förmigen und gegenläufig arbeitenden Zweizylindern

Abb. 190

jetzt fast immer der Fall, quer zur Fahrtrichtung, so müßte bei Anwendung von Gelenkwellenübertragung entweder zwischen Kurbel- und Getriebewelle oder zwischen dieser und Gelenkwelle ein Winkeltrieb angewendet werden. (Ein zweiter Winkeltrieb zwischen Gelenkwelle und Hinterrad ist auf jeden Fall nötig.)

Dies führt immerhin zu einer unerwünschten Komplikation. Die Vorzüge des Gelenkwellenantriebs können also nur dann voll ausgenützt werden, wenn die Kurbelwelle parallel zur Fahrtrichtung liegt. Bei allen derzeit mit Gelenkwellenantrieb arbeitenden Motorrädern ist dies tatsächlich der Fall. Bei Vierzylinder-Reihenmotoren ergibt sich die Längslage der Kurbelwelle von selbst. Bei gegenläufigen Zweizylindermotoren erreicht man sie dadurch, daß die

216   Kraftübertragung

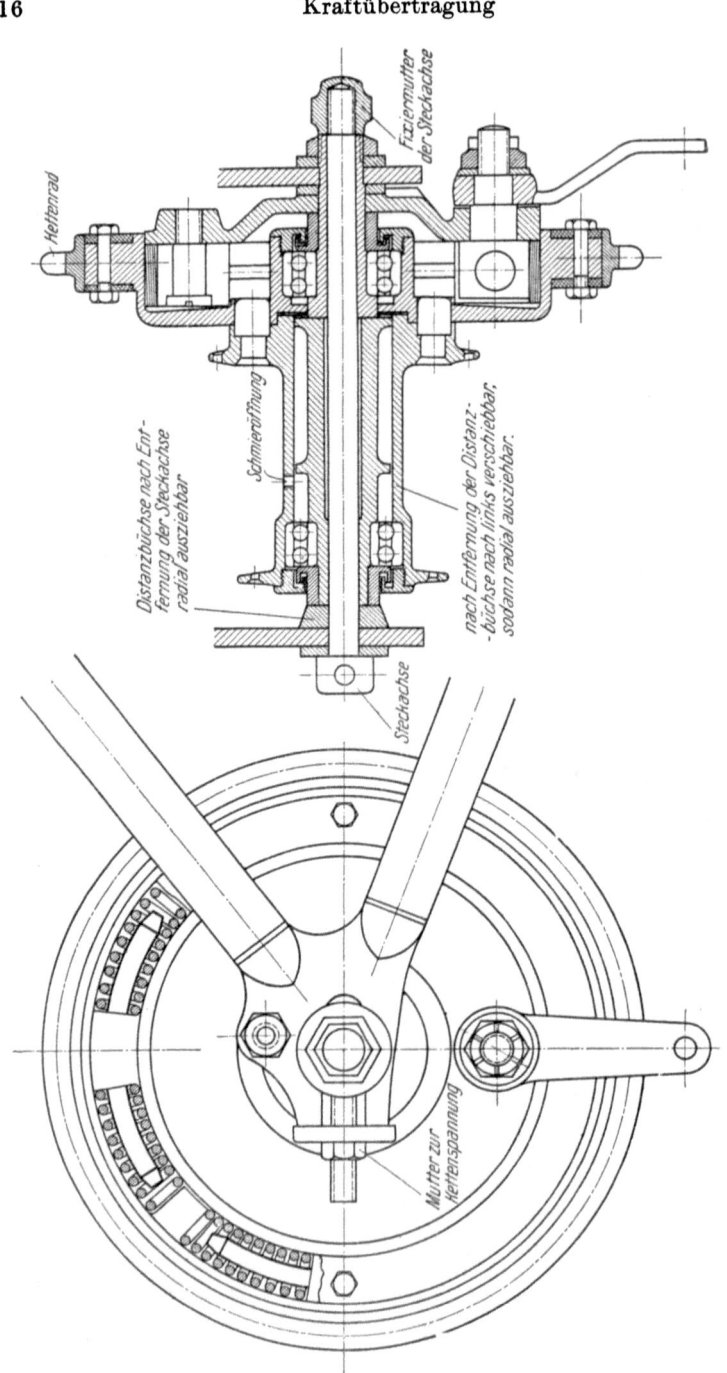

Abb. 191. Hinterradnabe

Zylinderachsen quer zur Fahrtrichtung gelegt werden (BMW), was einerseits allerdings zu vergrößerter, doch durchaus noch zulässiger Baubreite, anderseits aber auch zu besonders wirksamer Kühlung führt. Für V-Motoren wäre die gleiche Anordnung um so eher möglich, als etwaige Bedenken gegen die größere Baubreite hier vollends hinfällig werden. Auch für Einzylinder besteht kaum ein prinzipieller Einwand dagegen, die Querlage der Kurbelwelle gegen eine Längslage zu vertauschen. Allerdings ändert sich damit der ganze Zusammenbau von Grund auf. Die Aufgabe, einen bereits bestehenden, bewährten Typ von Ketten- auf Gelenkwellenantrieb umzubauen, ist daher konstruktiv und vollends fabrikatorisch alles eher als eine leichte Sache.

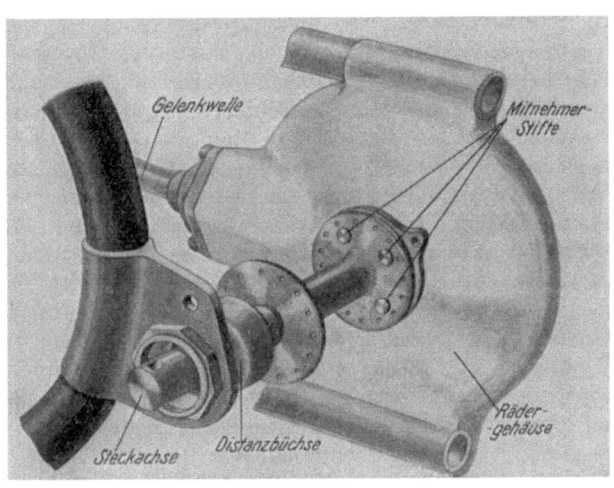

Abb. 192. Hinterradantrieb

Es mag noch eine kurze Erwägung darüber angestellt werden, ob der ausnahmslos angewendete Hinterradantrieb auch grundsätzlich günstig ist. Es wird sich zeigen, daß dies nicht der Fall ist. Auf völlig ebener, glatter und hinsichtlich des Reibungskoeffizienten gleichmäßiger Bahn wäre es gleichgültig, ob Vorderrad oder Hinterrad angetrieben wird. In Wirklichkeit aber ändert sich der Rollwiderstand fast unaufhörlich und zeitweise treten auch beträchtliche Fahrthindernisse auf. Fast immer — Ausnahmefälle kommen nur bei raschem Ausweichen, starkem Schleudern o. dgl. vor — ist es das Vorderrad, das zuerst gegen das Hindernis stößt. Dabei wird es von dem treibenden Hinterrad gewissermaßen entweder an das Hindernis geklemmt oder über dieses hinweggeschleudert. Wäre dagegen das Vorderrad Treibrad, so hätte es die Fähigkeit, sozusagen über das Hindernis hinwegzuklettern. Von diesem Gesichtspunkt aus wäre also der Vorderradantrieb theoretisch vorteilhafter. Er würde aber auch die Gefahr des Schleuderns vermindern, da Lenkrichtung und Zugkraftrichtung stets identisch sein müßten. Leider stellen sich der Durchführung des Vorderradantriebs beträchtliche Schwierigkeiten entgegen. Er läßt sich — wenn das Vorderrad zugleich Lenkrad bleiben soll — nur durch einen in das Vorderrad eingebauten rotierenden Nabenmotor verwirklichen. (Diese Anordnung wies das Megola-Motorrad, eine der originellsten und interessantesten Konstruktionen der neueren Motorradtechnik, auf.) Da ein rotierender Radnabenmotor, um hinreichend gleichmäßigen Lauf zu gewährleisten, als Vielzylinder ausgeführt werden muß (der Megolamotor war ein Fünfzylinder), stellen sich die Herstellungskosten hoch. Auch ist es einleuchtend, daß man einen Motor, der fünf oder noch mehr Zylinder besitzt, vernünftigerweise nicht für kleine, nicht einmal für mittlere, sondern — nach den Maßen des Motorradwesens — nur für große Leistungen, also eigentlich nur für Luxusmaschinen bauen kann, was eine Massenfabrikation ausschließt. Hauptsächlich aus diesen mehr wirtschaftlichen als technischen und eben darum sehr schwerwiegenden Gründen — denn technische Schwierigkeiten sind nie unüberwindlich — vermochte sich der Radnabenmotor bisher nicht durchzusetzen. Es bleibt daher praktisch keine andere Möglichkeit, als das Vorderrad zu lenken, das Hinterrad zu treiben.

Die Rotation des Hinterrades wird dadurch bewirkt, daß ein mit seiner Nabe verbundenes Ketten- bzw. Kegelzahnrad durch den Antriebsmechanismus in Drehung versetzt wird. Die Achse, auf welcher die Nabe gelagert ist, steht, wie bei bespannten Fahrzeugen, fest. Manchmal werden Ausfallnaben verwendet, d. h. die Nabe ist mit dem Antriebsrad nicht unlöslich, sondern durch Mitnehmerstifte verbunden. Nach Herausziehen der durch eine Mutter fixierten Achse und Entfernung eines nun radial ausschiebbaren Distanzstückes kann die Nabe seitlich verschoben werden, so daß sie von den Mitnehmerstiften frei wird und sodann mitsamt dem Laufrade gleichfalls radial zwischen den Gabelscheiden herausgezogen werden, ohne daß der Antriebsmechanismus gelöst werden müßte. Ein Ausführungsbeispiel zeigt Abb. 191. Der Kettenradkranz ist mit dem Kettenradkörper durch eine als Stoßfänger wirkende federnde Verbindung gekuppelt.

Um die Kette nachspannen oder lockern zu können, ist die Hinterradachse in einem Schlitz des Gabelendstückes verschiebbar gelagert. Die Regulierung erfolgt durch Anziehen, bzw. Nachlassen einer Schraubenmutter.

Eine entsprechende Konstruktion für Gelenkwellenantrieb zeigt Abb. 192 (BMW).

VIII. Kupplung

Bei der Erörterung des allgemeinen Aufbaues unserer Motorräder wurde die Funktion der Kupplung an dem Beispiel einer Konuskupplung erläutert. Dieser Typ, der dort seiner besonderen Einfachheit halber herangezogen wurde, findet jedoch im modernen Motorradbau höchst selten Anwendung. Vielmehr bedient man sich fast ausnahmslos der Scheibenkupplungen, die auch Lamellenkupplungen genannt werden. Prinzipiell unterscheiden sich übrigens diese beiden Konstruktionsformen nicht voneinander. Das Wesen beider besteht darin, daß ein Teil von dem anderen durch Reibung mitgenommen wird, solange der zwischen ihnen wirkende, durch eine Feder erzeugte Anpressungsdruck nicht aufgehoben wird.

Die Funktion der Scheibenkupplung sei zunächst auf Grund der Schnittzeichnung Abb. 193 erklärt. Auf der rechts in ein Gewindestück G endenden Hohlwelle HW sitzt verdrehbar, aber nicht verschiebbar die Trommel T, die den Kettenzahnradkranz K trägt. In Schlitzen Sch der

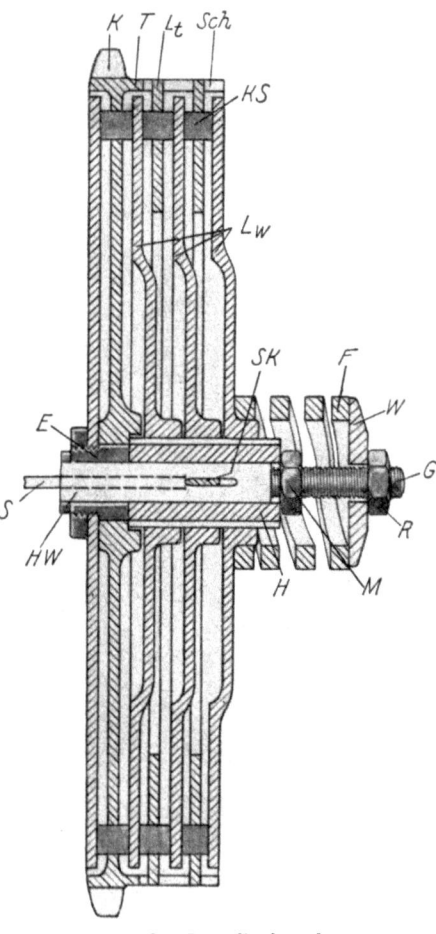

Abb. 193. Lamellenkupplung

Trommel geführt, also verschiebbar, aber nicht gegen sie verdrehbar, sind die Lamellen L_t angeordnet, die mit der Welle HW in keiner Verbindung stehen. In diese Lamellen sind Korkstücke KS eingesetzt. Am rechten Ende trägt die Hohlwelle HW die aufgeschobene Hülse H, die durch den Keil SK unverdrehbar mit ihr verbunden, gegen Verschiebung durch die Mutter M und das Endstück E gesichert ist. In eingefrästen Nuten der Hülse H sind Lamellen L_w geführt, die somit gegen die Hülse, daher auch gegen die Hohlwelle HW verschiebbar, aber nicht verdrehbar sind. Mit der Trommel T stehen die Lamellen L_w in keinerlei fester Verbindung. Die Wirkungsweise ergibt sich nun folgendermaßen: Die Trommel T wird durch den Kettenkranz K von

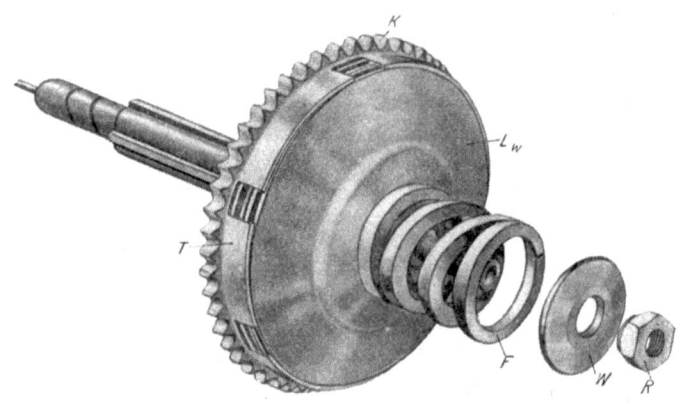

Abb. 194. Lamellenkupplung

der Kurbelwelle in Drehung versetzt. In der gezeichneten Stellung werden die Lamellen L_w durch die sehr kräftige Feder F, die sich einerseits an der rechts außen liegenden Lamelle L_w, anderseits an der Widerlagerscheibe W abstützt, gegen die in die Lamellen L_t eingelassenen Korkbolzen gepreßt, daher durch Reibung mitgenommen. Vermittels der Hülse H wird die Hohlwelle HW und von dieser ein zweites Kettenrad gedreht, welches die Bewegung auf das Hinterrad überträgt. Wird dagegen der Schubkeil SK nach rechts verschoben, so drückt er, da er beiderseits über die Hülse H genügend weit hinausreicht, die letzte Lamelle L_w (rechts) gegen die Federwirkung auswärts, der Anpressungsdruck hört auf, die Trommel T dreht sich leer, die Hohlwelle bleibt stehen und der Antrieb auf das Hinterrad ist daher unterbrochen. Wird der Stift S freigegeben, so wird die Kupplung durch den Federdruck selbsttätig eingerückt und der Antrieb auf das Hinterrad ist in Wirksamkeit. Durch die Reguliermutter R kann der Federdruck je nach Erfordernis abgeändert werden. Die Bedienung der Kupplung kann zumeist wahlweise durch einen an der Lenkstange angebrachten Handhebel, der einen Bowdenzug betätigt und durch ein Pedal, das mittels Gestänge auf den Stift S wirkt, erfolgen. Den Aufbau und die Einzelteile einer derartigen Kupplung (Sunbeam) zeigen

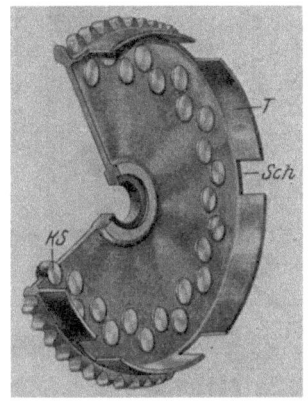
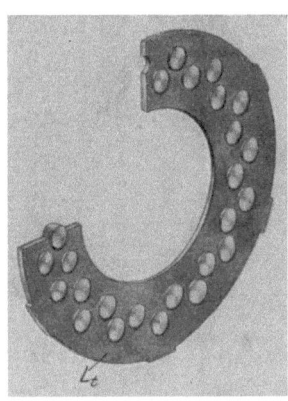
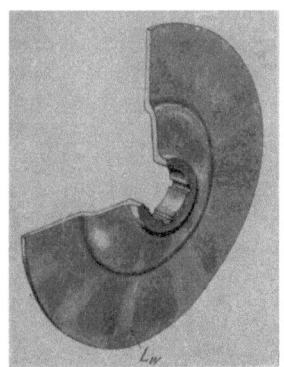
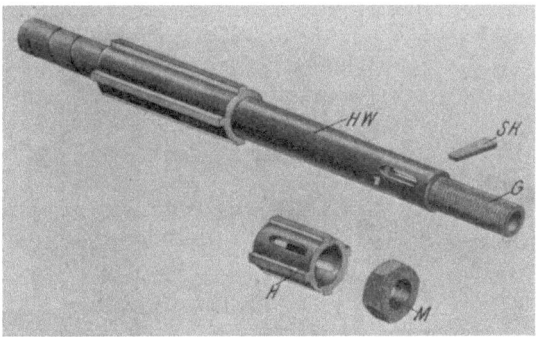

Abb. 195. Details zu Abb. 194

die Abb. 194 und 195 (mit den dem Schnitt der Abb. 193 entsprechenden Bezeichnungen versehen) so deutlich, daß jede weitere Erklärung überflüssig erscheint.

IX. Getriebe

Die hohen Drehzahlen der modernen Fahrzeugmotoren machen es notwendig, das Hinterrad viel langsamer laufen zu lassen als die Kurbelwelle, weil man andernfalls auf praktisch ganz unmögliche Fahrgeschwindigkeiten käme. Diese Geschwindigkeitsminderung wird dadurch erreicht, daß von der Kurbel- auf eine Zwischenwelle und ebenso von dieser auf das Hinterrad ins Langsame übersetzt wird. Das hieraus sich ergebende Übertragungsverhältnis ist an sich unveränderlich.

Es ist aber, wie wir wissen, erforderlich, eine Einrichtung zu treffen, durch welche die **Fahrgeschwindigkeit bei gleichbleibender Umlaufzahl des Motors abgeändert werden kann**, damit dieser stets ein ausreichendes Drehmoment auf das Hinterrad zu übertragen fähig bleibe. Diesem Zwecke dient das **Wechselgetriebe**, meist kurz **Getriebe** genannt. Am häufigsten werden Schubrädergetriebe verwendet, durch die für kleinere Fahrzeuge zuweilen bloß zwei, in den allermeisten Fällen drei, manchmal sogar vier verschiedene Geschwindigkeiten eingeschaltet werden können. Es seien die hiebei erzielbaren Übersetzungsverhältnisse zwischen Hinterrad und Kurbelwelle für einige moderne Motorradtypen angeführt:

	Kleinste	Mittlere Geschwindigkeit	Größte
BMW Sportmodell	1 : 10,95	1 : 6,57	1 : 4,7
Gillet „Tourensport"	1 : 11,30	1 : 6,50	1 : 4,64
AJS Leichtmodell	1 : 15,80	1 : 10,30	1 : 6,10

Um einen Überblick zu gewinnen, mögen die hieraus resultierenden Fahrgeschwindigkeiten an einem Beispiel gezeigt werden. Das BMW-Sport-Motorrad läuft normal mit zirka 4000 minutlichen Umdrehungen der Kurbelwelle; der äußere Laufraddurchmesser beträgt 0,66 m. Dies ergibt auf Grund der angegebenen Übersetzungsverhältnisse eine größte Geschwindigkeit von rund 105 km, eine kleinste von rund 45 km pro Stunde. Doch darf das nicht etwa dahin mißverstanden werden, daß dieses Fahrzeug überhaupt keiner geringeren Fahrgeschwindigkeit fähig wäre als 45 km/Std., was ja in der Praxis unmöglich sein würde.

Die errechneten Fahrgeschwindigkeiten gelten nur für Aufrechterhaltung der Höchsttourenzahl 4000/Min., also für Vollgas. Durch entsprechende Drosselung der Brennstoffzufuhr kann man die Fahrgeschwindigkeit fast bis auf Fußgängertempo herabdrücken.

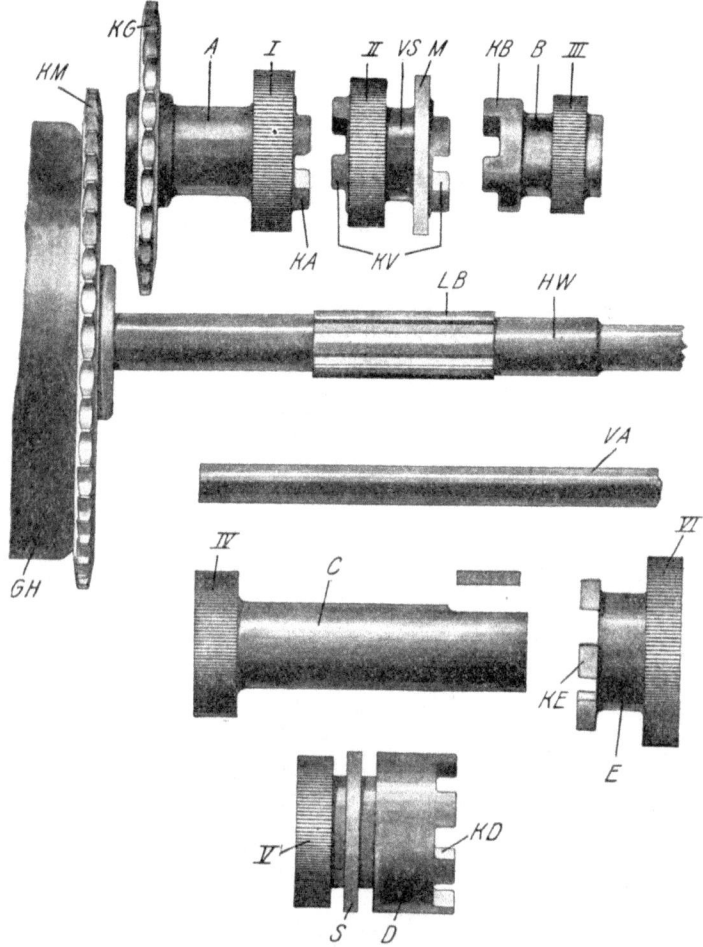

Abb. 196. Schubrädergetriebe

Die Einrichtung eines dreigängigen Schubrädergetriebes (Burman) veranschaulicht Abb. 196. Mit der Hauptwelle HW ist das große Kettenrad KM, das vom Motor angetrieben wird, fest verbunden (solange die im Gehäuse GH eingebaute Kupplung eingerückt ist). Auf den linken Teil von HW wird das Stück A geschoben, das einerseits das kleine Kettenrad KG, anderseits das Zahnrad I trägt. A ist gegen

HW drehbar, aber nicht verschiebbar. Es folgt das Verschubstück *VS*, das links das Zahnrad II, rechts die Mitnehmerscheibe *M*, beiderseits

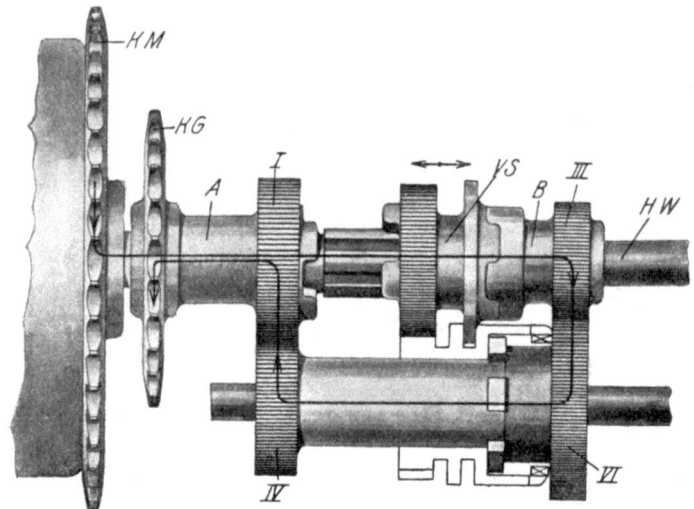

Abb. 197. Erster Gang

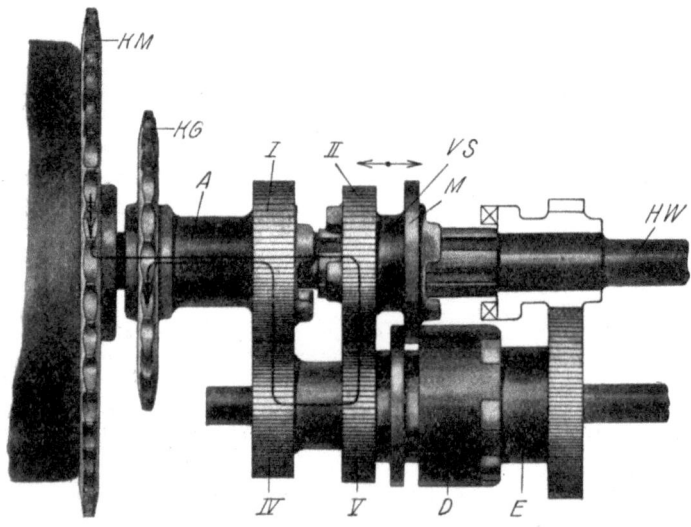

Abb. 198. Zweiter Gang

ganz außen die Klauen *KV* trägt. *VS* wird auf den Keilbahnen *LB* der Hauptwelle *HW* geführt, ist daher gegen sie verschiebbar, aber nicht drehbar. Rechts von der Keilbahn wird auf die Hauptwelle der Teil B (drehbar, nicht verschiebbar) aufgesteckt, der links die Klauen KB, rechts das Zahnrad III trägt. Auf die Vorgelegeachse VA wird das

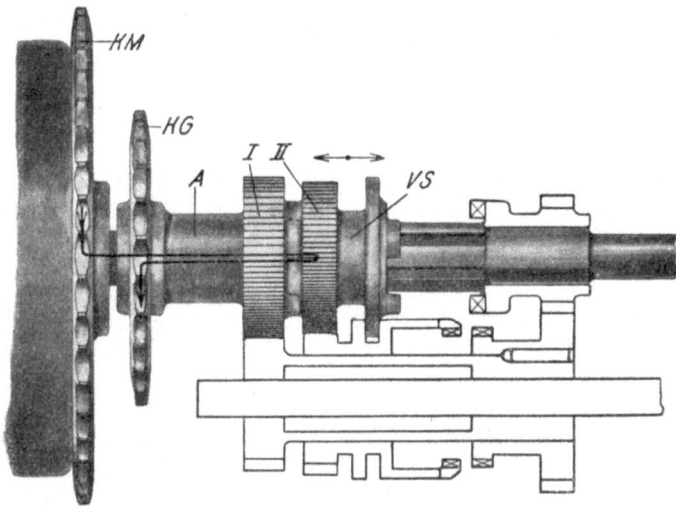

Abb. 199. Dritter Gang

Stück C drehbar so geschoben, daß das Zahnrad IV links zu stehen kommt. Auf C wird das Stück D, welches links das Zahnrad V, in der Mitte die Scheibe S, rechts die Klauen KD trägt, in der gezeichneten Stellung drehbar und verschiebbar aufgebracht, schließlich am rechten Ende der das Zahnrad VI und die Klauen KE tragende Teil E aufgekeilt. Die Vorgelegeachse wird so gelagert, daß Rad VI mit Rad III kämmt und die Mitnehmerscheibe M des Verschubstückes VS in den Hohlraum rechts von der Scheibe S des Stückes D greift.

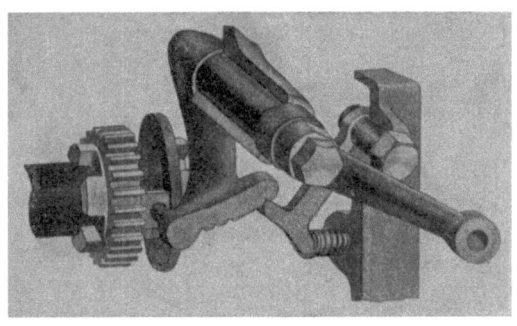

Abb. 200. Verriegelung

Es ergibt sich nun folgende Funktion: Wird VS ganz nach rechts geschoben, so daß seine Klauen KV mit jenen von B zum Eingriff kommen (Abb. 197), so ist III mit HW gekuppelt, überträgt seine Bewegung verlangsamend auf das größere Rad VI, von hier nochmals verlangsamend über IV auf I. Somit wird KG gedreht, und zwar mit zweimal reduzierter Geschwindigkeit. Von *KG* wird die Bewegung auf das Hinterrad geleitet. Diese Stellung entspricht der kleinsten Geschwindigkeit und wird erster Gang genannt.

Wird hingegen (Abb. 198) das Verschubstück *VS* so weit nach links gerückt, daß — durch die Scheibe *M* mitgenommen — der Teil *D* mit seinen Klauen in jene des Endstückes *E* faßt, so geht die Übertragung auf dem Wege II—V—IV—I vor sich, wobei — dies ist aus

Abb. 201. Getriebekasten

den Größen der arbeitenden Räder ersichtlich — auch noch eine Geschwindigkeitsminderung erfolgt, aber in geringerem Grad als vorher (zweiter Gang).

Schiebt man schließlich (Abb. 199) *VS* noch weiter nach links, so daß seine Klauen in jene von *A* greifen, so ist II mit I direkt gekuppelt, *KG* dreht sich daher mit der gleichen Umlaufzahl wie *KM*. (Direkter Eingriff — größte Geschwindigkeit — dritter Gang.) In der Mittelstellung zwischen erstem und zweitem Gang findet keine Übertragung statt (Leerlauf).

Um zu verhindern, daß — etwa durch Fahrtstöße — unbeabsichtigte Verschiebungen erfolgen, wird eine Verriegelung angeordnet, deren Einrichtung aus Abb. 200 hervorgeht. Der Getriebekasten, der bei der hier zugrunde gelegten Anordnung an der Getriebebrücke des Rahmens aufgehängt wird, ist in Abb. 201 dargestellt. Eine im Wesen ähnliche, in vielen Einzelheiten jedoch ab-

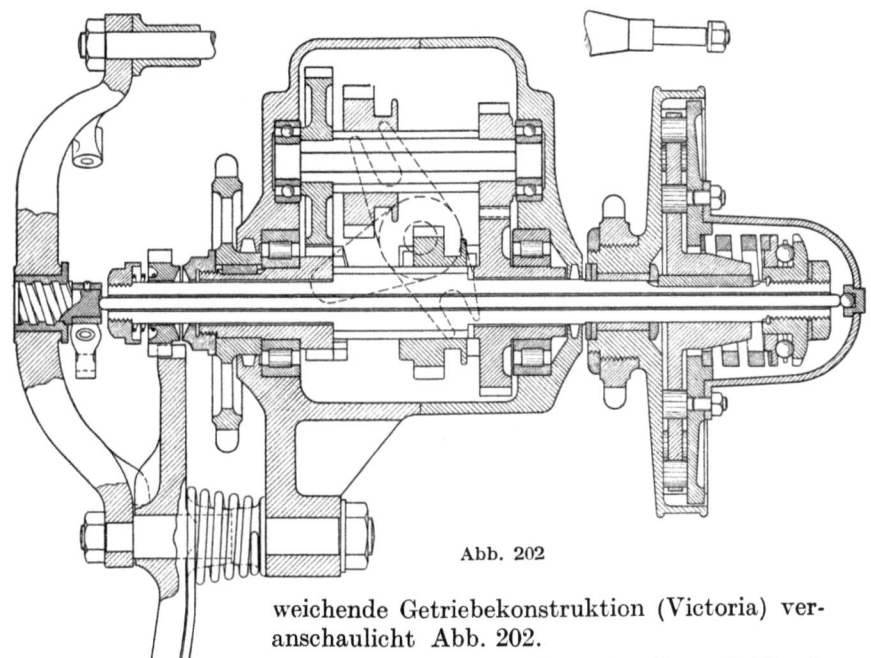

Abb. 202

weichende Getriebekonstruktion (Victoria) veranschaulicht Abb. 202.

Zur Schaltung des Getriebes dient ein Handhebel, der gewöhnlich in einem Segment beweglich ist, welches Rasten für die einzelnen Stellungen bietet. (Die Verriegelung ist dennoch nicht überflüssig, da das lange, Deformationen ausgesetzte Gestänge, das auch niemals ganz ohne toten Gang arbeiten kann, den präzisen Eingriff nicht zu gewährleisten vermag.) Eine gebräuchliche Anordnung von Schaltsegment und Hebel zeigt Abb. 203.

Neben dem Schubrädergetriebe finden sich noch verschiedene Sonderbauarten, wie Reibrad- und Planetenrädergetriebe in vereinzelten Ausführungen. Hydraulische Getriebe, die vielfach vorgeschlagen wurden, sind wegen des großen Raum- und Gewichtsbedarfes, der Abdichtungsschwierigkeit und Temperaturempfindlichkeit bisher nicht anwendbar gewesen. Von praktischer Bedeutung sind daher gegenwärtig ausschließlich Schubrädergetriebe.

Bei neuesten Ausführungen werden schon mehrfach **Blockkonstruktionen** angewendet, d. h. das Getriebe wird mit dem Motor in gemeinsamem Gehäuse zu einem geschlossenen Aggregat vereinigt. Der Antrieb von der Kurbel- auf die Getriebewelle erfolgt in diesem Falle wohl immer durch Zahnräder. Muß man auf die Blockkon-

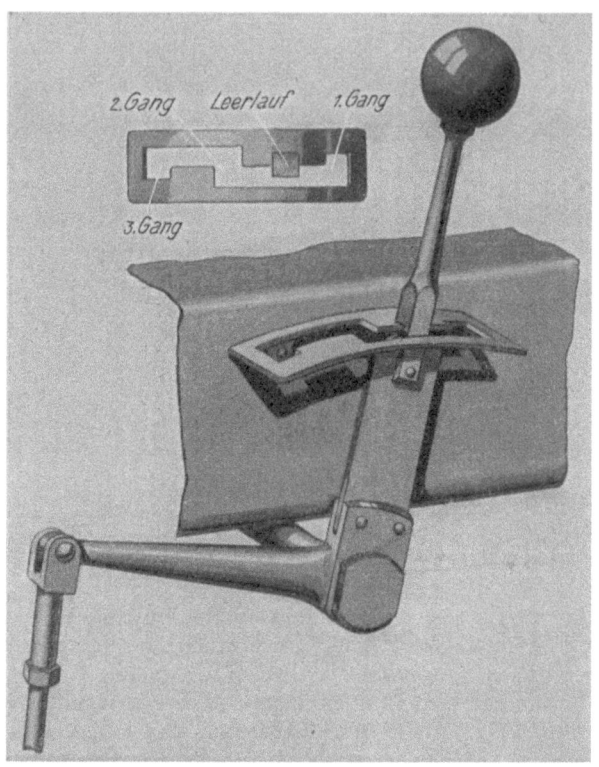

Abb. 203. Schalthebel

struktion, die grundsätzlich zweifellos vorteilhaft ist, verzichten, so pflegt man doch Getriebe, Kupplung, Anlaßvorrichtung und allenfalls auch Bremse in enge bauliche Verbindung zu bringen. Ein derartiger Aufbau ist in Abb. 202 dargestellt. Die Mantelfläche des rechts angeordneten Kupplungsgehäuses dient zugleich als Bremstrommel. Das Bremsband (nicht eingezeichnet) findet an dem oberhalb der Kupplung befindlichen Bolzen seine Aufhängung.

X. Anlaßbehelfe

Während der Turbine das Wasser, der Dampfmaschine der Dampf, dem Elektromotor der Strom unmittelbar und in vollständig betriebsbereiter Form zugeführt wird, so daß diese Maschinen ohne weiteres anlaufen können, sobald die Energiequelle geöffnet ist, liegen die Verhältnisse beim Explosionsmotor wesentlich anders. Der Brennstoff wird ihm nicht zugeleitet, sondern muß vom Motorkolben angesaugt, überdies die unmittelbar wirkende Antriebskraft durch den gleichfalls vom Motor selbst zu erzeugenden Zündfunken erst frei gemacht werden. Der erste Bewegungsantrieb hat daher durch eine von der Funktion des Motors unabhängige äußere Kraft zu erfolgen.

Elektrische Anlaßvorrichtungen, die im Automobilbau nun schon zu allgemeiner Verbreitung gelangt sind, werden für das Motorrad

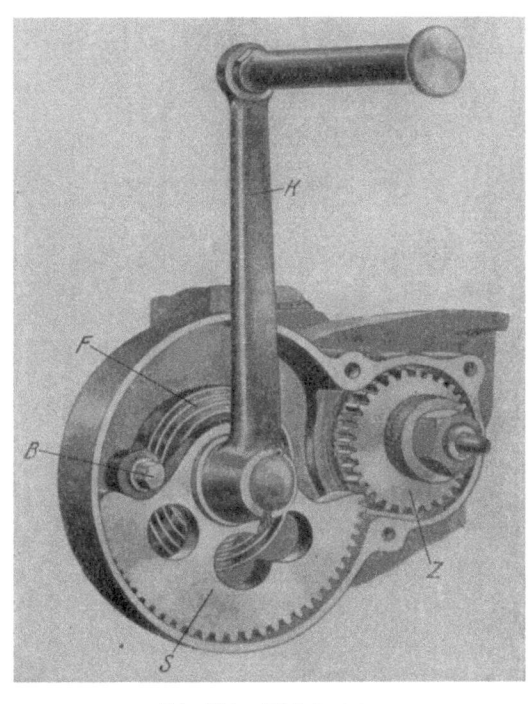

Abb. 204. Kickstarter

höchst selten angewendet. Auch abnehmbare Handkurbeln finden sich nur vereinzelt vor. Fast ausnahmslos bedient man sich des sogenannten Kickstarters. Dies ist auch nichts anderes als eine Andrehkurbel, jedoch so konstruiert, daß sie nach dem Anspringen des Motors selbsttätig außer Eingriff gebracht und in ihre Ruhelage (Kurbelarm vertikal aufwärts gerichtet) zurückgeführt wird. Die Betätigung erfolgt durch Abwärtstreten der Kurbel. Die Einrichtung ist so getroffen, daß die Bewegung vom Kickstarter nicht unmittelbar auf die Kurbelwelle, sondern auf die Getriebewelle übertragen wird. Ein Ausführungsbeispiel ist in Abb. 204 dargestellt. Mit der Kurbel K ist das Zahnsegment S verbunden, an dessen Rückseite das eine Ende der kräftigen Spiralbandfeder F befestigt ist. Das andere Ende der Feder ist um den im Startergehäuse festsitzenden Bolzen B geschlungen. Bei Linksbewegung der Kurbel wird die Feder gespannt und dadurch die Tendenz hervorgerufen, die Kurbel in die gezeichnete Lage zurückzuführen. Eine Rechtsbewegung der Kurbel über die Vertikalstellung hinaus, wird durch den Bolzen B, der als Anschlag wirkt, verhindert. Wird nun der Kurbelarm durch Niedertreten des Pedals nach links bewegt, so kommt das Segment S mit dem Zahnrad Z in Eingriff und versetzt dieses in Drehung. Das Zahnrad Z sitzt nicht fest auf der Getriebewelle, sondern ist gegen sie verdrehbar und verschiebbar. Es trägt (Abb. 205) seitlich den Klauenkranz KR und greift mit diesem, durch die Druckfeder DF nach rechts gedrückt, in das Klauenstück

Abb. 205. Klauenkranz geschlossen

Abb. 206. Klauenkranz offen

KS, welches fest auf der Getriebewelle sitzt. Wird also Z in der Pfeilrichtung gedreht, so wird die Getriebewelle und von dieser durch die vorhandene Übertragung die Kurbelwelle mitgenommen. Sobald nun der Motor anspringt, eilt die Getriebewelle und das mit ihr fest verbundene Stück KS gegen das mit dem Segment S noch im Eingriff stehende, lose auf der Getriebewelle sitzende Zahnrad Z voraus, so daß sich die in Abb. 206 verzeichnete Klauenstellung ergibt. Nun kann das Zahnrad Z, von dem unter der Wirkung der Feder F (Abb. 204) stehenden Segment S mitgenommen, sich rückläufig bewegen, wie in Abb. 206 durch den zugehörigen Pfeil angedeutet. Ist die Starterkurbel in ihre Ruhelage zurückgekehrt, so befindet sich das Zahnrad Z außer Eingriff mit dem Segment, wird daher durch die Druckfeder DF (Abb. 205 und 206) wieder nach rechts gedrückt, zum Eingriffe mit dem Klauenstücke S gebracht und läuft nun dauernd mit diesem gekuppelt. Durch die Übertragung vom Segment auf das Starterzahnrad und von der Getriebewelle auf die Kurbelwelle wird insgesamt ein Übersetzungsverhältnis von rund $5:1$ erzielt, d. h. auf eine volle Umdrehung der Starterkurbel würden fünf Umdrehungen der Motorkurbelwelle entfallen. Die Starterkurbel kann jedoch keine volle Umdrehung, sondern nur einen Winkel von 180^0 oder wenig darüber beschreiben. Dies ergibt somit rund $2\frac{1}{2}$ Umdrehungen der Kurbelwelle, was unter normalen Umständen völlig ausreicht, um den Motor in Gang zu setzen. Andere Starterkonstruktionen zeigen die Abb. 189 und 202.

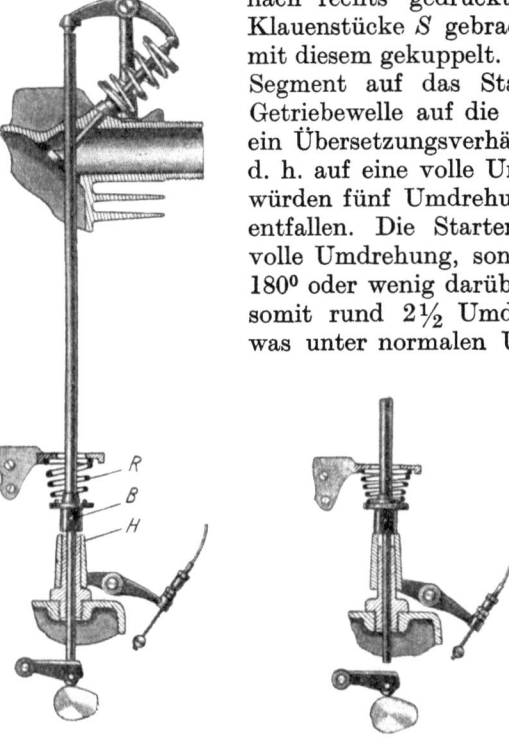

Abb. 207. Dekompressor

In der ersten Anlaßphase muß die Kompression des Motors ausgeschaltet werden, weil sonst der Bewegungswiderstand zu groß wäre, um durch die Beinmuskelkraft überwunden werden zu können. Bei Viertaktmotoren wird dies dadurch erreicht, daß man das Auspuffventil eine kurze Zeit hindurch geöffnet erhält, so daß durch dieses ein Entweichen stattfinden kann. Es muß demnach eine Einrichtung vorhanden sein, mittels welcher das Auspuffventil unabhängig von der jeweiligen Stellung der zugehörigen Nocke angehoben werden kann. Hiezu dient der Dekompressor. Eine Ausführungsform für ein oben gesteuertes Auspuffventil zeigt Abb. 207 (Norton). Auf der Stoßstange sitzt ein Bund B; unter diesen greift eine auf der Stangenführung verschiebbare Hülse H, die mittels Hebels und Bowdenzuges betätigt werden kann. Wird die Hülse gehoben, so wird die Stoßstange mitgenommen und hiedurch das Ventil geöffnet. Nach Freigabe der Hülse wird die Stoßstange unabhängig von der Wirkung der Ventilfeder durch die Rückzugfeder R wieder in die Ruhelage zurückgeführt. Bei Zweitaktmotoren, deren Steuerung ja ohne Mitwirkung von Ventilen vor sich geht, wird zum Zwecke der Dekompression ein eigens hiefür dienendes Ventil im Zylinderkopf angebracht (Abb. 208).

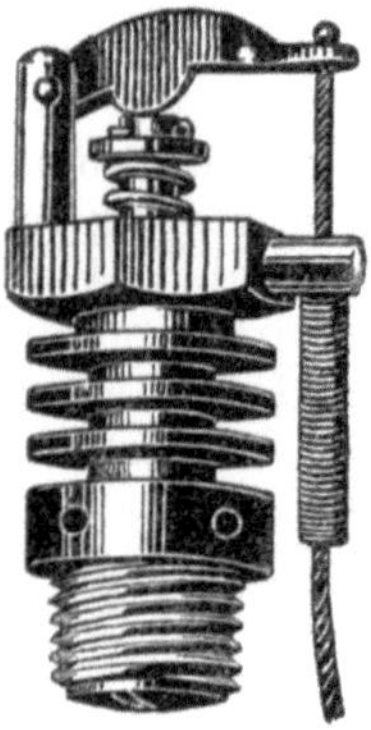

Häufig ist es der Erleichterung des Anlassens förderlich, ein paar Tropfen flüssigen Brennstoffes in den Verbrennungsraum einzuspritzen. Zu diesem Vorgange verwendet man einen in den Zylinderkopf geschraubten kleinen Hahn, den sogenannten Zischhahn (Abb. 209). Er dient gleichzeitig zur Kontrolle der Motorfunktion, da bei geöffnetem Hahn die Funkenbildung, bis zu gewissem Grad auch die Dichtheit des Kolbens und die Beschaffenheit des Verbrennungsproduktes beobachtet werden kann. Im Notfalle kann man sich des Zischhahnes auch als Ersatzes einer Dekompressionsvorrichtung bedienen, indem man bei geöffnetem Hahn die Starterkurbel betätigt und vor Erreichung von deren Tiefstlage den Hahn wieder schließt. Er wird daher auch Dekompressionshahn (noch öfter fälschlich Kompressionshahn) genannt. Zu den Anlaßbehelfen gehört schließlich auch das im Zusammenhange mit dem Vergaser bereits besprochene Tipventil.

Abb. 208. Dekompressionsventil

Abb. 209. Zischhahn

XI. Bremse

Zur Hemmung der Fahrzeugbewegung bei beabsichtigter Beendigung der Fahrt oder vor plötzlich auftauchendem Hindernis dienen Bremsen. Wie verschieden ihre Einrichtung sonst sein mag, beruhen sie ausnahmslos auf der Wirksammachung eines Reibungswiderstandes, der die dem

Abb. 210. Vorderrad-Klotzbremse

Fahrzeuge nach Abschaltung der Antriebskraft noch innewohnende Trägheitsenergie aufzehrt.

Zur Anwendung gelangen Klotzbremsen, bei welchen ein Bremsklotz gegen eine Bremsfelge, Bandbremsen, die ein Bremsband an die Außenfläche, oder Backenbremsen, bei welchen Bremsbacken an die Innen- oder Außenfläche einer Bremstrommel gepreßt werden.

Klotzbremsen, früher sehr häufig angewendet, sind jetzt seltener im Gebrauch. Bei dem früher sehr verbreitetem Riemenantrieb ergab sich eine besonders einfache Anordnung der Hinderradbremse dadurch, daß man den Bremsklotz unmittelbar auf die Riemenfelge einwirken ließ, was den Einbau einer eigenen Bremsfelge überflüssig machte. Aller-

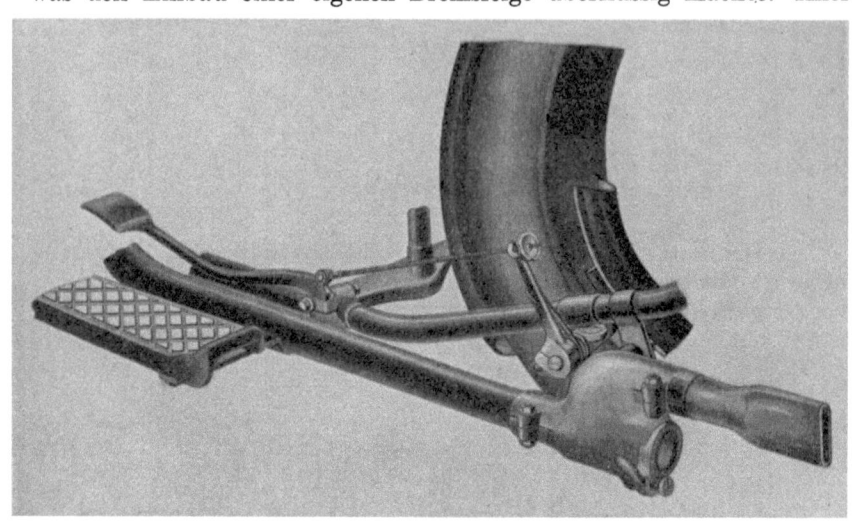

Abb. 211. Hinterrad-Klotzbremse

dings brachte diese Ausführung eine noch raschere Abnutzung der ohnedies starkem Verschleiß ausgesetzten Riemenfelge mit sich.
Abb. 210 zeigt das Beispiel einer Vorderrad-Klotzbremse

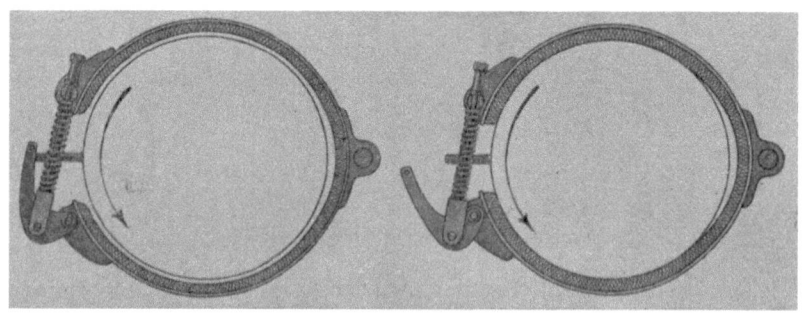

Abb. 212. Wirkung der Bandbremse

(FN). Der mit Gummi belegte, an dem Bolzen B pendelnd aufgehängte Bremsklotz K kann unter Zwischenschaltung der Feder F durch Betätigung des Hebels H gegen die mit dem Vorderrade fest verbundene Bremsfelge BF gepreßt werden. Durch die Pendelaufhängung in Verbindung mit der Wirkung der Feder F wird ein allmähliches Fassen und gleichmäßiges Aufliegen des Bremsklotzes längs der ganzen Fläche erzielt. Die Bedienung erfolgt durch einen an der Lenkstange befestigten Handhebel mittels Bowdenzuges und Gestänge, in welches eine Feder eingebaut ist, die nach Freigabe des Hebels Gestänge und Bremsklotz wieder in die Ruhelage zurückführt. Eine ganz analog ausgeführte **Hinterrad-Klotzbremse** stellt Abb. 211 dar, doch erfolgt die Betätigung, wie ersichtlich, mittels eines Pedals. — In neuerer Zeit sind die Klotzbremsen durch Innenbackenbremsen, welche völlig geschlossene Anordnung gestatten, zugleich geringeren Raum beanspruchen, daher auch eleganter aussehen, vielfach verdrängt worden. Auch die neuen Typen der FN-Motorräder weisen an Stelle der früher verwendeten Klotzbremsen nunmehr Innenbackenbremsen auf. Immerhin kommt den Klotzbremsen vermöge der Einfachheit des Aufbaues und der Herstellung, sowie der zuverlässigen Funktion nach wie vor gewisse Bedeutung zu. Bei einigen modernen Motorradtypen sind sogar Klotzbremsen an Stelle anderer früher verwendeter Systeme neu aufgenommen worden.

Abb. 213. Bandbremse

Die grundsätzliche Wirkung einer **Bandbremse** ist durch Abb. 212 veranschaulicht. Durch die zwischen die Bandenden geschaltete Feder wird ein gleichmäßiges und allmähliches Fassen beider Bandhälften erreicht. Die konstruktive Anordnung einer derartigen Bremse (Henderson) wird

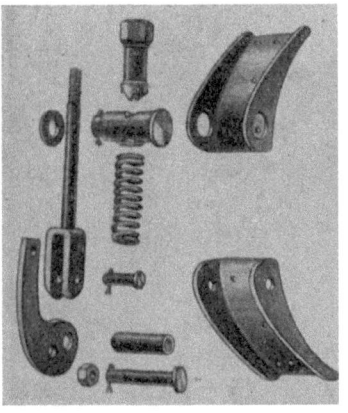

Abb. 214. Details zu Abb. 213

durch Abb. 213 dargestellt. Die Einzelteile sind in Abb. 214 wiedergegeben. Das Bremsband ist an seiner Innenfläche mit Asbestmasse ausgekleidet, wodurch ein entsprechender Reibungskoeffizient und zugleich die Vermeidung schädlicher Wirkungen der Reibungswärme erzielt werden.

Abb. 215. Innenbackenbremse

Die Einrichtung einer Innenbackenbremse zeigt Abb. 215 (Scott). Durch Verdrehung des Bolzens B, des sogenannten Bremsschlüssels, der an seinem Innenende ein unrundes Nockenstück N trägt, werden die mit Asbestbelag versehenen Bremsbacken BB in (Abb. 217 für sich dargestellt) gegen die Wirkung der Zugfedern F auseinander und dadurch gegen die mit der Vorderradnabe fest verbundene Bremstrommel T gepreßt. Der Zusammenbau der Bremstrommel mit der Nabe und deren Lagerung ist aus Abb. 216 im Schnitt, aus Abb. 218 in Ansicht zu entnehmen. Um die Scheibe S, in welcher der Bremsschlüssel gelagert ist, gegen Verdrehung zu sichern, ist der Fixierhebel FH angeordnet, dessen geschlitztes oberes Ende einen an der Gabel befestigten Stift umgreift.

Abb. 216. Innenbackenbremse im Schnitt

Während man sich früher gewöhnlich mit Hinterradbremsen begnügte, werden jetzt zumeist Vorder- und Hinterradbremsen angeordnet. Anstatt direkt das Hinterrad, bzw. eine unmittelbar mit ihm verbundene Trommel zu bremsen, kann jedoch die hemmende Wirkung auch auf einen Teil des Übertragungsmechanismus, zum Beispiel die Getriebewelle, bzw. Gelenkwelle ausgeübt werden. Derartige Anordnungen als Außenbackenbremsen sind aus den Abb. 219 bzw. 190 ersichtlich. Zuweilen werden die Bremstrommel bzw. die Brems-

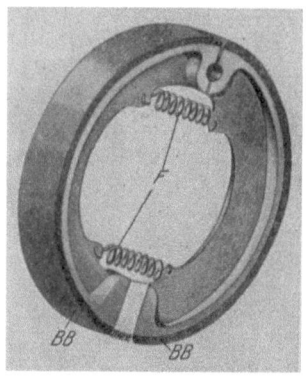

Abb. 217. Bremsbacken

backen an der Außenfläche mit Kühlrippen versehen, um eine möglichst rasche Ableitung der durch die Bremsarbeit erzeugten Reibungswärme zu bewirken.

Wird bei rascher Fahrt nur das Vorderrad, nicht auch vorher oder wenigstens zugleich das Hinterrad abgebremst, so entsteht, wie leicht einzusehen, die Gefahr, daß ein Überschlagen des Fahrzeuges eintritt. Es sollte daher stets die Hinterradbremse früher als die Vorderradbremse oder wenigstens zugleich mit ihr betätigt werden. Es sind auch Mechanismen vorgeschlagen worden, durch welche zwangläufig verhütet werden soll, daß die Vorderradbremse allein in Wirkung tritt. In die Praxis haben derartige Einrichtungen bisher keinen Eingang gefunden.

Ein allzujähes Anziehen der Bremse muß unter allen Umständen vermieden werden. Es verfehlt den beabsichtigten Zweck, raschestes Anhalten zu erzielen gänzlich und ist überdies sehr gefahrvoll. Wird die Bremse mit hartem Ruck ganz fest angezogen, so tritt Blockierung des gebremsten Rades ein, d. h. es wird an seiner Weiterdrehung gehindert, die Aufgabe der Bremse, Reibung zu erzeugen, somit unerfüllbar gemacht. Die Vortriebenergie des Fahrzeuges wirkt aber noch fort, führt also unweigerlich zum Gleiten und zum Sturze. Die falsche Betätigung der Bremse wird unmöglich, wenn diese als sogenannte Servo-Bremsen ausgebildet sind. Die Einrichtung besteht darin, daß vom Fahrer nicht die Bremse direkt, sondern zunächst eine Auslösevorrichtung zu betätigen ist, worauf die eigentliche Bremswirkung durch die Bewegungsenergie des Fahrzeuges selbst hervorgerufen wird. Diese Anordnung, die nicht nur erhöhte Sicherheit, sondern auch

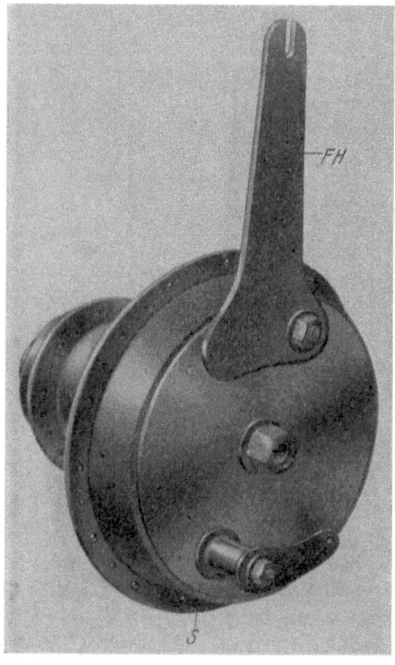

Abb. 218. Innenbackenbremse in Ansicht

Bequemlichkeit bietet, findet sich beispielsweise bei den neuen Typen der Douglas-Motorräder vor.

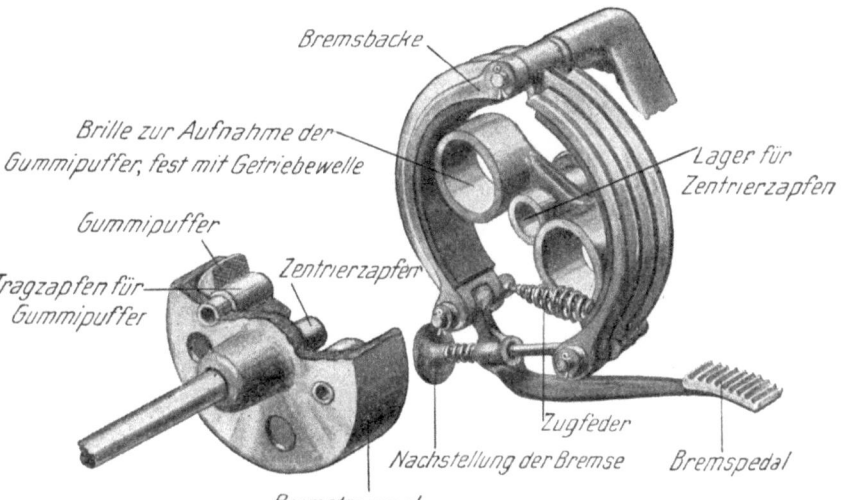

Abb. 219. Außenbackenbremse

Da die Bremsen für die Sicherheit der Fahrt eine so große Bedeutung haben, ist es begreiflich, daß die Motorradfabriken besonders der Ausführung dieses Maschinenteiles ihre größte Aufmerksamkeit widmen. Schließlich hängt von der richtigen Bauart und kräftigen Wirkungsweise auch die sichere Beherrschung der Fahrgeschwindigkeit ab.

Erst die Ausführungen unserer modernen Bremsen haben die hohe Fahrgeschwindigkeit des Motorrades erreichbar gemacht.

XII. Schmierung

Zur tunlichsten Herabsetzung der Reibung zwischen den aufeinanderarbeitenden Flächen der Antriebs-, Übertragungs- und Hilfsmechanismen (insbesondere der Wellenlager), muß für eine ausreichende Schmierung gesorgt werden. Diese ist nicht nur zur Erzielung eines möglichst günstigen mechanischen Wirkungsgrades, sondern an vielen Stellen des Fahrzeugorganismus auch zur Vermeidung unzulässiger Erhitzungen, vorzeitiger Abnützungen und Aufrechterhaltung korrekter Eingriffsverhältnisse zwischen den miteinander arbeitenden Teilen notwendig. Die Schmierung erfolgt teilweise durch Öl, teilweise durch konsistentes Fett. Die Ölschmierung ist bei modernen Motoren fast ausnahmslos als zwangläufige Zirkulationsschmierung ausgebildet, d. h. das Öl wird von einer mechanisch angetriebenen Pumpe aus dem hoch gelagerten Ölreservoir den einzelnen Schmierstellen zugeführt, soweit es überschüssig ist von der Pumpe wieder dem Behälter zugedrückt, wo es sich mit dem Frischöl mischt, worauf der Kreislauf von neuem beginnt. Läuft der Motor schneller, so wird der Ölbedarf größer, die Pumpe liefert aber auch, da sie ja direkt vom Motor angetrieben wird, eine größere Ölmenge in der Zeiteinheit. Die Regulierung erfolgt soweit selbsttätig. Trotzdem ist es zuweilen nötig, zum Beispiel beim Nehmen starker Steigungen, dem Motor Zusatzöl zu geben. Es wird daher zumeist außer der mechanisch angetriebenen Pumpe eine fall-

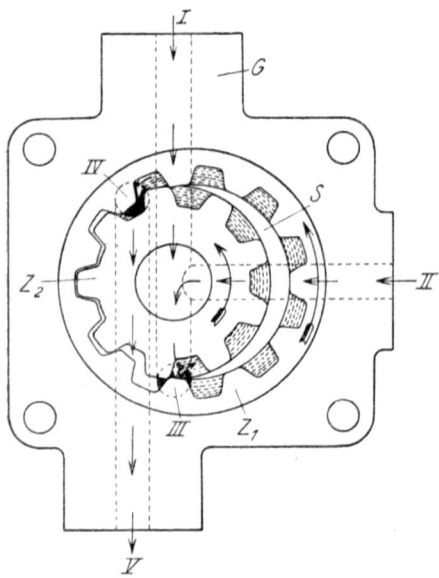

Abb. 220. Zahnradpumpe mit Innenverzahnung

Schmierung

Abb. 221. Pumpenzahnräder   Abb. 222. Pumpengehäuse

weise vom Fahrer zu betätigende Handpumpe angeordnet. Ist nur die vom Motor angetriebene Ölpumpe vorhanden, so spricht man von ganz automatischer, ist außerdem eine Handpumpe vorgesehen, von halbautomatischer Schmierung. Für die mechanische Förderung des Öles können entweder Zahnradpumpen oder ventillose Kolbenpumpen angewendet werden.

Die Wirkungsweise einer Zahnradpumpe ist in Abb. 220 schematisch dargestellt. In dem Gehäuse G ist der Zahnkranz Z_1 dicht ein-

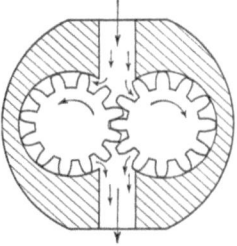

Abb. 223. Zahnradpumpe mit Außenverzahnung

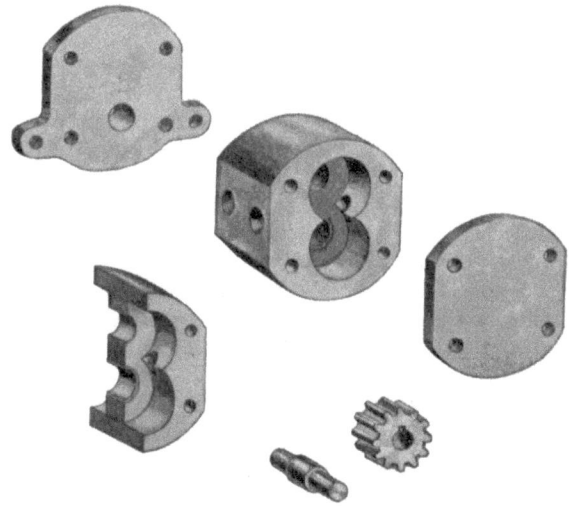

Abb. 224. Einzelteile zu Abb. 223

Meitner, Motorrad

gepaßt lose drehbar. In den Zahnkranz Z_1 greift das exzentrisch zu ihm gelagerte Zahnrad Z_2, welches vom Motor angetrieben wird, innen ein. Zwischen beiden ist rechts der mit dem Gehäuse fest verbundene sichelförmige Teil S angeordnet. Der Zufluß des Öles erfolgt durch die Leitungen I und II. Bei III tritt das Öl aus, gelangt in die Zahnlücken von Z_1 und Z_2 und wird in diesen, durch die dichtpassenden Flächen von S abgeschlossen, weiterbefördert, bis links Z_1 mit Z_2 zum Eingriff gelangt. Hiedurch wird das Öl aus den Zahnlücken in die Öffnung IV gepreßt und durch die Leitung V den Schmierstellen zugeführt, von

Abb. 225. Kolbenpumpe

denen es dann zurück zum Ölbehälter und von dort, mit Frischöl gemischt, durch I wieder zur Pumpe gelangt. Die konstruktive Ausführung einer derartigen Pumpe (FN) ist aus Abb. 221, welche die Zahnräder und Abb. 222, welche das Gehäuse in Vorder- und Rückansicht darstellt, ersichtlich gemacht. Derartige Pumpen können aber auch mit Außenverzahnung ausgeführt sein. Es ergibt sich dann die aus dem Schema der Abb. 223 hervorgehende Wirkungsweise. Für den Aufbau einer Räderpumpe mit Außenverzahnung ist durch die in Abb. 224 dargestellten Einzelteile der Sunbeam-Ölpumpe ein Beispiel gegeben.

Die Wirkungsweise einer mit Kolben arbeitenden Ölpumpe zeigt die in Abb. 225 dargestellte Konstruktion der sehr häufig angewendeten Best & Lloyd-Pumpe. In dem als Zylinder ausgebildeten Mittelraume des Gehäuses befindet sich dichtschließend ein Kolben, welcher durch Schnecke und Schneckenrad in Drehung versetzt wird.

Schmierung

Zugleich wird der Kolben vermittels des links sichtbaren, fest mit ihm verbundenen Stiftes, der in einer entsprechend gestalteten Kurvennut geführt ist, auf und ab bewegt. Beim Aufwärtsgange des Kolbens wird das Öl durch die Leitung I angesaugt, beim Abwärtsgange durch II den Schmierstellen zugedrückt. Im unteren Hohlteile des Kolbens ist eine Bohrung angeordnet, die vermöge seiner Drehung im richtigen Zeitpunkt abwechselnd die Zu- und Abflußöffnung des Öles frei gibt und so ohne Anwendung von Ventilen die Steuerung besorgt. Der obere Teil R des Gehäuses, welcher die Kurvennut trägt, ist verdrehbar. Durch seine Verstellung wird die Lage der Nut und damit die Hubbewegung des Kolbens beeinflußt, so daß auf diesem Weg eine Regulierung der Fördermenge durchgeführt werden kann.

Die übliche Ausführungsform einer Handpumpe (Sunbeam) zeigt Abb. 226 in Ansicht und Abb. 227 im Schnitt. Die Abwärtsbewegung des Kolbens erfolgt gegen die Wirkung einer unterhalb seiner im Pumpenfuß angeordneten Druckfeder. Der Kolben kann in der Tiefstellung durch einen in der Abbildung rechts oben ersichtlichen Fixierhebel festgehalten werden. Wird der Kolben freigegeben, so vollzieht er unter der Wirkung der Druckfeder den Aufwärtsgang selbsttätig. — Das Zusammenwirken der Handpumpe mit der mechanischen Pumpe ist aus Abb. 228 ersichtlich. Das Öl wird aus der Handpumpe in das Rohrstück R gefördert, in welches auch die von der mechanischen Pumpe ausgehende Druckleitung mündet. Zwischen dem Druckrohre D und dem Verbindungsstücke R ist ein Rückschlagventil eingebaut, damit das von der Handpumpe geförderte Öl nicht in die

Abb. 226. Handpumpe

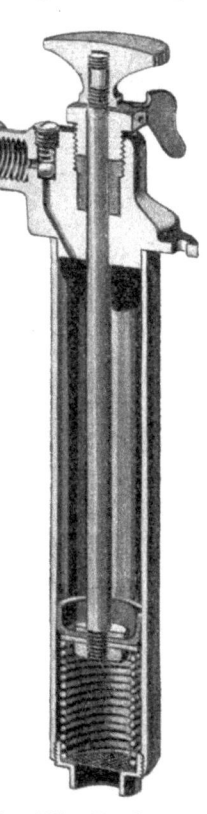

Abb. 227. Handpumpe im Schnitt

16*

Druckleitung D gelange. An R schließt die Kontrollvorrichtung an, welche es ermöglicht, zu überwachen, ob die Ölzufuhr kontinuierlich und im gewünschten Maß erfolge. Sowohl das von der mechanischen Pumpe geförderte Öl wie das von der Handpumpe gelieferte Zusatzöl kann vermittels eines Dreiweghahnes entweder dem Motorzylinder oder dem Getriebe zugeführt oder ganz abgesperrt werden. Die Handpumpe ist, wie ersichtlich, zum größten Teil in den Ölbehälter versenkt, nur die oberste Partie ragt über den zu ihrer Befestigung vorhandenen Anschlußstutzen des Ölbehälters hervor. — Die Einrichtung der Ölkontrollvorrichtung ist aus der Abb. 229 zu entnehmen. Das Öl wird einem aufwärtsgebogenen Röhrchen zugeführt, aus dem es tropfenweise abfließt, was durch ein Schauglas beobachtet werden kann. Die überfließende Ölmenge ist durch ein Regulierventil veränderlich. Die jeweilige Stellung des Ventils ist durch eine Skala an dessen drehbarem Griff und einen feststehenden Zeiger gekennzeichnet.

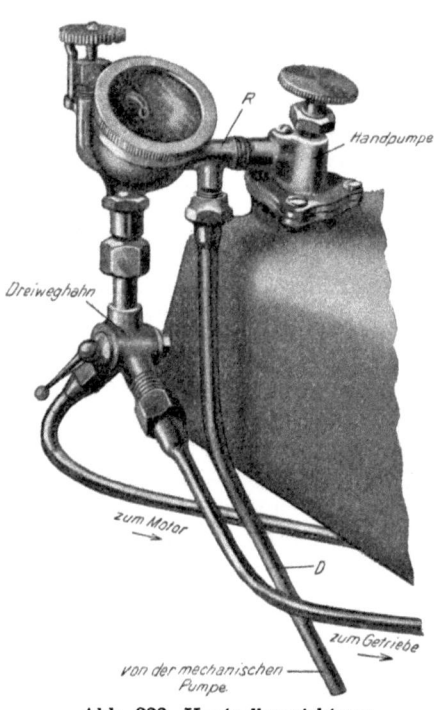

Abb. 228. Kontrollvorrichtung

Von der Sprühölung der Zylinderinnenwände wird — auch bei Vorhandensein einer mechanischen Schmierung — vielfach Gebrauch gemacht. Sie besteht in folgender Einrichtung: Der untere Teil des Kurbelgehäuses wird ständig mit Öl gefüllt erhalten. In den Ölspiegel taucht der Pleuelstangenfuß, bzw. ein mit ihm verbundener löffelförmiger Teil und schleudert bei seiner Bewegung das Öl gegen die Zylinderwand, von der es soweit es überschüssig ist, durch den Kolben abgestreift wird und wieder zurückfließt.

In geschlossenem Gehäuse arbeitende Teile, wie Getrieberäder, verschalte Ketten usw., können vorteilhaft ständig unter Öl gehalten werden (im Ölbad arbeiten).

Soferne es sich um die Schmierung einzelner Stellen mit konsistentem Fett handelt, werden entweder Staufferbüchsen angewendet, das sind kleine Schmiergefäße, aus denen das Fett durch den von Hand aus zu verstellenden Deckel gedrückt wird oder man bedient

Schmierung

sich der sogenannten Tecalemit-Schmierung. Diese besteht darin, daß die einzelnen Schmierstellen mit Anschlußstützen versehen sind, in welche das Fett durch eine Spritze, die ein entsprechendes Ansatzstück trägt, unter starkem Druck gepreßt wird.

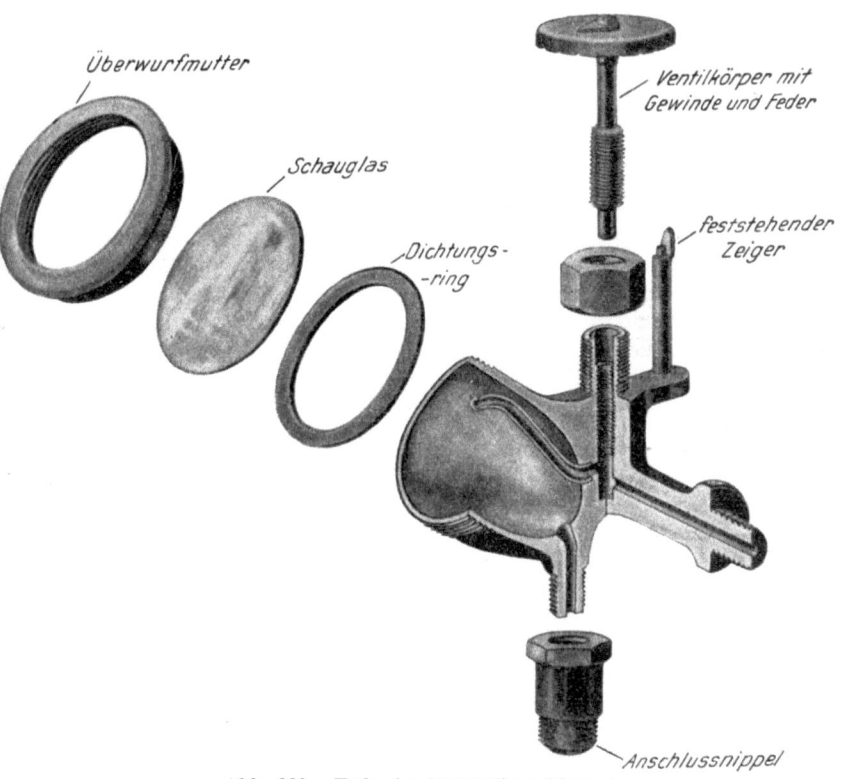

Abb. 229. Teile der Kontrollvorrichtung

Ein Schmiersystem ist umso besser, je einfacher seine Ausführung, je weniger Anspruch es auf Wartung und Bedienung stellt.

Mit der Güte der Schmieranlage ist es allein noch nicht getan. Von besonderer Wichtigkeit ist auch die Qualität der Schmiermittel. Insbesondere bei der Motorschmierung ist Sparsamkeit beim Einkauf nicht am Platze.

Der kluge Motorradfahrer verwendet daher nur hochwertige Öle anerkannt guter Marken, um sich vor allzu frühen Reparaturauslagen zu schützen.

XIII. Betätigungsorgane

Die vom Fahrer zu bedienenden Mechanismen werden entweder mittels Hand- oder Fußhebel betätigt. Soferne es sich um Hebel handelt, die an der Lenkstange angebracht sind, kann die Verbindung mit den zugehörigen Organen nicht durch Gestänge erfolgen, sondern es müssen nachgiebige Übertragungen angewendet werden. Hiezu bedient man sich mit Vorteil der Bowdenzüge. Dies sind Zugorgane, welche durch

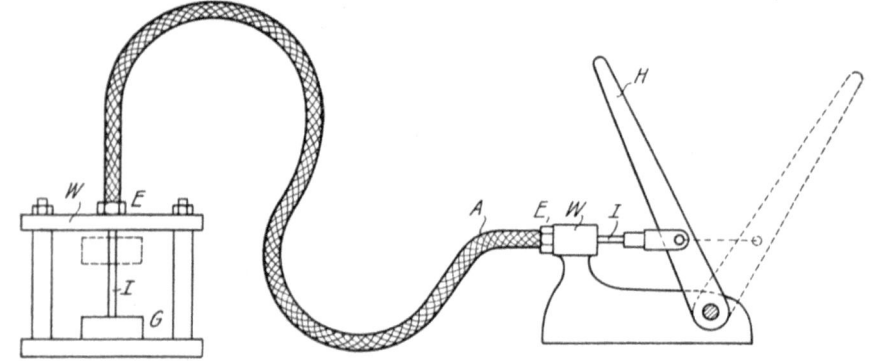

Abb. 230. Bowdenzugschema

entsprechende Einrichtung daran gehindert werden, sich unter dem auf sie einwirkenden Zuge gerade zu strecken. Der Bowdenzug besteht aus dem inneren Teil, einem einfachen Draht oder einem unausdehnbar geflochtenem Drahtkabel und dem äußeren Teil, einer biegsamen, aber in der Längsrichtung nicht zusammendrückbaren Hülle, z. B. einer als Schlauch ausgebildeten Metallspirale. Die Wirkungsweise geht aus der in Abb. 230 dargestellten schematischen Zeichnung hervor. Das Übertragungskabel ist in einer reichlich bemessenen Kurve angeordnet, so daß Hindernisse, welche sich zwischen dem Bedienungshebel und dem zu betätigenden Organ befinden, umgangen und gleichzeitig Lageveränderungen dieser beiden Teile gegeneinander ohne Störung der Funktion ermöglicht werden. Das Innenglied I des

Bowdenkabels ist mit dem einen Ende an dem Betätigungshebel H, mit dem anderen Ende an dem zu hebendem Gewichte G befestigt.

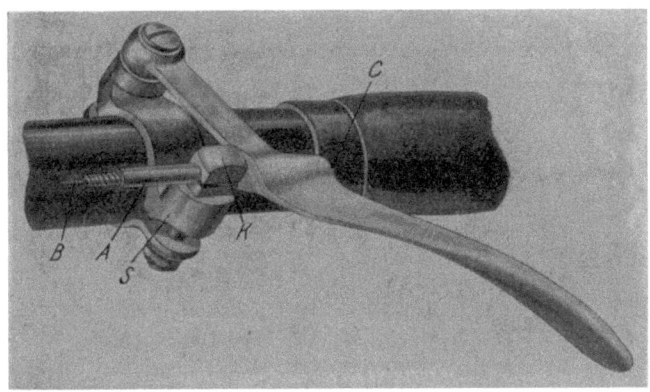

Abb. 231. Betätigung der Vorderradbremse

Würde das Zugorgan I freiliegen, so könnte ein auf eines seiner Enden ausgeübter Zug nur die Wirkung haben, daß ein Geradestrecken eintritt, ohne daß auf das andere Ende eine Bewegung übertragen wird, ehe die Streckung in eine gerade Linie vollendet ist. Durch die Führung in der äußeren Hülse A, die mit ihren beiden Enden E an den Widerlagern W fest verankert und daher auch gegen Mitnahme durch Reibung gesichert ist, wird jedoch I an jedem Strecken oder Ausweichen verhindert, so daß — unter Beibehaltung der Kurvenlage — beim Umlegen des Hebels H in die punktiert gezeichnete Stellung der Zug auf das andere Ende von I übertragen und dadurch das Gewicht G gehoben wird. Bewegt man den Hebel in seine Anfangslage zurück, so kehrt auch G durch sein Eigengewicht in die Ruhelage wieder. Bei den durch Bowdenzug zu betätigenden Organen des Motorrades wird die Wiederherstellung des Ruhezustandes bei Rückbewegung, bzw. Freigabe des Hebels zumeist durch Federkraft bewirkt. Es leuchtet ein, daß die Funktion des Bowden-

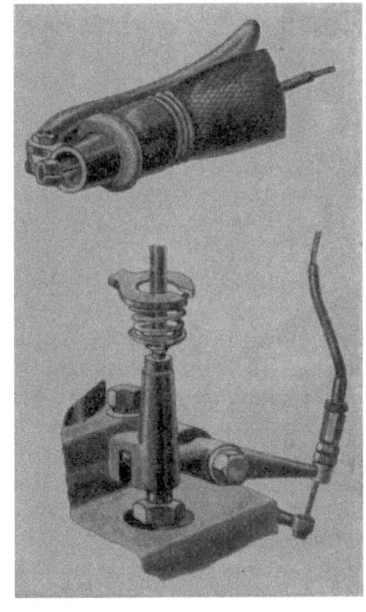

Abb. 232. Betätigung des Dekompressors

kabels auch insoferne umkehrbar ist, als man die Enden des Innengliedes verankern und in diesem Falle mittels des äußeren Gliedes Druckkräfte übertragen kann.

Abb. 231 zeigt die Anordnung eines Bowdenzuges zur Betätigung der Vorderradbremse. An die Lenkstange ist eine Schelle S geklemmt, welche das Lager für die Drehachse des Handhebels H und die Klemme K für die Befestigung des Außengliedes A trägt. Das Innenglied B ist bei C mit dem Handhebel verbunden. Wird dieser nach rechts bewegt, so erfolgt hiedurch Anziehen der Bremse. Wird der Hebel frei gegeben, so wird durch Federkraft das Bremsorgan, von diesem das Innenglied B und damit auch der Hebel H in die Ruhelage zurückgeführt. Diesem dient die Klemme K zugleich als Anschlag gegen weitere Bewegung nach links. — Ein anderes Ausführungsbeispiel (Dekompressor Norton) zeigt Abb. 232.

Zuweilen, besonders häufig bei amerikanischen Maschinen, werden zur Betätigung der Bowdenzüge an Stelle von Hebelgriffen Drehgriffe verwendet. Ein Ausführungsbeispiel zeigt Abb. 233 (Exzelsior). Mit dem auf das Ende der Lenkstange aufgeschobenen Drehgriff D ist eine Scheibe S verbunden, die einen exzentrisch gelagerten Stift ST trägt. Dieser greift in den Schlitz einer Zugstange Z, welche mit dem Innengliede des Bowdenzuges verbunden ist. Sein Außenglied ist in der von der Versteifungstrebe der Lenkstange getragenen Klemme K verankert. Eine andere Drehgriffkonstruktion (Binks) ist aus Abb. 234 ersichtlich. Die Einrichtung und Wirkungsweise geht aus der Zeichnung ohne weitere Erklärung hervor. Die Drehgriffe haben den Vorteil, daß der Fahrer zur Bedienung des Bowdenzuges die Lage der Hand nicht zu verändern braucht. Auch gewähren sie der ganzen Konstruktion ein ruhigeres, geschlosseneres Aussehen. Sie erfordern jedoch ein feineres Gefühl und erhöhte Aufmerksamkeit gegen unbeabsichtigte Betätigung der mit ihnen verbundene Organe. Das Fahren mit Drehgriffen ist daher, zumindest für den Anfang, wohl etwas schwieriger.

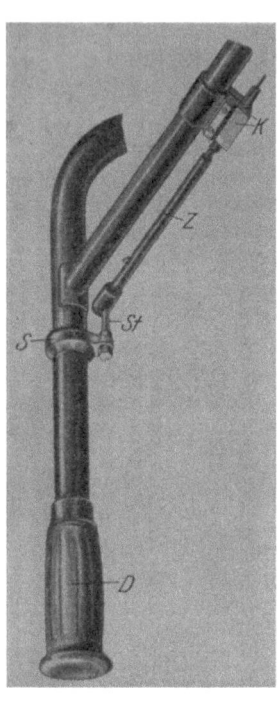

Abb. 233. Drehgriff

Getriebeschaltung und Hinterrad- bzw. Getriebebremse werden immer mittels Gestänges betätigt, jene durch Handhebel, diese durch Pedal. Für die Bedienung der Kupplung ist in den meisten Fällen

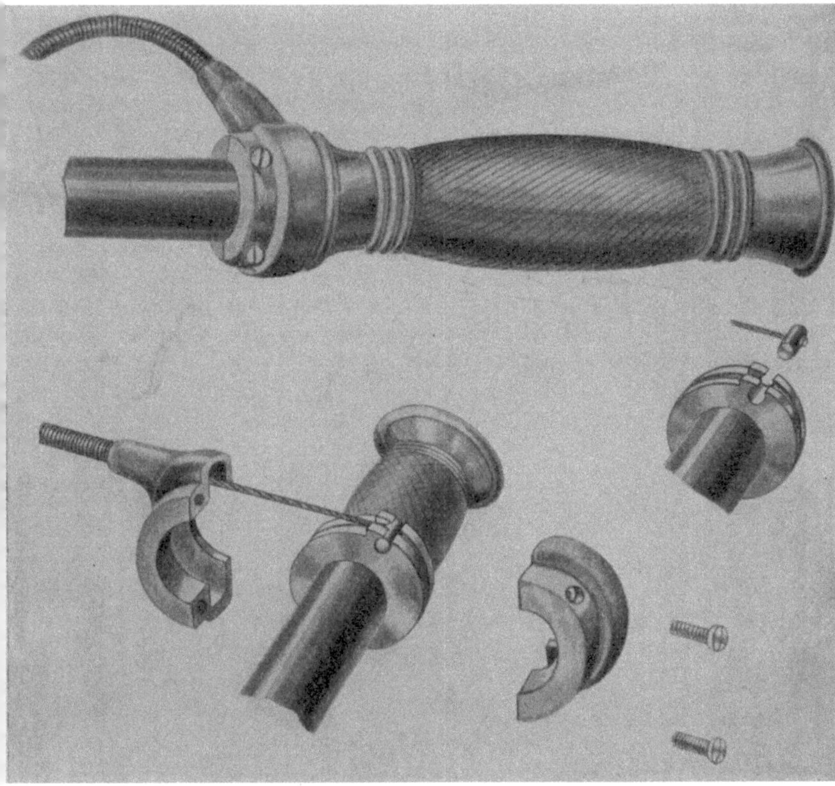

Betätigungsorgane

Abb. 234. Einzelheiten einer Drehgriffbetätigung

gleichfalls ein Gestänge vorgesehen, welches durch einen Fußhebel, manchmal auch durch einen an der Lenkstange angebrachten Handhebel mittels Bowdenzuges in Funktion zu setzen ist. Die Vergaser- und

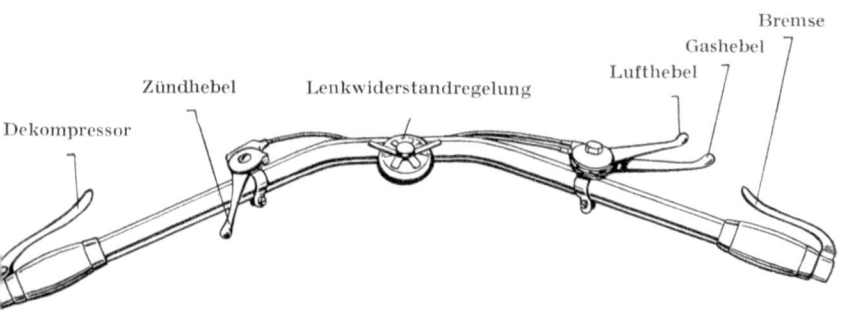

Abb. 235. Hebelanordnung am Lenkrad

Zündmomentregelung, sowie die Betätigung der Vorderradbremse und des Dekompressors wird immer von Handhebeln, die an der Lenkstange angeordnet sind, durch Vermittlung von Bowdenkabeln abgeleitet. Die Anbringung soll stets so erfolgen, daß nicht nur alle Hebel übersichtlich und leicht erreichbar sind, sondern es ist auch darauf Bedacht zu nehmen, daß zwei Hebel, deren gleichzeitige oder sehr rasch aufeinanderfolgende Handhabung erforderlich ist, bzw. erforderlich sein kann, niemals auf derselben Lenkstangenseite liegen dürfen (z. B. Kupplungshebel und Vorderradbremshebel). Eine sehr gebräuchliche Anordnung der Hebel an der Lenkstange zeigt Abb. 235 (Scott). In der Mitte der Stange ist eine stoßdämpferähnliche Vorrichtung angebracht, die dazu dient, die Lenkstange leichter oder schwerer drehbar zu machen, also den Lenkwiderstand zu regeln.

XIV. Zubehör

Zum Schlusse des Buches sollen noch alle jene Teile eine zusammenfassende Aufzählung erfahren, die weniger zum maschinellen Aufbau des Motorrades gezählt werden können, die indessen für die Sicherheit der Fahrt, schließlich auch für die Bequemlichkeit des Fahrers eine mehr oder weniger bedeutende Rolle spielen.

Es handelt sich hier durchwegs um ziemlich allgemein bekannte Gegenstände, deren verschiedene Ausführungsformen lediglich auf die voneinander abweichenden Bauarten verschiedener Firmen zurückzuführen sind. Es soll daher in diesem Kapitel von speziellen Abbildungen Abstand genommen werden, um so mehr, als ein Eingehen auf die Einzelheiten der unterschiedlichen Konstruktionen viel zu weitschweifende Erörterungen zeitigen müßte.

Von besonderer Wichtigkeit für die Sicherheit der Fahrt ist die Beleuchtung.

Für die Nachtfahrt ist an der Stirnseite des Motorrades ein Scheinwerfer notwendig, der im Durchmesser von etwa 90 bis 130 mm mittels Hohlspiegels die Beleuchtung der Straßenbahn vor dem Fahrer besorgt.

Als Schlußlampe — das sogenannte „Decklicht", das allenfalls an der Rückseite des Motorrades angebracht wird — dürfen nur kleine Lampen mit rotem bzw. rotgelbem Lichte Verwendung finden.

Sofern die kennzeichnende Polizeinummer auch hinten angebracht sein muß, wird bei der Nachtfahrt auch eine Nummernbeleuchtung erforderlich, die natürlich in weißem Licht zu halten ist. Allenfalls kann Nummern- und Schlußbeleuchtung durch einen Beleuchtungskörper besorgt werden, der seitlich in weißem Licht die Fahrzeugnummer erhellt und nach rückwärts durch rotes Glas leuchtet.

Wenn Beiwagen Verwendung finden, so dienen seitlich befestigte kleinere Wagenlampen zur Begrenzung der Wagenbreite im Finstern.

Für die Beleuchtung stehen entweder Azetylenlampen oder elektrische Lichtanlagen in Verwendung.

Die Azetylenlampen benötigen einen eigenen Entwickler für die brennbaren Gase, die bekanntlich aus Karbid erzeugt werden. Der Entwickler besteht in der Hauptsache aus einem Kessel, in dessen

Innenraum durch die Einwirkung von Wasser auf das Karbid die Gasentwicklung vor sich geht. Hiebei ist die Bauart durchwegs als sog. „Tropfapparat" ausgeführt.

Der Entwickler ist zumeist am Rahmen angemacht, wobei Metallrohre mit Gummischlauchanschluß die Leitung zu den Lampen herstellen.

Die Brenndauer solcher Azetylenanlagen schwankt für eine einmalige Karbidfüllung zwischen 2 bis 6 Stunden, je nach der Größe der Anlage.

Die Motorradbeleuchtung kann auch elektrisch eingerichtet sein. In diesem Falle wird das Fahrzeug mit einer eigenen elektrischen Lichtanlage ausgerüstet.

Diese besteht in der Hauptsache aus einer Dynamo als Stromerzeugerin, kurz Lichtmaschine genannt, die ihren Antrieb vom Benzinmotor erhält. Zwischen dem Stromerzeuger und den Stromverbrauchern — den Lampen — ist nun ein Elektrizitätsspeicher, die Akkumulatorbatterie, angeordnet, um die Lampenbeleuchtung von der oft stark wechselnden Drehzahl der Lichtmaschine unabhängig zu machen.

Die Lichtmaschine ladet die Batterie während des Ganges des Benzinmotors; wenn die Füllung der Batterie beendet ist, setzt durch selbsttätige Kurzschlußschaltung die Stromlieferung der Lichtmaschine an die Batterie aus, um erst automatisch wieder einzusetzen, wenn die Spannung in der Batterie infolge Stromentnahme durch die Verbraucher zu sinken beginnt.

Die elektrischen Lichtanlagen arbeiten für die normalen Spannungen von 4 und 6 Volt mit verschiedenen Leistungen.

Neben diesen Ausführungen gibt es auch Bauarten, bei welchen die Lichtmaschine mit dem Zündmagnet zu einer maschinellen Einheit, der Lichtzündmaschine, vereinigt erscheint. Auch hier gibt es verschiedene Konstruktionen, die natürlich auch auf die Motorbauart Rücksicht nehmen müssen, die also verschieden sind, je nachdem, ob es sich um einen Ein- oder Zweizylinder, einen V-Motor usf. handelt.

Die elektrischen Scheinwerfer vermögen eine viel intensivere Leuchtkraft zu entwickeln, als mit der Azetylenbeleuchtung erreichbar ist. Um einerseits die Vorteile starker Scheinwerfer für die Straßenfahrt nicht abschwächen zu müssen, anderseits für die Stadtfahrt eine die Entgegenkommenden nicht blendende Beleuchtung zu sichern, sind die elektrischen Scheinwerfer besserer Bauart so eingerichtet, daß sie mit verschieden starker Lichtstreuung arbeiten und in bestimmten Lichtkegelstellungen jede Blendung entgegenkommender Fahrzeuge und Fußgänger ausschließen.

Diese elektrischen Anlagen, die natürlich auch die Bequemlichkeit einer wenig empfindlichen und leicht verlegbaren Kabelleitung bieten, werden mit einfachen Schaltvorrichtungen betätigt, die bei modernen Bauarten auf der Rückseite des Scheinwerfers angeordnet sind und so den Einbau eines eigenen Schaltbrettes überflüssig machen.

Die Ausbildung aller Einzelteile ist heute so weit normalisiert, daß die Beschaffung von Ersatzteilen in einschlägigen Geschäften bereits auf keine Schwierigkeiten mehr stößt.

Neben der Beleuchtung sind auch gute **Signalvorrichtungen** für die Sicherheit des Fahrers unbedingt notwendig.

Im Ton höher als jene der Kraftwagen gehalten, dienen die Hupen dem gleichen Zwecke wie bei den Automobilen: zur Warnung der Fußgänger und zur Ankündigung der Vorfahrabsicht für andere Fahrzeuge.

Diese Hupen können handbetätigt, ähnlich den Schnarrpfeifen ausgebildet sein. Die bekannte, gerade oder gewundene Trichterform dient als Schallröhre, ein Gummiballon ist für die Betätigung vorgesehen.

Daneben gibt es auch Signalhörner, die mit Membranen arbeiten und auf elektrischem Wege mittels Tasterknopfes betätigt werden.

Diese elektrischen Anlagen, die auch an die Batterie angeschlossen werden, sind für die üblichen Spannungen von 4 und 6 Volt im Handel.

Neben den Lichtanlagen und Hupen, die für die Sicherheit der Fahrt und des Fahrers unerläßlich sind, gibt es verschiedenerlei andere Einrichtungen, die hauptsächlich zur Kontrolle während der Fahrt dienen.

Eine **Zeituhr** wird jeder Fahrer bei sich tragen; wenn sie als Stoppuhr eingerichtet ist, ermöglicht sie auch die Feststellung der Fahrgeschwindigkeit ohne besondere Geschwindigkeitsmesser.

Diese letzterwähnten Instrumente, die man wohl auch Kilometerzähler oder **Tachometer** nennt, dienen zur Feststellung der augenblicklichen Fahrgeschwindigkeit sowie der Länge der zurückgelegten Wegstrecke. Die Tachometer erhalten gewöhnlich ihren Antrieb vom rollenden Rad: sie werden entweder mittels eigenen Friktionsantriebes oder durch Zahnräder angetrieben. Neuestens erfolgt auch der Tachometerantrieb aus dem Getriebe.

Die Tachometer werden an einer gut sichtbaren Stelle, z. B. an der Lenkstange oder der Lenkgabel, auch am Benzinbehälter angebracht.

Meist besitzen diese Meßinstrumente besondere Zählwerke, die allenfalls die Tagesstreckenleistung, gewöhnlich die Gesamtkilometerlänge registrieren.

Da die Tachometer immerhin empfindliche Instrumente sind, während das Motorradfahren doch als robuster Betrieb zu bezeichnen ist, so zählen Beschädigungen der Geschwindigkeitsmesser keineswegs zu den Seltenheiten; teils leidet die Empfindlichkeit besonders für die Angaben in den niedrigeren Geschwindigkeiten, teils werden durch größere Schäden falsche Schnelligkeitsangaben verursacht.

Jedenfalls empfiehlt sich in größeren Zeitabständen eine Überprüfung der Richtigkeit der Tachometerangaben durch Kontrolle mittels der Stoppuhr auf einer bekannten Streckenlänge.

Da an der Maschine im Betriebe immer Störungen vorkommen

können, ist es für den Fahrer wohl unerläßlich, bei jeder Fahrt wenigstens mit den unbedingt notwendigen Werkzeugen ausgerüstet zu sein.

Für den Ausbau irgend eines Maschinenteiles sind immer passende Schraubenschlüssel —teils Gabel-, teils Aufsteckschlüssel — erforderlich, die der Fahrer stets bei der Hand haben soll.

Für alle Fälle ist ein Universalschraubenschlüssel gut, den man auch kurz „Franzosen" nennt. Dieser paßt für alle vorkommenden Schlüsselweiten.

Oft sind auch besonders geformte Spezialschlüssel notwendig, z. B. für das Entfernen der Kerzen, für die Herausnahme der Vergaserdüsen, für die Nachstellung der Unterbrecherschrauben am Magnet, zu deren genauer Einstellung noch eine besondere Lehre nötig ist, u. a. m.

An weiterem Werkzeug soll der Motorradfahrer mindestens noch eine gute Zange, einen Schraubenzieher und eine Feile mithaben.

Schließlich ist auch eine kleine Ölkanne erforderlich.

Die Werkzeugeinrichtung sollte stets in peinlichster Ordnung gehalten sein; es ist wohl am besten, das ganze Werkzeug in einer eigens hiezu eingerichteten Tasche zu verstauen, in der jedes Stück seinen ständigen Platz erhält.

Von besonderem Nutzen ist vor allem für längere Fahrten ein kleiner Vorrat von Ersatzteilen und Hilfsmaterialien. Da sind vor allem neue Zündkerzen als Reserve zu nennen. Neue Splinte, auch federnde Unterlagscheiben, selbst Schraubenmuttern sind mitunter für eine kleine Reparatur am Wege notwendig. Weicher Draht kann als Befestigungsmittel sehr wertvoll sein, auch harter dünner Draht als Reinigungsmittel für verstopfte Düsen, Reifenventile usw.

Die Reserveteile für die Antriebskette sind gewöhnlich in einem kompletten Satz mit dem zugehörigen Werkzeug zusammengestellt.

Auch ein Kästchen zur Reparatur der Reifen, das alles erforderliche Material: Gummilösung, Gummiflecken usw. enthält, darf bei der Ausrüstung nicht fehlen. Genau so wie auf die Luftpumpe und die Reifenmontiereisen nicht vergessen werden darf.

Schließlich vergesse man nicht, ein Stück Gummischlauch mitzunehmen, das im Durchmesser der Benzinleitung entspricht.

Die mehr oder weniger reichhaltige Ausrüstung hängt natürlich zum großen Teile von der Veranlagung des Motorradfahrers ab. Indessen ist sicher, daß hier eine möglichst weitgehende Vorsicht eher am Platze und sicher dazu geeignet ist, oft große Unannehmlichkeiten zu ersparen.

Chauffeurkurs
Von
Ing. Karl Blau

7. Auflage. (20.—25. Tausend)

Mit 147 Abbildungen im Text und einem Auszug aus der Automobilverordnung für Österreich bzw. einem Anhang über gesetzliche Bestimmungen für das Kraftfahrwesen im Deutschen Reich. 230 Seiten. 1927

Preis: Gebunden S 10,20, RM 6,—

Unentbehrlich für jeden Selbstfahrer als Vorbereitung auf die Führerprüfung und als Taschenbuch und Ratgeber für Behandlung und Pflege des Wagens bei normalem Betrieb und Reparaturen

Urteile der Fachwelt:

Unter den vielen Büchern, die für den Selbstunterricht und Unterricht an Fachschulen bestimmt sind, finden sich nur wenige, die brauchbar sind; unter diesen wenigen ist das Buch von Blau mit eines der ersten. Das Buch hält jeder Kritik stand, wofür schon der Umstand spricht, daß es in rascher Aufeinanderfolge in siebenter Auflage erscheint. (Der Motorwagen)

Dieser in 7. Auflage erschienene „Chauffeurkurs" ist besonders gut geeignet, die ständig steigende Zahl der beruflichen und sportlichen Kraftwagenfahrer in kürzester Zeit und auf sehr einfache Weise über den Aufbau des Autos zu unterrichten und ihnen damit eine brauchbare Grundlage für den praktischen Betrieb zu geben. Die anhangsweise gegebenen gesetzlichen Bestimmungen über das Kraftfahrwesen vervollständigen den Kurs in erwünschter Weise. (Motor)

Es ist ein gutes Lehrbuch. Damit ist das Urteil kurz zusammengefaßt. Es weiß die Praxis dem Neuling leicht verständlich zu machen. Das ist seine beste Empfehlung... Das beigefügte reiche Bildmaterial, das übrigens mit übersichtlichen Legenden versehen ist, ergänzt den Text in trefflicher Weise. Es ist auch ein ausgezeichneter Lehrbehelf für Autolehrer, denn es zeichnet einen einfachen instruktiven Lehrgang vor. Das Buch wird sicher viele Freunde finden. (Fahrrad und Motorfahrzeug)

Eins aus den vielen Urteilen der Tagespresse:

Der Verfasser setzt wirklich gar keine technischen Vorkenntnisse voraus. Der Laie aber wird nach der Lektüre des Buches erstaunt sein, wie rasch und gründlich alle Geheimnisse, die im modernen Automobil eingekapselt erscheinen, zur handgreiflichen Selbstverständlichkeit werden. Ing. Blau hat ein besonderes Talent, die kompliziertesten Dinge mit knappen Worten in Harmlosigkeiten der Gehirnbelastung aufzulösen... Die vielen, sehr gut ausgewählten und anschaulichen Textzeichnungen und Bilder haben keinen geringen Anteil an der Qualität des Buches. Wie beispielsweise Karl Blau dem Differential an den Leib rückt oder die Aufgaben des Getriebes und des elektrischen Teils seziert, ist vorbildlich. Besonders intensive Beachtung wird selbstredend dem Herz des Automobils, dem Motor, geschenkt. Kein Detail des Wagens bleibt unberücksichtigt. Und es ist gut, daß sich der Autor nie im Dickicht der Theorie verliert, daß er auch nicht Spezialausführungen unter die Lupe nimmt, die höchstens zur Verwirrung des Lesers beitragen könnten. Anderseits gibt dieser Kurs gute Grundlagen für eine Erweiterung des Elementarwissens... (Grazer Tagespost)

Verlag von Julius Springer in Wien I

Verlag von Julius Springer in Berlin W 9

Technisches Denken und Schaffen. Eine leichtverständliche Einführung in die Technik. Von Professor Dipl.-Ing. **Georg v. Hanffstengel,** Charlottenburg. Vierte, neubearbeitete Auflage. Mit 175 Textabbildungen. XII, 228 Seiten. 1927. Gebunden RM 6,90

Aus den Besprechungen:

In unserem Zeitalter der Technik kommt dem „Technischen Denken" eine ganz besondere Bedeutung zu. Um den Geist unserer Zeit zu verstehen, ist ein Einblick in das Wesen technischer Vorgänge und technischer Konstruktionen unerläßlich. Diesen Geist der modernen Technik, in dem wichtige Bildungs- und Erziehungselemente liegen, weitesten Kreisen zugänglich zu machen, hat sich der Verfasser zum Ziel gesetzt und seine Aufgabe in glänzender Weise gelöst... „Die Gewerbeschule"

Lehrbuch der Physik in elementarer Darstellung. Von Dr.-Ing. e. h. Dr. phil. **Arnold Berliner.** Vierte Auflage. Mit 802 Abbildungen. V, 658 Seiten. 1928. Gebunden RM 19,80

Das Buch ist elementar in der Form der Darstellung, die überall darauf angelegt ist, die einzelnen Dinge so deutlich wie möglich zu beschreiben und dem Leser die eigene Arbeit so leicht wie möglich zu machen. Es ist elementar durch die einfache Gliederung des Stoffes, d. h. durch seine Übersichtlichkeit. An mathematischen Kenntnissen setzt es so gut wie nichts voraus. Der Lernende sieht sich niemals einem Gegenstande unvermittelt gegenübergestellt und sieht die einzelnen Gegenstände niemals unvermittelt nebeneinander. Er hat den Faden, der sie miteinander verbindet, dauernd in der Hand und wird stets über den Zweck der einzelnen Fragen belehrt, so daß er weiß, warum er sich mit ihnen bekannt machen soll. Dadurch wird sein Interesse dauernd rege gehalten und sein Gedächtnis nach Möglichkeit entlastet.

Fluglehre. Vorträge über Theorie und Berechnung der Flugzeuge in elementarer Darstellung. Von Professor Dr. **Richard von Mises,** Berlin. Dritte, stark erweiterte Auflage. Mit 192 Textabbildungen. VI, 321 Seiten. 1926. RM 12,60; gebunden RM 13,50

Der Zweck des Buches, den interessierten Laien und dem werdenden Ingenieur in das Gebiet des Flugwesens einzuführen und dem im Flugdienst tätigen Praktiker die notwendigen theoretischen Kenntnisse zu vermitteln, ist in klarer und infolge seines systematischen Aufbaues leichtverständlicher Form erreicht.

Lebenserinnerungen von **Werner von Siemens.** Zwölfte Auflage. Mit 6 Tafeln und dem Bildnis des Verfassers. IV, 221 Seiten. 1922. Gebunden RM 3,—

Es ist mehr als ein Lebensbild, das uns Werner von Siemens in diesem interessanten Rückblick auf ein ebenso arbeitsreiches wie fruchtbares Leben bietet. Ausgehend von den sorglosen Jahren der Kindheit weiß der geniale Erfinder nicht nur seinen eigenen Entwicklungsgang, sondern auch das mächtige Emporstreben der deutschen Technik und Industrie zu schildern und dazwischen seine vielfachen Auslandsreisen, seine politische Tätigkeit in sturmbewegter Zeit (1866) in bunter Folge einzustreuen.

Lebendige Kräfte. Sieben Vorträge aus dem Gebiete der Technik von **Max Eyth.** Vierte Auflage. Mit in den Text gedruckten Abbildungen. VI, 262 Seiten. 1924. Gebunden RM 4,80

Inhaltsübersicht:

I. Poesie und Technik. — II. Das Wasser im alten und neuen Ägypten. — III. Die Entwicklung des landwirtschaftlichen Maschinenwesens in Deutschland, England und Amerika. — IV. Mathematik und Naturwissenschaft der Cheopspyramide. — V. Binnenschiffahrt und Landwirtschaft. — VI. Ein Pharao im Jahrhundert des Dampfes. — VII. Zur Philosophie des Erfinders.

If you have any concerns about our products,
you can contact us on
ProductSafety@springernature.com

In case Publisher is established outside the EU,
the EU authorized representative is:
**Springer Nature Customer Service Center GmbH
Europaplatz 3, 69115 Heidelberg, Germany**

Printed by Libri Plureos GmbH
in Hamburg, Germany